Teubner Studienbücher

Informatik

Ehrig et al.: **Universal Theory of Automata**
A Categorical Approach
240 Seiten. DM 24,80

Giloi: **Principles of Continuous System Simulation**
Analog, Digital and Hybrid Simulation in a Computer Science Perspective
172 Seiten. DM 25,80 (LAMM)

Hotz: **Informatik: Rechenanlagen**
Struktur und Entwurf. 136 Seiten. DM 17,80 (LAMM)

Kandzia/Langmaack: **Informatik: Programmierung**
234 Seiten. DM 22,80 (LAMM)

Kupka/Wilsing: **Dialogsprachen**
168 Seiten. DM 19,80 (LAMM)

Maurer: **Datenstrukturen und Programmierverfahren**
222 Seiten. DM 26,80 (LAMM)

Mehlhorn: **Effiziente Algorithmen**
240 Seiten. DM 24,80 (LAMM)

Oberschelp/Wille: **Mathematischer Einführungskurs für Informatiker**
Diskrete Strukturen. 236 Seiten. DM 19,80 (LAMM)

Paul: **Komplexitätstheorie**
247 Seiten. DM 25,80 (LAMM)

Richter: **Betriebssysteme**
152 Seiten. DM 22,80 (LAMM)

Richter: **Logikkalküle**
232 Seiten. DM 24,80 (LAMM)

Schlageter/Stucky: **Datenbanksysteme: Konzepte und Modelle**
261 Seiten. DM 22,80 (LAMM)

Schnorr: **Rekursive Funktionen und ihre Komplexität**
191 Seiten. DM 25,80 (LAMM)

Spaniol: **Arithmetik in Rechenanlagen**
Logik und Entwurf. 208 Seiten. DM 24,80 (LAMM)

Wirth: **Algorithmen und Datenstrukturen**
376 Seiten. DM 26,80 (LAMM)

Wirth: **Compilerbau**
Eine Einführung. 96 Seiten. DM 15,80 (LAMM)

Wirth: **Systematisches Programmieren**
Eine Einführung. 3. Aufl. 160 Seiten. DM 19,80 (LAMM)

Fortsetzung auf der 3. Umschlagseite

Teubner Studienbücher   Informatik

M. M. Richter
Logikkalküle

Leitfäden der angewandten Mathematik und Mechanik LAMM

Unter Mitwirkung von
Prof. Dr. E. Becker, Darmstadt
Prof. Dr. G. Hotz, Saarbrücken
Prof. Dr. P. Kall, Zürich
Prof. Dr. K. Magnus, München
Prof. Dr. E. Meister, Darmstadt
Prof. Dr. Dr. h. c. F. K. G. Odqvist, Stockholm
Prof. Dr. Dr. h. c. Dr. h. c. Dr. h. c. E. Stiefel, Zürich

herausgegeben von
Prof. Dr. Dr. h. c. H. Görtler, Freiburg

Band 43

Die Lehrbücher dieser Reihe sind einerseits allen mathematischen Theorien und Methoden von grundsätzlicher Bedeutung für die Anwendung der Mathematik gewidmet; andererseits werden auch die Anwendungsgebiete selbst behandelt. Die Bände der Reihe sollen dem Ingenieur und Naturwissenschaftler die Kenntnis der mathematischen Methoden, dem Mathematiker die Kenntnisse der Anwendungsgebiete seiner Wissenschaft zugänglich machen. Die Werke sind für die angehenden Industrie- und Wirtschaftsmathematiker, Ingenieure und Naturwissenschaftler bestimmt, darüber hinaus aber sollen sie den im praktischen Beruf Tätigen zur Fortbildung im Zuge der fortschreitenden Wissenschaft dienen.

Logikkalküle

Von Dr. rer. nat. Michael M. Richter
Wiss. Rat und Professor an der
Technischen Hochschule Aachen

B. G. Teubner Stuttgart 1978

Prof. Dr. rer. nat. Michael M. Richter

Geboren 1938 in Berlin. Von 1959 bis 1965 Studium der Mathematik und Physik in Münster und Freiburg. 1968 Promotion (Freiburg), 1973 Habilitation für Mathematik an der Universität Tübingen. Zwischen 1969 und 1974 an den Universitäten Freiburg, Austin/Texas und Tübingen tätig, seit 1975 wiss. Rat und Professor an der Technischen Hochschule Aachen.

CIP-Kurztitelaufnahme der Deutschen Bibliothek

Richter, Michael M.
Logikkalküle. 1. Aufl. — Stuttgart : Teubner,
1978.
 (Teubner-Studienbücher : Informatik) (Leit-
fäden der angewandten Mathematik und
Mechanik ; Bd. 43)
 ISBN 978-3-519-02345-6   ISBN 978-3-322-91208-4 (eBook)
 DOI 10.1007/978-3-322-91208-4

Umschlaggestaltung: W. Koch, Sindelfingen

Vorwort

In diesem Buch werden Aspekte der Aussagenlogik und der Prädikatenlogik der ersten Stufe behandelt. Eine Mathematisierung und Kalkü-
lisierung der Logik kann natürlich ganz verschieden ausfallen, je
nach dem, von welchen Motiven man sich primär leiten läßt. Wir
stellen drei Gesichtspunkte, die uns auch als die wesentlichsten
erscheinen, in den Vordergrund: Die Formalisierung des Wahrheitsbegriffes, die Formalisierung des Beweisbarkeitsbegriffes und das
Problem des Suchens nach Beweisen. Diese drei Aspekte führen zu
drei verschiedenen Arten von Kalkülen.
Die Betonung des Wahrheitsbegriffes führte auf die Untersuchung
der Hilberttypkalküle von einem Standpunkt, wie er etwa auch im
Buch von Rasiowa-Sikorski [Ra-Si] eingenommen wird. Hierbei wurde
besonderen Wert auf die algebraischen Techniken gelegt, denn die
Natur der Vollständigkeitsbeweise in diesen Kalkülen läßt sich u.
E. eigentlich nur algebraisch verstehen. Etwas überspitzt könnte
man formulieren, daß die Vollständigkeitsbeweise in Hilberttypkalkülen Korollare zu Betrachtungen über Kongruenzrelationen in gewissen Boole'schen Algebren sind. Bei den modelltheoretischen Betrachtungen haben wir uns kurz gefaßt und nur einige grundlegende
Begriffe vorgestellt.
Zur Analyse des Beweisbarkeitsbegriffes haben wir uns des Sequenzenkalküls von Gentzen bedient. Die meisten seiner grundlegenden
Eigenschaften finden sich auch in Takeutis Buch [Ta] oder in
Gentzens Originalarbeiten (vgl.[Ge] und [Sz]). Die Vollständigkeitsbeweise wurden nicht nur durch Zurückführung auf die Hilberttypkalküle, sondern auch direkt (mit der Tableaumethode) geführt,
so daß der Leser zum Verständnis dieses Abschnitts (und des restlichen Teils) nur wenige grundlegende Definitionen und Sätze re-
kapitulieren muß. In diesem Teil werden neben dem zentralen Schnitteliminationssatz auch die Sätze von Craig, Beth, Herbrand und der
Satz über Skolemfunktionen erörtert. Als reine Existenzaussagen
lassen sich diese Sätze leicht als Konsequenzen des Vollständigkeitssatzes gewinnen; um jedoch effektive Prozeduren zu gewinnen
(die auch größere Einsicht in die Bedeutung der jeweiligen Transformationen gestatten), haben wir den syntaktischen Rahmen gewählt.

Die Beschränkung auf die klassische Logik wurde fallen gelassen.
Insbesondere wurde die intuitionistische Logik aufgenommen. Grund-

lagentheoretisch werden hier konstruktiv arbeitende Mathematiker
und insbesondere mathematische Informatiker, deren täglich Brot Algorithmen und ähnliche Dinge sind, angesprochen. Es erscheint uns
nämlich etwas unnötig eingeschränkt, konstruktiv zu arbeiten, jedoch bei der Meditation über die Basis der eigenen Wissenschaft nur
die klassische Logik zu behandeln.
Ein Abschnitt über die Quantenlogik wurde eingefügt, weil er zum
einen in sich ein gewisses Interesse zu erwecken vermag, zum anderen aber, weil trotz gewisser Pathologien der algebraische Vollständigkeitsbeweis nach wie vor funktioniert, sein Charakter durch
den Verfremdungseffekt vielleicht noch klarer hervortritt.
Der letzte Teil des Buches ist den Kalkülen der automatischen Be-
weisverfahren gewidmet. Die Fragestellung ist hier, stärker als
sonst in der Logik, an der tatsächlichen Situation des arbeitenden
Mathematikers orientiert. Dessen Aufgabe ist ja nicht, möglichst
lange und korrekte Deduktionsketten aufzustellen, sondern er möchte
vorgelegte Formeln beweisen oder widerlegen, also Formeln testen.
Bei dem Testsystem untersuchen wir Maslov's Methode, die Resolution,
die Paramodulation sowie Reduktionssysteme. Die Untersuchung geschieht wieder grundsätzlich syntaktisch, durch effektive Transformationen in geeignete Modifikationen der Sequenzenkalküle. Die
hierdurch gewonnenen Einsichten erscheinen uns nicht nur für das
automatische Beweisen, sondern rückwirkend auch für die deduktiven
Kalküle von Interesse.

An erster Stelle sei hier Herrn Professor Dr.W.Felscher in Tübingen
(von dem insbesondere vieles Methodische und Grundsätzliche in den
Text einwirkte) sowie Herrn Professor Dr.W.W.Bledsoe in Austin/
Texas (der des Autors Interesse am Automatischen Beweisen weckte)
gedankt. Ihnen beiden verdankt dieses Buch mehr, als durch Litera-
turzitate ausgedrückt werden könnte. Für anregende Diskussionen,
kritische Bemerkungen und nützliche Hinweise möchte sich der Autor
ferner bei den Herren Dr.J.Biskup, H.Bücken, K.Justen, Dr.D.Lank-
ford, C.Schippang und Dr.J.Schulte Mönting bedanken.
Schließlich sei Frau B.Backof für die mühevolle Anfertigung des
Manuskriptes gedankt.

Aachen, im Januar 1978   Michael M. Richter

I N H A L T

Seite

1 Einführung und Hilfsmittel

1.1 Vorbemerkungen

Die Mathematische Logik ist, nicht nur dem Wort nach, eine Synthese aus Mathematik und Logik. Demgemäß lassen sich auch zwei Entwicklungslinien verfolgen, welche teils parallel verlaufen, sich oft aber überschneiden und gegenseitig beeinflussen. Die eine Linie geht von der Philosophie aus, die andere von der Mathematik, insbesondere der Algebra und der Rekursionstheorie. Wir wollen uns hier nicht mit der geschichtlichen Entwicklung beschäftigen, sondern nur zwei Möglichkeiten für die Synthese erwähnen:

> Begründung der Mathematik aus der Logik;
> Begründung der Logik aus der Mathematik.

Dabei fragt man sich, was denn etwa eine Grundlegung der Mathematik sei. Häufig versteht man darunter irrtümlich eine einheitliche Darstellung der Mathematik in einer festgelegten Terminologie, z.B. im mengentheoretischen Rahmen. Solange jedoch dabei Begriffe wie "Wahrheit", "Beweis" nicht geklärt werden und solange die in der Mathematik verwandten Schlußweisen nicht untersucht werden, kann von einer Begründung der Mathematik keine Rede sein. Wir wollen die Mathematik nicht aus einer irgendwie vorgefertigten Logik begründen (und auch nicht umgekehrt, obwohl uns das solider erschiene). Hingegen nehmen wir die folgende Position ein:

a) Wir stellen uns auf den Standpunkt, daß wir bereits etwas Mathematik kennen.

b) Wir beziehen einen Teil unserer Motivation aus der Logik, einen anderen aus dem Bestreben, die Mathematik zu begründen und mathematische Schlußweisen zu analysieren.

Wir setzen eine gewisse Menge (naiver) Mathematik voraus, ohne problematische (z.B. mengentheoretisch umstrittene) Axiome, und versuchen, damit eine mathematische Theorie der Logik zu entwikkeln. Das bedeutet dann zweierlei:

1. Die Grundlagenfragen der Mathematik und Logik sind dann ihrerseits mathematisch formuliert.

2. Die mathematische Logik wird aber auch zu einer mathematischen Disziplin, wie z.B. die Gruppentheorie, die man entsprechend untersuchen und anwenden kann (das bedeutet auch: Zugang zur

Behandlung der Logik auf Rechenmaschinen).

Die Motivation aus der Logik liefert, daß wir uns mit Begriffen wie Wahrheit, Beweis, Allgemeingültigkeit, Definition, Existenz, ja überhaupt: "logisch sinnvoller Satz" auseinandersetzen. Die mathematische Methode wird uns dazu führen, vornehmlich in der Algebra und Algorithmentheorie verwandte Begriffsbildungen und Schlußweisen zu benutzen.

Was werden wir an Mathematik voraussetzen? Grundlagentheoretisch im wesentlichen nur:

a) Die natürlichen Zahlen (samt Induktionsaxiom)

b) Ein Fragment der Mengenlehre.

Falls etwas darüber Hinausgehendes benutzt wird, vermerken wir es extra. Innerhalb dieses Rahmens werden wir mathematische Strukturen betrachten, wie Algebren, Verbände, Boole'sche Algebra, Bäume etc..

Grob gesehen werden wir vier Problembereiche betrachten:

1. Entwicklung der formalen Sprache.

2. Sich aus der Betrachtung des formalen Wahrheitsbegriffes ergebende Fragen.

3. Sich aus der Betrachtung des formalen Beweisbegriffes ergebende Fragen.

4. Fragen, welche das Suchen nach Beweisen von gegebenen Formeln betreffen.

Dabei können sich, insbesondere bei 2. und 3., verschiedene Fächerungen ergeben, je nachdem, ob man sich von der klassischen Logik, der intuitionistischen Logik oder sonstigen Vorstellungen leiten läßt.

Obwohl alle (insbesondere alle sprachlichen) Begriffe erklärt werden, setzen wir doch eine gewisse (heute bereits in der Grundschule gewonnene) Vertrautheit z.B. mit den logischen Zeichen wie $\wedge$, $\vee$, etc. voraus.

1.2 Erster Abschnitt zur (klassischen) Aussagenlogik

Als erstes wollen wir uns die sprachlichen Hilfsmittel aufbauen. Wir beginnen mit einer abzählbaren Menge

$$At = \{A, B, C, \ldots, A_1, B_1, C_1 \ldots, A_n, B_n, C_n, \ldots\}.$$

Die Elemente dieser Menge nennen wir atomare Aussagen (gelegent-

lich wird hier auch der Begriff "Aussagenvariable" gebraucht);
weiter betrachten wir eine endliche Menge

$$J = \{\wedge, \vee, \neg, \supset\} \quad (\text{"und"}, \text{"oder"}, \text{"nicht"}, \text{"wenn-so"}),$$

deren Elemente wir "logische Symbole" (oder auch "Junktoren")
nennen. Als letztes haben wir noch eine zweielementige Menge
$$K = \{(\, , \,)\},$$
die Klammersymbole.

Wir betrachten die Menge aller endlichen Zeichenreihen, deren
Glieder in $At \cup J \cup K$ liegen. Statt der einelementigen Zeichenreihen von $At \cup J \cup K$ schreiben wir nur die Elemente selbst hin
(das bedeutet nicht, daß wir hier eine Identifizierung vornehmen,
wir führen nur eine zwar etwas laxe, aber doch praktische Schreibweise ein). Aus dieser Menge von Zeichenreihen werden wir nun unsere sprachlichen Begriffe aussondern.

Induktiv erklären wir eine Folge $< F_n' \mid n \, \varepsilon \, N >$:

1. Def.: $F_0' = At$ (Eigentlich: Die einelementigen Zeichenreihen
   von Elementen aus At);
   $$F_{n+1}' = \{ (X \wedge Y), (X \vee Y), (\neg X), (X \supset Y) \mid X, Y \, \varepsilon \, F_n' \} \quad F_n'$$
   für $n \geqslant 1$.
   Es sei $F = U< F_n' \mid n \, \varepsilon \, N >$; F heißt auch die Menge der
   Formeln (auch: "wohlgeformte Formeln", "syntaktisch rich-
   tige Ausdrücke"). Die Formeln aus F_0' heißen auch Atomformeln. Schließlich sei noch
   $$F_0 = F_0', \quad F_{n+1} = F_{n+1}' \setminus F_n' \; ;$$
   (F_n enthält gerade diejenigen Formeln, die in n Schritten aus Atomformeln aufgebaut werden.)

Durch Induktion über den Formelaufbau beweist man sich jetzt
leicht den folgenden Satz:

2. Satz: Für jede Formel φ gilt:
   (i) φ ist Atomformel, und dies ist genau dann der Fall,
   wenn $\varphi \, \varepsilon \, F_0$;
   oder (ii) $\varphi \, \varepsilon \, F_n$, $n \geqslant 1$, und φ ist auf genau eine Weise
   als $(\neg \psi)$ oder $(\psi \wedge \chi)$ oder $(\psi \vee \chi)$ oder $(\psi \supset \chi)$ mit $\psi, \chi \, \varepsilon \, F_{n-1}$
   darstellbar.

Um Schreibarbeit zu sparen, verzichten wir gelegentlich auf eini-

ge Klammern (z.B. Außenklammern), solange klar ist, welche Formel gemeint ist.

Wir kommen jetzt dazu, den Wahrheitsbegriff zu formalisieren.
Dabei orientieren wir uns an der klassischen Logik (sog. "Um-
gangslogik") und lassen uns vorerst von folgenden Prinzipien
leiten:

> (1) Es gibt nur zwei mögliche Wahrheitswerte:
>   Eine Aussage ist entweder wahr oder falsch.
> (2) Der Wahrheitswert einer zusammengesetzten Aussage
>   ist nur von dem verwendeten logischen Symbol und den
>   Wahrheitswerten der Teilaussagen, nicht aber von diesen
>   selbst, abhängig.

Es soll hier gleich vermerkt werden, daß wir gegen diese Prinzipien durchaus Widerspruch erheben können. Prinzip (2) ist z.B.
verletzt, wenn man etwa ein Zeichen "O" für den Junktor "während"
hat:

Die Wahrheit von

$$XOY$$

ist nämlich dann auch von der inhaltlichen Bedeutung der Aussagen
X und Y abhängig. Wir werden aber solche Junktoren hier nicht betrachten und Prinzip (2) durchgängig beachten. Prinzip (1) werden
wir hingegen später durchbrechen. Die Festlegung (Berechnung) der
Wahrheitswerte von nicht atomaren Aussagen geschieht durch die
(bekannten) Wahrheitstafeln. Sie ist in verschiedener Hinsicht
willkürlich und durch die Prinzipien (1) und (2) noch gar nicht
festgelegt: Zum einen ist die Wahrheitstafel des "v" ("nicht aus-
schließendes oder") insofern diskutabel, als man hier vielleicht
lieber das "entweder oder" darunter verstehen möchte, jedoch
läuft dieser Disput auf eine reine Bezeichnungsfrage hinaus. Zum
anderen möchte mancher aber z.B. gerade die Wahrheitstafel des
nicht ausschließenden "oder" anders festgelegt wissen, weil er
nämlich das "Tertium non datur" nicht uneingeschränkt anerkennt;
diese und ähnliche Forderungen werden dann zu anderen, sog. nicht-
klassischen Logiken führen.

Nun zu den Wahrheitstafeln:

3. Def.: Eine Bewertungsfunktion der Formeln (kurz: Bewertung)
ist eine Funktion

$$u: F \to \{0, 1\}$$

mit (i) $\quad u(\neg\varphi) = 1 - u(\varphi)$

(ii) $\quad u(\varphi\vee\psi) = \max\,(u(\varphi), u(\psi))$

(iii) $\quad u(\varphi\vee\psi) = \min\,(u(\varphi), u(\psi))$

(iv) $\quad u(\varphi\supset\psi) = \begin{cases} 0 \text{ falls } u(\varphi) = 1 \text{ und } u(\psi) = 0 \\ 1 \text{ sonst} \end{cases}$

Sprechweise: "φ ist falsch unter u" für $u(\varphi) = 0$,

"φ ist wahr unter u" für $u(\varphi) = 1$.

(i) - (iv) kann man sich auch wie folgt merken:

φ	$\neg\varphi$
1	0
0	1

φ	ψ	$\varphi\vee\psi$
1	1	1
1	0	1
0	1	1
0	0	0

φ	ψ	$\psi\wedge\psi$
1	1	1
1	0	0
0	1	0
0	0	0

φ	ψ	$\varphi\supset\psi$
1	1	1
1	0	0
0	1	1
0	0	1

Dies sind die angekündigten Wahrheitstafeln. Es ist an dieser
Stelle eine gern geübte Praxis, den Gebrauch der Wahrheitstafeln
durch Beispiele aus der Umgangssprache zu trainieren, etwa:
"Wenn der Mond viereckig ist, dann ist Napoleon ein Portugiese"
wäre ein "wahrer Satz". Wir erlauben uns hier jedoch die Bemerkung, daß wir solche Übungen einerseits wegen der Trivialität der
Angelegenheit für überflüssig und sie außerdem zusätzlich für ver-
wirrend halten, da man sich in der Umgangssprache nicht nur für
unsere formalen Wahrheitswerte interessiert, sondern etwa auch
den Unterschied zwischen sinnvollen und unsinnigen Sätzen macht.
Überlegungen und Begriffe, die mit (diesen oder anders erklärten)
Bewertungen zusammenhängen, nennen wir auch "semantisch", während
alles sich rein in der Sprache Abspielende auch unter "Syntax"
zusammengefaßt wird.
Wieder durch Induktion zeigen wir:

4. Fortsetzungssatz: Jede Funktion $u_0: F_0 \to \{0,1\}$ läßt sich auf
genau eine Weise zu einer Bewertungsfunktion

$$u: F \to \{0,1\}$$

ausdehnen.

Beweis: Man zeigt die Behauptung schrittweise, in dem man eine
Folge von Erweiterungen $\langle u_n \mid n \varepsilon N \rangle$ von u_o,

$$u_n : F_n' \rightarrow \{0, 1\}$$

konstruiert, welche die Bedingungen (i) - (iv) für alle $\varphi \varepsilon F_n'$ erfüllt. Beim Induktionsanfang ist für u_o nichts zu zeigen, beim Induktionsschritt sieht man, daß es offenbar genau eine Möglichkeit
gibt, die Bedingungen zu erfüllen. Die Funktion

$$u = U \langle u_n \mid n \varepsilon N \rangle$$

genügt dann der Behauptung, und u ist auch eindeutig bestimmt.

5. Def.: Eine Formel φ heißt

     (i)   eine Tautologie, falls $u(\varphi) = 1$ für alle Bewertungen u;

     (ii)   erfüllbar, falls eine Bewertung u mit $u(\varphi) = 1$
           existiert;

     (iii) widerspruchsvoll, falls $u(\varphi) = 0$ für alle Bewertungen u.

Schließlich erklären wir den semantischen Folgerungsbegriff.

6. Def.: Sei $\Sigma \subseteq F$, $\varphi \varepsilon F$.

     (i) $\Sigma \models \varphi$ gelte genau dann, wenn für alle Bewertungen
           u gilt: Wenn $u(\psi) = 1$ für alle $\psi \varepsilon \Sigma$, dann auch
           $u(\varphi) = 1$. Falls $\Sigma = \{\psi_1, \ldots, \psi_n\}$, schreiben wir auch
           $\psi_1, \ldots, \psi_n \models \varphi$.
     (ii) $\mathrm{Cons}(\Sigma) = \{\varphi \mid \Sigma \models \varphi\}$

Eine der Hauptaufgaben der mathematischen Logik ist das Studium
des Folgerungsbegriffes, insbesondere interessiert man sich dafür,
die Beziehung $\Sigma \models \varphi$, welche auf alle möglichen Bewertungen Bezug
nimmt, durch eine syntaktische und möglichst algorithmisch beschreibbare Relation innerhalb von F zu ersetzen. Wir kommen darauf später, vor allem in der Prädikatenlogik, zurück. Hier vermerken wir nur, daß für endliche Σ die Relation $\Sigma \models \varphi$ (und damit die
Eigenschaft einer Formel, tautologisch zu sein) durch die Wahrheitstafelmethode entschieden wird.
Man überlegt sich sofort:

7. Satz: Für alle $\Sigma, \Sigma' \subseteq F$ gilt

    (i) $\Sigma \subseteq \text{Cons}(\Sigma)$;

    (ii) $\Sigma \subseteq \Sigma'$ impliziert $\text{Cons}(\Sigma) \subseteq \text{Cons}(\Sigma')$;

    (iii) $\text{Cons}(\text{Cons}(\Sigma)) = \text{Cons}(\Sigma)$.

Mit anderen Worten: Der Operator $\text{Cons}: \mathcal{P}(F) \to \mathcal{P}(F)$ ist ein Hüllenoperator ($\mathcal{P}$ bezeichnet die Potenzmenge).
Wir schließen diesen Abschnitt mit einigen Bemerkungen, die zur
Motivierung für die folgenden Kapitel dienen sollen.
Obwohl wir die Formelmenge F als eine Menge von Zeichenreihen eingeführt haben, in denen alle Zeichen linear geordnet nebeneinander
stehen, suggerierte unsere Sprechweise doch schon eine andere algebraische Perspektive:
Wir sprachen von Aussagen, die durch logische Symbole ("Operationen") zu neuen Aussagen zusammengefaßt werden. Würden wir F sol-
chermaßen als eine algebraische Struktur auffassen, so stellen wir
dreierlei fest:

    1) Satz 2 zeigt, daß F dieselben Eigenschaften (mutatis mutan-
       dis) hat, wie sie die Peanoaxiome für die natürlichen Zah-
       len (mit der Nachfolgeroperation) beschreiben.

    2) Versieht man $\{0, 1\}$ mit den Operationen $\max(x,y)$, $\min(x,y)$
       und $1-x$, dann sind Bewertungen, jedenfalls was $\wedge, \vee$ und $\neg$
       angeht, nichts anderes als Homomorphismen.

    3) Der Fortsetzungssatz zeigt, daß F ähnliche Eigenschaften
       wie etwa eine freie Gruppe hat.

Das wird uns dazu führen, unsere Theorie noch einmal, und zwar algebraisch, aufzubauen, um dann die Methoden der Algebra mit Vor-
teil einzusetzen. Auch gibt uns 2) einen Wink, wie man die Semantik variieren könnte:
Man nehme statt $\{0, 1\}$ einfach andere algebraische Strukturen
(neue "Testalgebren") und verlange von den Bewertungsfunktionen
wieder, daß sie Homomorphismen sind. Wenn auch im Moment noch
nicht klar ist, wie dies auf sinnvolle Weise zu geschehen hat, so
wird sich dies doch als sehr erfolgreich erweisen. Als geeignete
Testalgebren werden sich gewisse Verbände erweisen, es gibt jedoch
durchaus noch andere, hier nicht behandelte Möglichkeiten, sinnvolle "Logiken" zu erklären.

1.3 Exkurs in die Allgemeine Algebra

In diesem Abschnitt werden Hilfsmittel aus der Algebra zusammengestellt. Einfache Beweise sind teilweise weggelassen, man vergleiche dazu etwa Grätzer [Gr].
Sei A eine Menge.

1. Def.: Eine n-stellige Operation ($n \in N$) ist eine Abbildung

$$f: A^n \to A$$

Die nullstelligen Operationen werden auch Konstante genannt.

2. Def.: Eine Algebra ist ein geordnetes Paar

$$\mathscr{A} = \langle A,\ \mathcal{O}_A \rangle,$$

wobei $\mathcal{O}_A = \langle f_i^A \mid (i \in I \rangle$ eine Familie endlichstelliger Operationen ist. Wenn für $i \in I$ n_i die Stellenzahl von f_i^A ist, dann heißt $\langle n_i \mid i \in I \rangle$ die Signatur von $\mathscr{A}$. A heißt auch die Trägermenge von $\mathscr{A}$.

Seien $\mathscr{A} = \langle A, \mathcal{O}_A \rangle$, $\mathscr{B} = \langle B, \mathcal{O}_B \rangle$ Algebren gleicher Signatur, $\mathcal{O}_A = \langle f_i^A \mid i \in I \rangle$, $\mathcal{O}_B = \langle f_i^B \mid i \in I \rangle$.

3. Def.: $\mathscr{A}$ heißt Subalgebra von $\mathscr{B}$, falls:

    (i) $A \subseteq B$ und

    (ii)   für alle $i \in I$ und alle $\langle a_1, \ldots, a_{n_i} \rangle \in A^{n_i}$ gilt

$$f_i^A(a_1, \ldots, a_{n_i}) = f_i^B(a_1, \ldots, a_{n_i}).$$

4. Def.: Wenn $X \subseteq B$, dann heißt X eine Erzeugendenmenge von $\mathscr{B}$ (oder: X erzeugt $\mathscr{B}$), falls für jede Subalgebra $\mathscr{A}$ von $\mathscr{B}$ mit $X \subseteq A$ gilt

$$\mathscr{A} = \mathscr{B}$$

Da der Durchschnitt von Subalgebren einer Algebra wieder eine Subalgebra ist, erzeugt jede Teilmenge einer Algebra $\mathscr{A}$ eine eindeutig bestimmte Subalgebra von $\mathscr{A}$.

5. Def.: (i)   Eine Abbildung $h : A \to B$ heißt Homomorphismus von $\mathscr{A}$ nach $\mathscr{B}$ (kurz: $h : \mathscr{A} \to \mathscr{B}$), falls für alle $i \in I$ und alle $\langle a_1, \ldots, a_{n_i} \rangle \in A^{n_i}$ gilt:

$$h(f_i^A(a_1,\ldots,a_{n_i})) = f_i^B(h(a_1),\ldots,h(a_{n_i})).$$

(ii) Ein Homomorphismus h heißt Isomorphismus, falls h
eine Bijektion zwischen A und B ist.

Sei nun $R \subseteq A^2$ eine Äquivalenzrelation über A.

6. Def.: R heißt Kongruenzrelation über $\mathscr{A}$, falls alle $i\epsilon I$ gilt:
Wenn $R(a_k, b_k)$ gilt für $1 \le k \le n_i$,
dann gilt auch $R(f_i^A(a_1,\ldots,a_{n_i}), f_i^A(b_1,\ldots,b_{n_i}))$.

Der Zusammenhang zwischen Kongruenzrelationen und Homomorphismen
wird durch die folgenden beiden Sätze erhellt.

7. Satz: Sei h: $\mathscr{A} \to \mathscr{B}$ ein Homomorphismus. Dann ist die Relation
$R_h \subseteq A^2$, die definiert ist durch
$R_h(a,b)$ genau dann, wenn $h(a) = h(b)$;
eine Kongruenzrelation.

Sei umgekehrt R eine Kongruenzrelation über $\mathscr{A}$, für $a\epsilon A$ bezeichne
$\lfloor a \rfloor = \lfloor a \rfloor_R$ die Restklasse von a und sei

$A/R = \{[a] \mid a \epsilon A\}$.

Für $i\epsilon I$ setzen wir

(*) $\quad f_i^{A/R}([a_1],\ldots,[a_{n_i}]) = [f_i^A(a_1,\ldots,a_n)]$.

8. Satz: (i) Durch (*) wird für jedes $i\epsilon I$ eine Operation erklärt
(d.h. die Definition ist unabhängig von den gewähl-
ten Repräsentanten).

(ii) Bezeichnet man die so erhaltene Algebra mit $\mathscr{A}/_R$ und
sei

$\Pi(a) = [a]_R$, dann ist
$\Pi : \mathscr{A} \to \mathscr{A}/_R$

ein Homomorphismus mit $R_\Pi = R$.

9. Def.: $\mathscr{A}/_R$ heißt auch Quotienten- oder Faktoralgebra von $\mathscr{A}$ modulo R, Π heißt kanonischer Homomorphismus.

10. Def.: $\mathscr{A}$ heißt Peano-Algebra genau dann, wenn eine Menge $X \subseteq A$ existiert mit:

    (i)   X erzeugt $\mathscr{A}$;

    (ii)   die Elemente von X treten nicht als Werte unter den Operationen f_i^A auf;

    (iii) für alle $i,j \in I$ und alle $a_1,\ldots,a_{n_i}$, $b_1,\ldots,b_{n_i} \in A$ gilt:

    Wenn $f_i^A(a_1,\ldots,a_{n_i}) = f_j^A(b_1,\ldots,b_{n_j})$, so $i = j$ und $a_k = b_k$ für $1 \leqslant k \leqslant n_i$.

Beispiel: $\langle N,S \rangle$, wobei N die natürlichen Zahlen und S die Nachfolgeoperation ist. (Man wähle $X = \{O\}$).

11. Satz: Zu jedem X existiert eine Peano-Algebra $\mathscr{A}$, welche von X erzeugt wird.

Beweis: Da die Konstruktion ganz analog zu derjenigen ist, welche die Menge F der aussagenlogischen Formeln erklärte, können wir uns kurz fassen. Bei gegebener Signatur $\langle n_i \mid i \in I \rangle$ wählen wir uns zu jedem $i \in I$ ein Element f_i (weitgehend beliebig, nur dürfen die f_i nicht mit der Menge X interferieren); die Trägermenge A der zu definierenden Peano-Algebra $\mathscr{A}$ erklären wir induktiv als Teilmenge der Menge aller endlichen Zeichenreihen über $X \cup \{f_i \mid i \in I\}$:
Wir setzen $A'_O = X$

$$A'_{n+1} = \{\langle f_i, x_1, \ldots x_{n_i} \rangle \mid i \in I,\ x_1,\ldots,x_{n_i} \in A'_n\} \cup A'_n \ ;$$
$$A = U(A'_n \mid n \in N) \ ;$$
$$A_O = A'_O \ , \quad A_{n+1} = A'_{n+1} \setminus A'_n \ , \quad n \in N \ .$$

Wir setzen noch $\mathscr{O}_A = \{f_i^A \mid i \in I\}$, indem wir die Operationen auf A wie folgt erklären:

$$f_i^A(x_1,\ldots,x_{n_i}) = \langle f_i, x_1, \ldots, x_{n_i} \rangle$$

für $x_1,\ldots,x_{n_i} \in A$. Die geforderten Eigenschaften für die Algebra

$$\mathscr{A} = \langle A, \mathscr{O}_A \rangle$$

prüft man dann leicht nach.

Wenn umgekehrt $\mathscr{A}$ eine Peano-Algebra ist, erkennt man, daß man in ganz analog wie beim Beweis des letzten Satzes einen Schichtenaufbau einführen kann: $A = \bigcup_{n \in N} A_n$, $A_O = X$, und die Elemente von A_n

sind gerade diejenigen Elemente von A, welche sich durch n-malige
Anwendung der Operationen aus den Elementen von X gewinnen lassen.
Dies liefert uns die Möglichkeit, in Peano-Algebren induktiv über
den Aufbau der Schichten vorzugehen.
Sei nun K eine Klasse von Algebren einer festgewählten Signatur
und sei $\mathscr{A} \in K$, $X \subseteq A$ erzeuge $\mathscr{A}$.

12. Def.: $\mathscr{A}$ heißt frei in K über der erzeugenden Menge X, falls
sich für jedes $\mathscr{B} \in K$ jede Abbildung

$$h_o : X \to B$$

auf genau eine Weise zu einem Homomorphismus

$$h : \mathscr{A} \to \mathscr{B}$$

fortsetzen läßt.

13. Def.: Falls K die Klasse aller Algebren (der gewählten Signatur) ist, heißen die K-freien Algebren auch absolut frei.
Wendet man die Fortsetzungseigenschaft auf die identische Abbildung $X \to X$ an, erkennt man sofort:

14. Satz: Wenn eine freie Algebra $\mathscr{A}$ über X in K existiert, ist sie
bis auf Isomorphie eindeutig bestimmt.

15. Satz   Die absolut freien Algebren sind gerade die Peano-Algebren.

Beweis: a) Sei $\mathscr{A}$ eine Peano-Algebra, $\mathscr{B}$ eine Algebra derselben Signatur und $h_o : X \to B$ eine Abbildung. Genau wie im Falle der Bewertungsfunktion des letzten Abschnitts setzen wir h_o auf die Schichten fort; sei h_n bereits eine Fortsetzung von h_o auf die Schichten
$U(A_k \mid (k \leq n))$ und sei a aus der Schicht A_{n+1}. Dann existieren ein-
deutig bestimmte $i \in I$, $a_1, \ldots, a_{n_i} \in U(A_k \mid k \leq n)$ mit $a = f_i^A(a_1, \ldots a_{n_i})$.
Wir haben offenbar genau eine Möglichkeit zur Fortsetzung:
$$h_{n+1}(a) = f_i^B(h_n(a_1), \ldots, h_n(a_{n_i})).$$
Für die Elemente $a \in U(A_k \mid k \leq n)$ setzen wir $h_{n+1}(a) = h_n(a)$.
Der gewünschte und eindeutig bestimmte Homomorphismus ist dann

$$h = U \langle h_n \mid n \in N \rangle.$$

b) Sei $\mathscr{A}$ eine absolut freie Algebra, erzeugt von der Menge X. Nach
Satz 11 existiert eine Peano-Algebra $\mathscr{A}'$, welche von X erzeugt ist.

$\mathscr{A}'$ ist nach a) auch absolut frei und daher sind nach Satz 14 $\mathscr{A}$ und $\mathscr{A}'$ isomorph, also ist $\mathscr{A}$ eine Peano-Algebra.

Wir können also jetzt sagen, daß jede Algebra eine Quotientenalgebra einer absolut freien Algebra ist.
Gelegentlich vergleicht man auch Algebren verschiedener Signatur.

16. Def.: Wenn $\delta = \langle n_i \mid i\epsilon I \rangle$ und $\mathscr{A} = \langle A, \langle f_i^{\,A} \mid i\epsilon I \rangle\rangle$ eine Algebra der Signatur δ, und wenn $I' \subseteq I$ ist, dann ist die Algebra $\mathscr{A}' = \langle A, \langle f_i^{\,A} \mid i\epsilon I' \rangle\rangle$ das Redukt der Algebra $\mathscr{A}$ bezüglich der Signatur $\delta' = \langle n_i \mid i\epsilon I' \rangle$.

Wenn wir später die Algebra der Formeln studieren, werden wir zweierlei Eigenschaften ausnutzen: Einmal werden wir uns an die algebraischen Eigenschaften einer absolut freien und (somit auch einer Peano-) Algebra erinnern, zum anderen werden wir vermerken, daß wir diese Algebren als Zeichenreihen konstruiert haben (wir halten diese Konstruktion ein für allemal fest) und ihre Elemente somit endliche Folgen sind, von deren Länge wir sprechen können und bei denen wir etwa das 3. Glied von rechts betrachten können. Schließlich haben wir noch für eine absolut freie Algebra $\mathscr{A}$:

17. Def.: (i)   Es seien $s, t \,\epsilon\, A$. Dann heißt s direkter Teil von t, wenn $t = f_j(t_1, \ldots, s, \ldots, t_{n_j})$.

      (ii)   Die Teilrelation ist die reflexive und transitive Hülle der direkten Teilrelation.

Wegen des Schichtenaufbaues ist auch die Induktion über die Teilrelation zulässig.

1.4 Exkurs über Verbände

1. Def.: Ein Verband ist eine Algebra

$$\mathscr{V} = \langle V, \sqcup, \sqcap \rangle,$$

wobei $\sqcap$ und $\sqcup$ zweistellige Operationen sind, so daß folgende Gesetze gelten:

(i) $a \sqcup b = b \sqcup a$, $a \sqcap b = b \sqcap a$ (Kommutativität)

(ii) $a \sqcup (b \sqcup c) = (a \sqcup b) \sqcup c$, $a \sqcap (b \sqcap c) = (a \sqcap b) \sqcap c$ (Assoziativität)

(iii) $(a \sqcap b) \sqcup b = b$, $(a \sqcup b) \sqcap b = b$ (Absorptionsgesetze).

2. Def.: Eine verbandsgeordnete Menge ist ein Paar $\mathscr{B} = \langle V, \leqslant \rangle$, wobei V eine Menge und $\leqslant \subseteq V^2$ eine binäre Relation ist, so daß folgende Gesetze gelten:

    (i) $a \leqslant a$ (Reflexivität)

    (ii)   wenn $a \leqslant b$ und $b \leqslant a$, so $a = b$ (Antisymmetrie);

    (iii) wenn $a \leqslant b$ und $b \leqslant c$, so $a \leqslant c$ (Transitivität);

    (iv)   für je zwei Elemente $a, b \varepsilon V$ existieren $\sup(a,b)$ und $\inf(a,b)$ (kleinste obere und größte untere Schranke bezüglich $\leqslant$).

Verbände und verbandsgeordnete Menge sind gewissermaßen "dasselbe", wie der nächste Satz zeigt.

3. Satz: (i)   Wenn $\mathscr{V} = \langle V, \sqcap, \sqcup \rangle$ ein Verband ist, und $\leqslant \subseteq V^2$ erklärt ist durch: $a \leqslant b$ genau dann, wenn $a \sqcap b = a$, dann ist $\mathscr{B}(\mathscr{V}) = \langle V, \leqslant \rangle$ eine verbandsgeordnete Menge.

    (ii)   Wenn $\mathscr{B} = \langle V, \leqslant \rangle$ eine verbandsgeordnete Menge ist, und wenn die beiden Operationen $\sqcap$ und $\sqcup$ erklärt sind durch $a \sqcap b = \inf(a,b)$, $a \sqcup b = \sup(a,b)$, dann ist $\mathscr{V}(\mathscr{B}) = \langle V, \sqcap, \sqcup \rangle$ ein Verband.

    (iii) $\mathscr{V}(\mathscr{B}(\mathscr{V})) = \mathscr{V}$ und $\mathscr{B}(\mathscr{V}(\mathscr{B})) = \mathscr{B}$.

Den Beweis übergehen wir hier, er ergibt sich durch einfaches verifizieren.

Im allgemeinen müssen in einem Verband unendliche Suprema und Infima nicht unbedingt existieren; falls für $M \subseteq V$ diese doch existieren, werden sie durch $\sqcup M$ bzw. $\sqcap M$ notiert. Falls $\sqcup V$ und $\sqcap V$ existieren, werden diese auch mit 1 und 0 bezeichnet.

4. Def.: Ein Verband heißt vollständig, falls beliebige Suprema und Infima existieren.

Zwei spezielle Arten von Teilverbänden werden später von Wichtigkeit sein: Die Ideale und die Filter.

5. Def.: Eine Teilmenge $J \subseteq V$ heißt Ideal (resp. $F \subseteq V$ heißt Filter), falls

    (i) $J \neq \emptyset$ (resp. $F \neq \emptyset$);

    (ii) Wenn $a \varepsilon J$ und $b \leqslant a$, so $b \varepsilon J$

         (resp. wenn $a \varepsilon F$ und $a \leqslant b$, so $b \varepsilon F$);

    (iii) Wenn $a, b \varepsilon J$, so $a \sqcup b \varepsilon J$

         (resp. wenn $a, b \varepsilon F$, so $a \sqcap b \varepsilon F$);

    (iv) J (resp. F) heißt eigentlich, wenn $J \neq V$

         (resp. $F \neq V$) ist.

Man sieht sofort:

6. Satz: Sei $A \subseteq V$, $A \neq \emptyset$.

    (i) $\{a \varepsilon V \mid \text{ex. } x_1, \ldots, x_n \varepsilon A, a \leqslant x_1 \sqcup \ldots \sqcup x_n\}$
         ist das kleinste A umfassende Ideal ("das von A erzeugte Ideal");

    (ii) $\{a \varepsilon V \mid \text{ex. } x_1, \ldots, x_n \varepsilon A, a \geqslant x_1 \sqcup \ldots \sqcup x_n\}$
         ist der kleinste A umfassende Filter;

    (iii) Wenn 1 (resp. O) existiert und wenn J ein Ideal (resp. F ein Filter) ist, dann ist J (resp. F) genau dann eigentlich, wenn $1 \notin J$ (resp. $O \notin F$).

Für die Anwendung in der Logik interessieren uns im wesentlichen drei Klassen von Verbänden:

(I)   Boole'sche Algebren   (klassische Logik);

(II)   Heyting Algebren   (intuitionistische Logik);

(III) Orthomodulare Verbände   (Quantenlogik).

Dabei sind die Boole'schen Algebren für uns weitaus am wichtigsten.

1.5 Boole'sche Algebren

1. Def.: Eine Boole'sche Algebra ist eine Algebra $\mathcal{B} = \langle B, \sqcap, \sqcup, - \rangle$
      mit der Signatur $\langle 2,2,1 \rangle$ und mit den Gesetzen:
    (i) $\langle B, \sqcap, \sqcup \rangle$ ist ein Verband;
    (ii) $a \sqcap (b \sqcup c) = (a \sqcap b) \sqcup (a \sqcap c)$, $a \sqcup (b \sqcap c) = (a \sqcup b) \sqcap (a \sqcup c)$
         (Distributivität)

(iii) (a ⊓ -a) ⊔ b = b, (a ⊔-a)⊓ b = b.

(iii) impliziert die Existenz von O und 1: Es ist nämlich (für jedes a ε B) O = a⊓ -a und 1 = a⊔ -a. Das Element -a heißt auch das Komplement von a.

Der nächste Satz, dessen Beweis dem Leser als Übungsaufgabe überlassen bleibt, bringt eine Reihe von nützlichen Rechenregeln in Boole'schen Algebren.

2. Satz: Es gilt:

    (i) $a \leqslant b$ genau dann, wenn $-b \leqslant -a$;

    (ii)   -(-a) = a

    (iii)   -(a⊓b) = -a⊔ -b, a⊓b = -(-a⊔-b);

    (iv)   -(a⊔b) = -a⊓-b; a⊔b = -(-a⊓-b);

    (v)   -O = 1, -1 = O

    (vi) $a \leqslant b$ genau dann, wenn -a⊔b = 1.

Wir wollen jetzt eine zusätzliche zweistellige Operation einführen:

3. Def.: a → b = -a ⊔ b ist das Komplement von a relativ zu b.

Mit Hilfe der obigen Beziehungen beweist man leicht den nächsten Satz:

4. Satz: Die Operationen "⊓" und "⊔" lassen sich durch "→" und "-" ausdrücken, und zwar

$$a \sqcap b = -(a \to -b)$$
$$a \sqcup b = (-a) \to b$$

Aus diesem Satz ergibt sich, daß sich die Boole'schen Algebren auch durch die beiden Operationen "→" und "-" allein beschreiben lassen. Als nächstes wollen wir Ideale, Boole'sche Homomorphismen und Kongruenzrelationen betrachten. Sei $\mathscr{B}$ = <B,⊓,⊔,-> eine Boole'sche Algebra.

5. Satz: (i)   Wenn J ein Ideal in $\mathscr{B}$ ist und R = R(J) $\subseteq$ B^2 erklärt ist durch R(a,b) genau dann, wenn x,y ε J existieren mit a ⊔ x = b ⊔ y, dann ist R eine

Kongruenzrelation.

(ii) Wenn $R \subseteq B^2$ eine Kongruenzrelation ist und $J=J(R) =$
$\{a \in B \mid R(a,0) \text{ gilt}\}$, dann ist J ein Ideal.

(iii) $\langle a,b \rangle \in R(J)$ genau dann, wenn $a \sqcap -b \in J$ und
$b \sqcap -a \in J$.

(iv) $J(R(J)) = J$ und $R(J(R)) = R$.

<u>Beweis:</u> Wie üblich steht $R(a,b)$ für $\langle a,b \rangle \in R$.

(i)   Sei J ein Ideal. Für die Reflexivität von R wähle man
$x=y=0$; die Symmetrie ist klar. Wenn $a \sqcup x = b \sqcup y$, $b \sqcup z = c \sqcup v$
mit $x,y,z,v \in J$, dann ist $x \sqcup z \in J$, $v \sqcup y \in J$ und $a \sqcup x \sqcup z =$
$c \sqcup v \sqcup y$, was die Transitivität von R beweist.
Wenn $R(a,b)$ gilt, dann existieren x,y mit $a \sqcup x = b \sqcup y$, da-
her ist $-a \sqcap -x = -b \sqcap -y$ und also $(-a \sqcap -x) \sqcup (x \sqcup y) = (-b \sqcap -y) \sqcup (x \sqcup y)$
und $-a \sqcup (x \sqcup y) = -b \sqcup (x \sqcup y)$, d.h. $R(-a,-b)$ gilt. Dies beweist
die Kongruenzrelationseigenschaft von R für die Operation
$-$; Analoges zeigt man für $\sqcup$, woraus die Behauptung aus der
Tatsache folgt, daß $\sqcap$ durch $\sqcup$ und $-$ definierbar ist.

(ii)   Sei R eine Kongruenzrelation. Da R reflexiv ist, gilt $0 \in J$.
Wenn $a \in J$ und $b \leqslant a$ ist, so gilt: $R(a,0)$ und $R(b,b)$, also
$R(a \sqcap b, 0 \sqcap b)$, d.h. $R(b,0)$ mit $b \in J$.
Wenn $a, b \in J$ ist, haben wir $R(a,0)$ und $R(b,0)$, was
$R(a \sqcup b, 0 \sqcup 0)$ impliziert, d.h. $a \sqcup b \in J$.

(iii)   Wenn $a \sqcap -b \in J$ und $b \sqcap -a \in J$, dann folgt aus $a \sqcup (-a \sqcap b) = a \sqcup b$
und $b \sqcup (-b \sqcap a) = a \sqcup b$ auch $\langle a,b \rangle \in R(J)$.
Wenn $x, y \in J$ existieren mit $a \sqcup x = b \sqcup y$, dann haben wir
$a \sqcap -b = (a \sqcap -b) \sqcap (a \sqcup x) = (a \sqcap -b) \sqcap (b \sqcup y) = (a \sqcap -b) \sqcup y \leqslant y$, also
$a \sqcap -b \in J$, entsprechend folgt $b \sqcap -a \in J$.

(iv)   Nach (iii) haben wir: $a \in J(R(J))$ genau dann, wenn $a \sqcap -0 \in J$
und $0 \sqcap -a \in J$, dies ist aber gleichwertig zu $a \in J$, es gilt
also $J(R(J)) = J$.
$\langle a,b \rangle \in R(J(R))$ ist äquivalent zu $R(a \sqcap -b,0)$ und
und $R(b \sqcap -a,0)$. Aus $R(a,b)$ folgt aber $R(a \sqcap -b,0)$ und
$R(b \sqcap -a,0)$, da R eine Kongruenzrelation ist und daher
gilt $R \subseteq R(J(R))$.
Aus $R(a \sqcap -b,0)$ und $R(b \sqcap -a,0)$ folgt andererseits $R(a \sqcap -b,$
$b \sqcap -a)$, welches $R(a,b \sqcup a)$ und $R(a \sqcup b,b)$ und damit $R(a,b)$ impliziert, also gilt auch $R(J(R)) \subseteq R$.

Wenn J und R wie im letzten Satz zusammenhängen, schreiben wir auch $\mathscr{B}/_J$ statt $\mathscr{B}/_R$.

Eine spezielle Boole'sche Algebra ist
$$2 = < \{0,1\}, \sqcap, \sqcup, - >$$
mit $x \sqcap y = \min(x,y)$, $x \sqcup y = \max(x,y)$, $-0 = 1$, $-1 = 0$.

In einer Boole'schen Algebra $\mathscr{B}$ entsprechen die Homomorphismen $h : \mathscr{B} \to 2$ speziellen Idealen in $\mathscr{B}$.

6. Def.: Der Kern eines Homomorphismus $h : \mathscr{B} \to \mathscr{A}$ ist $\ker(h) =$
$$\{x \ \varepsilon \ B \mid h(x) = 0\}$$

7. Satz: Sei $J \subseteq B$ ein eigentliches Ideal in $\mathscr{B}$. Dann ist äquivalent:

    (i)   Es existiert ein Homomorphismus $h : \mathscr{B} \to 2$ mit $J = \ker(h)$.

    (ii)   Für alle $a \ \varepsilon \ B$ ist entweder $a \ \varepsilon \ J$ oder $-a \ \varepsilon \ J$.

    (iii) Für alle a, $b \ \varepsilon \ B$ gilt: wenn $a \sqcap b \ \varepsilon \ J$, dann ist $a \ \varepsilon \ J$ oder $b \ \varepsilon \ J$.

    (iv) J ist maximal, d.h. es gibt kein eigentliches Ideal J' mit $J \subseteq J'$ und $J \neq J'$.

Beweis: Wir zeigen der Reihe nach:

(i) $\to$ (ii) : Es können nicht a und $-a$ in J sein. Andererseits ist $0 = h(a) \sqcap -h(a) = h(a) \sqcap h(-a)$, daher $a \ \varepsilon \ \ker(h) = J$ oder $-a \ \varepsilon \ \ker(h) = J$.

(ii) $\to$ (iii): Wenn $a \notin J$ und $b \notin J$, dann sind $-a \ \varepsilon \ J$ und $-b \ \varepsilon \ J$, also $-(a \sqcap b) = -a \sqcup -b \ \varepsilon \ J$.

(iii) $\to$ (i): Man rechnet nach, daß durch
$$h(a) = \begin{cases} 0 \text{ für } a \ \varepsilon \ J \\ 1 \text{ für } a \notin J \end{cases}$$
ein Homomorphismus $\mathscr{B} \to 2$ definiert ist.

(ii) $\to$ (iv): dies ist trivial.

(iv) $\to$ (ii): Sei $a \notin J$. Das von $J \cup \{a\}$ erzeugte Ideal $J' = \{b \ \varepsilon \ B \mid ex. \ x, \ y, \ \varepsilon \ J \cup \{a\}, \ b \leq x \sqcup y\}$ ist ein J echt umfassendes Ideal, daher gilt $J' = B$. Also existiert $x \ \varepsilon \ J$, so daß für die Eins in B gilt: $1 \leq x \sqcup a$, daher $-a \leq x$ und somit $-a \ \varepsilon \ J$.

8. Def.: Ein eigentliches Ideal, welches eine der (äquivalenten)
        Bedingungen des letzten Satzes erfüllt, heißt Primideal.

Der nächste Satz beschäftigt sich mit der Existenz von Primidea-
len. Zu seinem Beweis benötigen wir ein bisher nicht benutztes
mengentheoretisches Prinzip: das Zorn'sche Lemma. Das Zorn'sche
Lemma ist äquivalent zum Auswahlaxiom der Mengenlehre, es ist
aus den bisher benutzten elementaren mengentheoretischen Prinzipien nicht herleitbar, kann aber, ohne sich in Widersprüche zu
verwickeln, dazu genommen werden. Unser zu beweisender Satz, das
sog. Primidealtheorem, ist aber nicht äquivalent zum Auswahlaxiom,
sondern echt schwächer als dieses; aus diesem Grunde wird das
Primidealtheorem selber häufig als Axiom der Mengenlehre angenommen. Es hat wie das Auswahlaxiom einen nicht-konstruktiven Charakter, es ist eine reine Existenzaussage, was insofern für uns wichtig ist, als es später zum Beweis des Gödel'schen Vollständigkeitssatzes benutzt wird. Die eben erwähnten grundlagentheoretischen
Probleme entstehen nicht, wenn die betrachtete Boole'sche Algebra
endlich oder abzählbar ist, da man dann das Zorn'sche Lemma durch
eine gewöhnliche Induktion ersetzen kann. Zorn's Lemma besagt:
Wenn in einer teilweise geordneten Menge $(M, \leqslant)$ jede totalgeordnete
Teilmenge eine obere Schranke hat, dann besitzt $(M, \leqslant)$ ein maximales Element.

9. Primidealtheorem: Wenn $I \subseteq B$ ein eigentliches Ideal ist, exi-
        stiert ein Primideal $\bar{I} \supseteq I$.

Beweis: Wir stellen vorerst keine Voraussetzungen an B.
Sei $J = \{I' \mid I' \supseteq I, I' \text{ eigentliches Ideal}\}$;
da $I \varepsilon J$ ist $J \neq 0$; die Inklusion $\subseteq$ ist eine teilweise Ordnung auf
J. Wenn $K \subseteq J$ eine Kette ist, (d.h. die Ideale in K werden durch
"$\subseteq$" totalgeordnet), dann ist $\cup(I \mid I \varepsilon K)$ wieder ein Ideal und eine
obere Schranke von K, also existiert nach dem Zorn'schen Lemma ein
maximales Element in J, dies ist dann ein Primideal. Im Falle, daß
B abzählbar ist, kommen wir ohne Zorn's Lemma aus (der endliche
Fall ergibt sich leicht daraus):
Sei $B = \{x_n \mid n \geqslant 1\}$.
Wir definieren eine Folge $< I_n \mid n \varepsilon N >$ durch Induktion:

$$I_o = I$$

$$I_{n+1} = \begin{cases} I_n, \text{ falls ein } a\varepsilon I_n \text{ existiert mit } a \sqcup x_{n+1} = 1 \\ \text{das von } I_n \cup \{x_{n+1}\} \text{ erzeugte Ideal sonst;} \end{cases}$$

(dabei ist also das von $I_n \cup \{x_{n+1}\}$ erzeugte Ideal $\{b\varepsilon B \mid \text{ex. } x, y\varepsilon I_n \cup \{x_{n+1}\}, \ b \leqq x \sqcup y\}$.)

$\bar{I} = \cup <I_n \mid n \varepsilon N>$ ist dann das gesuchte Primideal.

Für spätere Anwendungen benötigen wir noch speziellere Primideale. Sei $\mathscr{X} = \{X_n \mid n \varepsilon N\}$ eine Familie von Teilmengen von B, so daß $x_n = \sqcup X_n$ in $\mathscr{B}$ für jedes $n \varepsilon N$ existiert.

10. Def.: Ein Ideal I in $\mathscr{B}$ erhält die Suprema von $\mathscr{X}$, falls für den kanonischen Homomorphismus $\pi : \mathscr{B} \to \mathscr{B}/_I$ gilt
$$\pi(x_n) = \sqcup\{\pi(x) \mid x \varepsilon X_n\}, \quad n \varepsilon N,$$
(und das rechte Supremum immer existiert).

11. Rasiowa-Sikorski-Tarski-Lemma: Sei $\mathscr{B}$ eine Boole'sche Algebra. Wenn $\mathscr{X} = \{X_n \mid n \varepsilon N\}$ eine abzählbare Familie von Teilmengen von B mit $x_n = \sqcup X_n$ und wenn $x \varepsilon B$, $x \neq 1$ ist, dann existiert ein Primideal I in $\mathscr{B}$ mit $x \varepsilon I$, so daß I die Suprema von $\mathscr{X}$ erhält.

Beweis: Es sei eine Familie $\mathscr{X} = \{X_n \mid n \varepsilon N\}$ vorgelegt. Wir erklären induktiv eine Folge $<a_n \mid n \varepsilon N>$, $a_n \varepsilon X_n$, $n \varepsilon N$, sodaß $1 \neq x \sqcup (x_o \sqcap -a_o) \sqcup \ldots \sqcup (x_n \sqcap -a_n)$, für alle $n \varepsilon N$. Wenn $x \sqcup (x_o \sqcap -a) = 1$ für alle $a \varepsilon X_o$, so ist $x \sqcup x_o = 1$ und $x \sqcup -a = 1$, daher $x \geq a$ für $a \varepsilon X_o$, also $x \geq x_o$, und somit $x = \sqcup X_o = 1$, im Widerspruch zur Annahme $x \neq 1$. Daher existiert so ein gewünschtes $a = a_o \varepsilon X_o$. Ganz analog behandeln wir den Induktionsschritt, in dem wir x durch $x \sqcup (x_o \sqcap -a_o) \sqcup \ldots \sqcup (x_n \sqcap -a_n)$ ersetzen. Die Menge $\{x\} \cup \{x_k \sqcap -a_k \mid k \varepsilon N\}$ erzeugt somit ein eigentliches Ideal, welches wir in ein Primideal I einbetten können. I erhält die Suprema von $\mathscr{X}$: Da $x_k \sqcap -a_k \varepsilon I$, gilt für den kanonischen Homomorphismus π: $\pi(x_k) \sqcap -\pi(a_k) = \pi(x_k \sqcap -a_k) = 0$, also $\pi(x_k) \leq \pi(a_k)$, daher $\sqcup(\pi(a) \mid a \varepsilon A_k) \geq \pi(x_k)$. Da ausserdem $a \leq x_k$ für alle $a \varepsilon X_k$, haben wir $\pi(a) \leq \pi(x_k)$, $a \varepsilon X_k$, also $\sqcup(\pi(a) \mid a \varepsilon X_k) \leq \pi(x_k)$, was $\sqcup(\pi(a) \mid a \varepsilon X_k) = \pi(x_k)$ zeigt.

Wir haben hier zweimal das Auswahlaxiom verwandt, einmal bei der

Definition der Folge $\langle a_n \mid n \;\varepsilon\; N\rangle$ (Auswahl des gesuchten $a_k \varepsilon A_k$!), und zum anderen bei der Anwendung des Primidealsatzes. Beide Anwendungen sind wieder vermeidbar, wenn die Boole'sche Algebra $\mathcal{B}$ abzählbar ist.

Weiter vermerken wir, daß wir den letzten Satz ebenso gut für Infima hätten erklären können, denn man überzeugt sich sofort von der Richtigkeit der Gleichung

$$- \sqcap X = \sqcup (-x \mid x \;\varepsilon\; X)$$

in Boole'schen Algebren.

Wir wenden uns jetzt noch kurz den Filtern zu:

12. Def.: Die maximalen eigentlichen Filter heißen Ultrafilter.

Man erkennt sofort:

13. Satz: (i) $J \subseteq B$ ist genau dann ein eigentliches Ideal, wenn $\{-a \mid a \;\varepsilon\; J\}$ ein eigentlicher Filter ist;

        (ii) $J \subseteq B$ ist genau dann ein Primideal, wenn $B \setminus J$ ein Ultrafilter ist.

Dieser Satz impliziert, daß auch die Filter in umkehrbar eindeutiger Korrespondenz zu den Kongruenzrelationen stehen. Für einen Filter F schreiben wir daher auch $\mathcal{B}/_F$ anstatt $\mathcal{B}/_R$, wenn R die zu F gehörige Kongruenzrelation ist.

1.6 Heyting Algebren

In Boole'schen Algebren haben wir durch

$$a \rightarrow b = -a \sqcup b$$

eine zusätzliche Operation eingeführt. Diese läßt sich auch durch

$$a \rightarrow b = \sqcup (x \mid a \sqcap x \leqslant b)$$

beschreiben. Es gilt dann $-a = a \rightarrow 0$ und $a \leqslant b$ ist gleichbedeutend zu $a \rightarrow b = 1$. Die dem Folgenden zugrunde liegende Idee ist, distributive Verbände zu betrachten, die nicht notwendig Boole'sche Algebren sind, in denen aber für alle a, b

$$\sqcup (x \mid a \sqcap x \leqslant b)$$

existiert, und dies auszunutzen, um eine Reihe der vorangegangenen Überlegungen auch noch mit dieser schwächeren Annahme durchzuführen.

1. Def.: Eine Algebra

$$\mathcal{H} = \langle H, \sqcap, \sqcup, \rightarrow, O \rangle$$

mit der Signatur $\langle 2,2,2,O \rangle$ ist eine Heytingalgebra (oder auch Pseudo-Boole'sche Algebra), falls:

(i) $\langle H, \sqcap, \sqcup \rangle$ ist ein distributiver Verband;

(ii) $O \leq a$ für alle $a \in H$; (d.h. $O = \sqcap H$);

(iii) für alle $a,b,c \in H$ ist $a \sqcap c \leq b$ genau dann, wenn $c \leq a \rightarrow b$. Man nennt $a \rightarrow b = \sqcup (x \mid a \sqcap x \leq b)$ das Pseudokomplement von a relativ zu b).

Die Distributivität ist an sich überflüssig, denn man kann sie aus restlichen Gesetzen herleiten. In einer Heytingalgebra existiert immer ein größtes Element, man setze nämlich

$$1 = a \rightarrow a, \quad (a \in H \text{ beliebig}),$$

denn für jedes $c \in H$ gilt

$$a \sqcap c \leq a, \text{ also } c \leq 1, \text{ d.h. } 1 = \sqcup H.$$

2. Satz: Für alle $a, b \in H$ gilt:

$a \leq b$ genau dann, wenn $a \rightarrow b = 1$.

Beweis: Nach (iii) in der Definition der Heytingalgebra erhalten wir: $a = a \sqcap 1 \leq b$ genau dann, wenn $1 \leq a \rightarrow b$.

Wir bemerken an dieser Stelle ausdrücklich, daß der letzte Satz die Relation $\leq \subseteq H^2$ in Beziehung setzt zur Operation $\rightarrow: H^2 \rightarrow H$. In einer Heytingalgebra $\mathcal{H}$ definieren wir weiter:

3. Def.: $-a = a \rightarrow O$ heißt Pseudokomplement von a.

Heytingalgebren lassen sich auch durch reine Gleichungen definieren (was dann u.a. die Folge hat, daß Quotientenalgebren von Heytingalgebren wieder Heytingalgebren sind):

4. Satz: Sei $\mathcal{H} = \langle H, \sqcap, \sqcup, \rightarrow, O \rangle$ so, daß $\langle H, \sqcap, \sqcup \rangle$ ein distributiver Verband ist. Dann ist $\mathcal{H}$ genau dann eine Heytingalgebra, falls für alle $a, b, c \in H$ gilt:

(i) $O \sqcap a = O$;

(ii) $a \sqcap (a \rightarrow b) = a \sqcap b$;

$$(iii) \quad (a \to b) \sqcap b = b;$$
$$(iv) \quad (a \to b) \sqcap (a \to c) = a \to (b \sqcap c);$$
$$(v) \quad (a \to a) \sqcap b = b.$$

Beweis: (i) ist äquivalent damit, daß $O = \sqcap H$ ist. Es gelte nun (ii) - (v) in $\mathcal{H}$. Falls $c \leqslant a \to b$, dann ist $a \sqcap c \leqslant a \sqcap (a \to b) = a \sqcap b \leqslant b$ wegen (ii). Falls umgekehrt $a \sqcap c \leqslant b$, dann ist $a \sqcap c = (a \sqcap c) \sqcap b$, und daher

$$
\begin{aligned}
c &\leqslant a \to c &\text{(wegen (iii))}\\
&= (a \to c) \sqcap (a \to a) &\text{(wegen (v))}\\
&= a \to (c \sqcap a) &\text{(wegen (iv))}\\
&= a \to (c \sqcap a \sqcap b)\\
&= (a \to (c \sqcap a)) \sqcap (a \to b) &\text{(wegen (iv))}\\
&\leqslant a \to b, \text{ was zu zeigen war.}
\end{aligned}
$$

Wenn andererseits $\mathcal{H}$ eine Heytingalgebra ist, rechnen wir nach: Es gilt $b \leqslant a \to b$, denn dies ist gleichbedeutend zu $a \sqcap b \leqslant b$, ebenso gilt $a \sqcap (a \to b) \leqslant b$, da dies äquivalent zu $a \to b \leqslant a \to b$ ist. Daraus ergibt sich $a \sqcap (a \to b) \leqslant a \sqcap b$ und $a \sqcap (a \to b) \geqslant a \sqcap b$, dies beweist aber gerade (ii). Weiter folgt aus $b \leqslant a \to b$ auch $b \sqcap (a \to b) = b$, d.h. (iii) gilt. (iv) folgt daraus, daß für jedes x äquivalent sind: $x \leqslant (a \to b) \sqcap (a \to c)$,

$$x \leqslant a \to b \text{ und } x \leqslant a \to c,$$
$$a \sqcap x \leqslant b \text{ und } a \sqcap x \leqslant c,$$
$$a \sqcap x \leqslant b \sqcap c,$$
$$x \leqslant a \to (b \sqcap c).$$

(v) bedeutet nichts anderes als $1 = a \to a$, was wir schon weiter oben betrachtet haben.

Als nächstes klären wir die Beziehung der Heytingalgebren zu den Boole'schen Algebren.

5. Satz: (i) Wenn $\langle B, \sqcap, \sqcup \rangle$ eine Boole'sche Algebra ist, $O = \sqcap B$ und $a \to b = -a \sqcup b$ das relative Komplement, dann ist $\langle B, \sqcap, \sqcup, \to, O \rangle$ eine Heytingalgebra.

(ii) Gilt in einer Heytingalgebra $\mathcal{H} = \langle H, \sqcap, \sqcup, \to, O \rangle$
$$a \sqcup -a = 1 \qquad \text{(wobei } -a = a \to O),$$
oder $--a = a$
für jedes $a \in H$, dann ist $\langle H, \sqcap, \sqcup, \to \rangle$ eine Boole'sche Algebra.

<u>Beweis:</u>

(i)   Dies ist trivial.

(ii) Es bleibt (iii) von Definition der Boole'schen Algebra zu
      zeigen (1.Def. von 1.5). Es gilt in jeder Heytingalgebra
$$a \sqcap -a = a \sqcap (a \rightarrow 0) = a \sqcap 0 = 0 \leqslant b,$$
      daher ist auch $(a \sqcap -a) \sqcup b = b$.
      Falls in $\mathcal{H}$ $a \sqcup -a = 1$ gilt, erhalten wir auch
$$(a \sqcup -a) \sqcap b = b.$$
      Weiter gilt in jeder Heytingalgebra
$$(a \rightarrow c) \sqcap (b \rightarrow c) = (a \sqcup b) \rightarrow c$$
      ("$\geqslant$" verifiziert man direkt, "$\leqslant$" mit Hilfe des Distributiv-
      gesetzes);
      wenn außerdem $--a = a$ gilt, so erhalten wir
$$a \sqcup -a = -(-(a \sqcup -a)) = -((a \sqcup -a) \rightarrow 0) = -((a \rightarrow 0) \sqcap (-a \rightarrow 0))$$
$$= -(-a \sqcap --a) = -0;$$
      da man sich leicht von $-0 = 1$ überzeugt, haben wir somit
      $a \sqcup -a = 1$, was nach obigem die Behauptung zeigt.

Die Gültigkeit der Gleichung $a \sqcup -a = 1$ (bzw. $--a = a$) unterschei-
det also die Boole'schen Algebren von den Heytingalgebren. Diese
beiden Gleichungen sind das verbandstheoretische Analogon des
"Satzes vom ausgeschlossenen Dritten" und des "Gesetzes von der
doppelten Negation".
Wir geben ein Beispiel einer Heytingalgebra, welche keine Boole'-
sche Algebra ist.
Wir betrachten die Menge der reellen Zahlen $\mathbb{R}$ mit der üblichen
Topologie. Wir definieren $\mathcal{H} = \langle H, \sqcap, \sqcup, \rightarrow \rangle$ wie folgt:
H sei die Menge der offenen Teilmengen von $\mathbb{R}$,
$X \sqcap Y = X \cap Y$, der mengentheoretische Durchschnitt,
$X \sqcup Y = X \cup Y$, die mengentheoretische Vereinigung,
$X \rightarrow Y = \text{Int}(\mathscr{C}X \cup Y)$, wobei $\mathscr{C}X$ das Komplement von X (in $\mathbb{R}$) ist und
$\text{Int}(Z)$ das Innere (der offene Kern) von Z ist.
$-X$ ist dann $\text{Int}(\mathscr{C}X)$.
Wir sehen, daß $X \cup -X = 1$ in $\mathcal{H}$ nicht gilt: man setze nur
$X = \{x \; \varepsilon \; \mathbb{R} \mid x < 0\}$, dann ist $-X = \{x \; \varepsilon \; \mathbb{R} \mid x > 0\}$ und es ist
$X \cup -X \neq \mathbb{R}$ ($\mathbb{R}$ ist die Eins in $\mathcal{H}$!).

Wir kommen jetzt dazu, die Kongruenzrelationen in Heytingalgebren
zu betrachten. Dies ist, obwohl weitgehend analog, wegen des Feh-

lens einiger Gleichungen etwas umständlicher als bei den Boole'-
schen Algebren. Wir zeigen (zur Abwechslung) die Korrespondenz
zwischen den Kongruenzrelationen und den Filtern. Sei
$\mathcal{H} = \langle H, \sqcap, \sqcup, \to \rangle$ eine Heytingalgebra.

6. Satz: $F \subseteq H$ ist genau dann ein Filter, falls $1 \varepsilon F$ und falls
   aus $a \varepsilon F$ und $a \to b \varepsilon F$ folgt, daß $b \varepsilon F$ ist.

Beweis: Sei F ein Filter, dann ist immer $1 \varepsilon F$. Wenn $a \varepsilon F$ und
$a \to b \varepsilon F$, erhalten wir $b \geqslant a \sqcap b = a \sqcap (a \to b) \varepsilon F$, also $b \varepsilon F$.
Wenn andererseits die obige Bedingung gilt, prüfen wir die folgen-
de Schlußkette nach:
$a, b \varepsilon F$ und $a \sqcap b = b \sqcap a$,
$a \leqslant b \to (a \sqcap b)$,
$1 = a \to a \leqslant a \to (b \to (a \sqcap b))$,
$b \to (a \sqcap b) \varepsilon F$,
$a \sqcap b \varepsilon F$.
Weiter sehen wir ein: Wenn $a \varepsilon F$, $a \leqslant b$, dann $a \to b = 1$, also
$b \varepsilon F$. Damit ist also F ein Filter.

7. Satz: (i)   Wenn $F \subseteq H$ ein Filter ist und wenn $R(F) \subseteq H^2$ erklärt ist durch
   $\langle a,b \rangle \varepsilon R(F)$ genau dann, wenn $a \to b \varepsilon F$ und $b \to a \varepsilon F$,
   dann ist $R(F)$ eine Kongruenzrelation.

(ii)   Wenn $R \subseteq H^2$ eine Kongruenzrelation ist und wenn
   $F(R) = \{a \varepsilon H \mid R(a,1)\}$, dann ist $F(R)$ ein Filter
   in $\mathcal{H}$.

(iii) $R(F(R)) = R$ und $F(R(F)) = F$.

Beweis: Wir verfahren ganz analog wie in Satz 5 aus Abschnitt 1.5.
(i)   Sei F ein Filter. Die Reflexivität von $R(F)$ bedeutet gerade
   $1 \varepsilon F$, die Symmetrie ist trivial. Die Transitivität von $R(F)$
   folgt so:
   Wenn $a \to b, b \to a, b \to c, c \to b \varepsilon F$, dann ist wegen
   $a \sqcap (a \to b) \sqcap (b \to c) = a \sqcap b \sqcap (b \to c) = a \sqcap b \sqcap c \leqslant c$
   $(a \to b) \sqcap (b \to c) \leqslant a \to c$
   auch $a \to c \varepsilon F$ und analog $c \to a \varepsilon F$.
   Es sei nun $\langle a,b \rangle$, $\langle c,d \rangle \varepsilon R(F)$, d.h. $a \to b, b \to a, c \to d,$
   $d \to c \varepsilon F$. Allgemein gilt:
   $(a \to b) \sqcap (c \sqcap a) = c \sqcap a \sqcap b \leqslant c \sqcap b$, daher

$(a \rightarrow b) \leqslant (c \sqcap a) \rightarrow (c \sqcap b)$, mit $(c \sqcap a) \rightarrow (c \sqcap b) \; \varepsilon \; F$;

entsprechend ist $(c \sqcap b) \rightarrow (d \sqcap b) \; \varepsilon \; F$, und daher

$(c \sqcap a) \rightarrow (b \sqcap d) \; \varepsilon \; F$; entsprechend zeigt man noch

$(b \sqcap d) \rightarrow (c \sqcap a) \; \varepsilon \; F$, welches nun $\langle a \sqcap c, \; b \sqcap d \rangle \; \varepsilon \; R(F)$

impliziert.

Um die Operation "$\sqcup$" entsprechend zu behandeln, betrachten wir:

$$(a \rightarrow b) \sqcap (c \sqcup a) = (a \sqcap (a \rightarrow b)) \sqcup (c \sqcap (a \rightarrow b))$$
$$= (a \sqcap b) \sqcup (c \sqcap (a \rightarrow b))$$
$$\leqslant b \sqcup c,$$

also $a \rightarrow b \leqslant (c \sqcup a) \rightarrow (c \sqcup b) \; \varepsilon \; F$, und analog erhalten wir

$(c \sqcup b) \rightarrow (d \sqcup b) \; \varepsilon \; F$, was wieder wie oben $\langle a \sqcup c, \; b \sqcup d \rangle \varepsilon R(F)$

liefert.

Es bleibt noch "$\rightarrow$" zu behandeln. Wir haben

$(b \rightarrow a) \sqcap (a \rightarrow c) \sqcap (c \rightarrow d) \leqslant b \rightarrow d$, daher

$(b \rightarrow a) \sqcap (c \rightarrow d) \leqslant (a \rightarrow c) \rightarrow (b \rightarrow d) \; \varepsilon \; F$, und entsprechend

$(b \rightarrow d) \rightarrow (a \rightarrow c) \; \varepsilon \; F$, also $\langle a \rightarrow c, \; b \rightarrow d \rangle \; \varepsilon \; R(F)$. Damit ist

$R(F)$ eine Kongruenzrelation.

(ii) Sei R eine Kongruenzrelation. Die Reflexivität impliziert $R(1,1)$, also $1 \; \varepsilon \; F(R)$. Seien a, $b \; \varepsilon \; F(R)$, d.h. $R(a,1)$ und $R(b,1)$, daher $R(a \sqcap b, 1 \sqcap 1)$, also $a \sqcap b \; \varepsilon \; F(R)$. Wenn $a \; \varepsilon \; F$ und $a \leqslant b$, dann folgt aus $R(a,1)$ und $R(b,b)$ die Beziehung $R(a \sqcup b, 1 \sqcup b)$, d.h. $b = a \sqcup b \; \varepsilon \; F(R)$.

(iii) $\langle a,b \rangle \; \varepsilon \; R(F(R))$ ist gleichbedeutend mit $R(a \rightarrow b, 1)$ und $R(b \rightarrow a, 1)$. Aus $R(a,b)$ folgt nun aber $R(a \rightarrow b, b \rightarrow b)$ und $R(b \rightarrow a, b \rightarrow b)$, also $R(a \rightarrow b, 1)$ und $R(b \rightarrow a, 1)$. Aus $R(a \rightarrow b, 1)$ und $R(b \rightarrow a, 1)$ deduzieren wir: $R(a \sqcap (a \rightarrow b), a)$, also $R(a \sqcap b, a)$; entsprechend erhalten wir $R(a \sqcap b, b)$ und damit $R(a, b)$. Damit haben wir $R(F(R)) = R$ gezeigt; $a \; \varepsilon \; F(R(F))$ ist äquivalent zu $\langle a, 1 \rangle \; \varepsilon \; R(F)$, was wiederum gleichwertig ist zu $a \rightarrow 1 \; \varepsilon \; F$ und $1 \rightarrow a \; \varepsilon \; F$. Wenn $a \; \varepsilon \; F$ ist, so gilt $a = a \sqcap 1 = a \sqcap (a \rightarrow 1) \leqslant a \rightarrow 1 \; \varepsilon \; F$ und $a = (1 \rightarrow a) \sqcap a \leqslant 1 \rightarrow a \; \varepsilon \; F$.

Falls andererseits $1 \rightarrow a \; \varepsilon \; F$, so ist wegen $1 \; \varepsilon \; F$ auch $a \; \varepsilon \; F$. Damit ist $F(R(F)) = F$.

Zum Abschluß betrachten wir noch einen speziellen Filter. Die folgende Definition ist durch das Beispiel der Heytingalgebra der offenen Mengen eines topologischen Raumes (etwa $\mathbb{R}$) motiviert.

8. Def.: a ε H heißt dicht genau dann, wenn -a = O.

9. Satz: Es sind gleichbedeutend:

      (i)   a ist dicht;

      (ii)   --a = 1;

      (iii) für alle c ≠ O, c ε H, ist a ⊓ c ≠ O;

      (iv)   es existiert ein b ε H mit a = b ⊔ -b.

Beweis: (i) und (ii) sind gleichwertig wegen -a = O genau dann, wenn --a = -(---a) = 1. (i) läßt sich auch schreiben als a ⇒ O=O, und dies ist gleichbedeutend mit a ⊓ c = O f.a. c = O. Ferner ist (i) auch gleichwertig zu (iv): Wenn -a = O, so a = a ⊔ -a. Wenn a = b ⊔ -b, so -(b ⊔ -b) = -b ⊓ --b = O.

Trivial ist

10. Satz: $\mathcal{H}$ ist genau dann eine Boole'sche Algebra, wenn 1 das einzige dichte Element ist.

Weiter haben wir:

11. Satz: Die dichten Elemente bilden einen Filter.

Beweis: Sei D = {x ε H | x dicht}. Klarerweise ist 1 ε D. Wenn a ε D und a ≤ b, so natürlich auch b ε D. Seien nun a, b ε D und sei c ≠ O. Weil a dicht ist, gilt a ⊓ c = c' ≠ O und dann wiederum auch b ⊓ c' ≠ O, was a ⊓ b ε D liefert.

Schließlich erhalten wir:

12. Satz: Wenn ein Filter F ⊇ D ist, also alle dichten Elemente enthält, dann ist $\mathcal{H}/_F$ eine Boole'sche Algebra.

Beweis: Wir rechnen: $[a]_F ⊔ -[a]_F = [a ⊔ -a]_F = [1]_F$, da a ⊔ -a ε F.

1.7 Orthomodulare Verbände.

Der Hauptunterschied zwischen den beiden betrachteten Verbänden und den orthomodularen, denen wir uns jetzt zuwenden wollen, ist das Fehlen eines Distributivitätsgesetzes in den letzteren.

1. Def.: Eine Algebra $\mathcal{M}$ = <M,⊓,⊔, -,O,1> der Signatur <2,2,1,0,0> heißt orthomodularer Verband, falls gilt:

      (i)   <M,⊓,⊔> ist ein Verband;

      (ii)   a ⊓ O = O und a ⊔ 1 = a (d.h. O = ⊓M und 1 = ⊔M);

(iii) $a \sqcup -a = 1$, $a \sqcap -a = 0$;

(iv) $--a = a$;

(v) $-(a \sqcap b) = -a \sqcup -b$ und $-(a \sqcup b) = (-a) \sqcap (-b)$;

(vi) $a \sqcup (-a \sqcap (a \sqcup b)) = a \sqcup b$.

Eine leichte Konsequenz ist $-0 = 1$ und $-1 = 0$.

2. Satz: (vi) in der letzten Definition ist gleichwertig zu:
   (OM): wenn $a \leqslant b$, dann $a \sqcup (-a \sqcap b) = b$.

Beweis: Es gelte (vi), und es sei $a \leqslant b$, dann haben wir:
$a \sqcup (-a \sqcap b) = a \sqcup (-a \sqcap (a \sqcup b)) = a \sqcup b = b$. Umgekehrt folgt
(vi) sofort aus (OM), da $a \leqslant a \sqcup b$.

(OM) wird auch das orthomodulare Gesetz genannt, es ist eine ganz
schwache Form des Distributivgesetzes.

3. Satz: (v) aus der 1. Definition ist gleichwertig zu:
   wenn $a \leqslant b$, so $-b \leqslant -a$.

Beweis: Es gelte (v) und es sei $a \leqslant b$. Dann ist $-a = -(a \sqcap b)$
$= -a \sqcup -b$, also $-b \leqslant -a$. Falls andererseits $-b \leqslant -a$ aus $a \leqslant b$
folgt, so haben wir der Reihe nach: $a \sqcap b \leq a$, $a \sqcap b \leq b$,
$-a \leq -(a \sqcap b)$, $-b \leq -(a \sqcap b)$, $-a \sqcup -b \leq -(a \sqcap b)$; entsprechend ist
$-(a \sqcup b) \leq -a \sqcap -b$. Weiter ist dann $a \sqcap b = --(a \sqcap b) \leq -(-a \sqcup -b)$
$\leq --a \sqcap --b = a \sqcap b$, also $-(a \sqcap b) \leq (-a \sqcup -b)$, entsprechend folgt
auch $-(a \sqcup b) \geq -a \sqcap -b$.

Wir beweisen die folgende später benutzte (technische) Eigenschaft.

4. Satz: $(a \sqcap b) \sqcup (-a \sqcap -b) = 1$ genau dann, wenn $a = b$.
Beweis: $a = b$ impliziert sofort die obige Gleichung. Andererseits
folgt aus $(a \sqcap b) \sqcup (-a \sqcap -b) = 1$:
$(a \sqcap b) = (a \sqcap b) \sqcup 0 = (a \sqcap b) \sqcup (-(a \sqcap b) \sqcap (a \sqcup b))$
$$= a \sqcup b \qquad \text{(wegen OM)},$$
daraus folgt aber sofort $a = b$.

Eine der Hauptschwierigkeiten beim Rechnen in orthomodularen Verbänden ist, daß statt des Distributivgesetzes nur (OM) zur Verfü-
gung steht. Wir stellen deshalb eine Reihe von Hilfssätzen bereit,
die uns diesbezüglich helfen werden.

5. Def.: a kommutiert mit b genau dann, wenn $a = (a \sqcap b) \sqcup (a \sqcap -b)$.

6. Satz: Es kommutiere a mit b. Dann kommutieren je zwei Elemente
   aus {a, b, -a, -b}.

Beweis: Wenn a mit b kommutiert, gilt $-a = (-a \sqcup -b) \sqcap (-a \sqcup b)$,
daher $b \sqcap -a = b \sqcap (-a \sqcup -b) \sqcap (-a \sqcup b) = b \sqcap (-a \sqcup -b)$
$= b \sqcap -(a \sqcup b)$, also ist $(b \sqcap a) \sqcup (b \sqcap -a) =$
$= (b \sqcap a) \sqcup (b \sqcap -(a \sqcap b)) = b$, also kommutiert b mit a. Daß a
mit -b kommutiert, folgt sofort aus der Definition; daraus folgen
dann auch die restlichen Behauptungen.

7. Satz: Wenn a mit b kommutiert, dann ist $a \sqcap b = a \sqcap (b \sqcup -a)$.

Beweis: $a = (a \sqcap b) \sqcup (a \sqcap -b)$, also $-a = (-a \sqcup -b) \sqcap (-a \sqcup b)$,
daher ist $a \sqcap (b \sqcup -a) \sqcap -(a \sqcap b) = a \sqcap [(b \sqcup -a) \sqcap (-a \sqcup -b)]$
$= a \sqcap -a = O$.
Mithin ist $a \sqcap (b \sqcup -a) = (a \sqcap b) \sqcup [a \sqcap (b \sqcup -a) \sqcap -(a \sqcap b)]$
$= (a \sqcap b) \sqcup O = a \sqcap b$.

8. Satz: Aus $a \geq c$ und $a \sqcap -c = O$ folgt $a = c$.
Beweis: $a = c \sqcup (-c \sqcap a) = c \sqcup O = c$ wegen (OM).

9. Def.: <a,b,c> heißt distributives Tripel, wenn alle Distributiv-
   gesetze zwischen a, b und c gelten.

10. Satz: Wenn a und b mit c kommutieren, dann ist <a, b, c> ein
    distributives Tripel.

Beweis: Wir rechnen nur eines der Gesetze nach. Es gilt in jedem
Verband: $(a \sqcup b) \sqcap c \geq (a \sqcap c) \sqcup (b \sqcap c)$. Um die Gleichheit zu zeigen, benutzen wir das letzte Lemma, sowie daß c mit -a und -b kom-
mutiert. Es ist: $((a \sqcup b) \sqcap c) \sqcap -((a \sqcap c) \sqcup (b \sqcup c))$
$= (a \sqcup b) \sqcap [c \sqcap (-a \sqcup -c) \sqcap (-b \sqcup -c)]$
$= (a \sqcup b) \sqcap (c \sqcap -a) \sqcap (-b \sqcup -c) = (a \sqcup b) \sqcap -a \sqcap [c \sqcap (-b \sqcup -c)]$
$= (a \sqcup b) \sqcap -a \sqcap (c \sqcap -b) = (a \sqcup b) \sqcap -(a \sqcup b) \sqcap c = O$.

11. Satz: Wenn $a \sqcup b = 1$, $a \leq -c$, $b \leq c$ ist, dann gilt
    $a = -c$, $b = c$.
Beweis: Es ist $(b \sqcap c) \sqcup (-b \sqcap -c) = b \sqcup (-b \sqcap -c) \geq b \sqcup (a \sqcap -c)$
$= a \sqcup b = 1$, also $b = c$. $(a \sqcap -c) \sqcup (-a \sqcap c) = a \sqcup (-a \sqcap c)$
$\geq a \sqcup (b \sqcap c) = a \sqcup b = 1$, also $a = -c$.

Es ist nicht ganz klar, wie in orthomodularen Verbänden eine Operation "$\Rightarrow$" sinnvoll zu erklären ist. In Analogie zu den Boole'-schen- und Heytingalgebra sowie aus später erörterten logischen Gründen wären folgende Eigenschaften sinnvoll:

    (a) "$\Rightarrow$" läßt sich mit "$\sqcap$", "$\sqcup$" und "$-$" ausdrücken;

    (b) $a \Rightarrow b = 1$ genau dann, wenn $a \leqslant b$.

Der naheliegende Versuch, $a \Rightarrow b = -a \sqcup b$ zu definieren, schlägt fehl, da $-a \sqcup b = 1$ und nicht $a \leqslant b$ möglich ist (man denke etwa an den Verband der Unterräume des $\mathbb{R}^3$). Es gibt mehrere Möglichkeiten, "$\Rightarrow$" so zu definieren, daß (a) und (b) gilt. Mehr oder weniger willkürlich wählen wir eine Möglichkeit aus (einziger Grund: später läßt sich der Vollständigkeitssatz beweisen):

12. Def.: $a \Rightarrow b = (-a \sqcap b) \sqcup (-a \sqcap -b) \sqcup (a \sqcap (-a \sqcup b))$.

13. Satz: $a \Rightarrow b = 1$ g.d.w. $a \leqslant b$.

Beweis: Ein Teil der Behauptung ist trivial. Es sei nun $a \Rightarrow b = 1$. Dann ist $u = (-a \sqcap b) \sqcup (-a \sqcap -b) \leqslant -a$ und $v = a \sqcap (-a \sqcup b) \leqslant a$ sowie $u \sqcup v = 1$, daher haben wir $u = -a$ und $v = a$. $u = -a$ bedeutet, daß b mit $-a$ kommutiert, also ist $a = (a \sqcap (-a \sqcup b)) = 0 \sqcup (a \sqcap b)$ $= a \sqcap b$ (denn $\langle a, -a, b \rangle$ ist ein distributives Tripel), d.h. $a \leqslant b$.

2. Die Aussagenlogik und ihre Vollständigkeitssätze
Hilberttypkalkül

2.1 Noch einmal Aussagenlogik ganz allgemein.

Wir sind jetzt in der Lage, unsere Überlegungen aus 1.2 auf eine solche Weise algebraisch zu erfassen, daß sich weitere Anwendungen und Ausweitungen anschließen lassen.

Sei wieder At eine abzählbare Menge, deren Elemente wir Atomformeln nennen.

1. Def.: Es sei $Form$ = Form$(At, \wedge, \vee, \supset, \neg, w, f)$ eine von At erzeugte
absolut freie Algebra der Signatur $\langle 2,2,2,1,0,0\rangle$; die Trägermenge von $Form$ nennen wir Form. Die Elemente von Form
nennen wir Formeln, die Operationen und Konstanten werden
der Reihe nach Konjunktion, Disjunktion, Implikation, Negation, die wahre und die falsche Formel genannt.
Wenn man einige Operationen weglassen will, betrachtet man
das entsprechende Redukt $Form'$ von $Form$. Wir identifizieren
im folgenden häufig eine Algebra $Form'$ mit ihrer Trägermenge. Außerdem schreiben wir stets $Form$ und lassen aus
dem Zusammenhang hervorgehen, ob es sich um ein Redukt
handelt. Weiter treffen wir folgende Vereinbarungen für
Schreibweisen und Abkürzungen: Statt $\wedge\alpha\beta$ schreiben wir
$(\alpha\wedge\beta)$, analoges gilt für $\vee, \supset, \neg$. Weiter steht $\overset{n}{\underset{i=1}{\bigwedge}}\alpha_i$ sowie
$\alpha_1 \wedge \ldots \wedge \alpha_n$ für $(\alpha_1 \wedge (\alpha_2 \wedge (\ldots \wedge \alpha_n)\ldots))$; entsprechendes gilt
beim "$\vee$". Wenn die Situation es nicht erfordert, werden
auch sonst die Klammern weggelassen (man beachte aber, daß
sie bei dieser Schreibweise prinzipiell nötig sind).
Schließlich steht $\alpha \leftrightarrow \beta$ für $(\alpha \supset \beta) \wedge (\beta \supset \alpha)$.

2. Def.: Eine Semantik von $Form$ ist eine Klasse $\mathcal{K}$ von Verbänden
mit O und 1, so daß $Form$ und die Verbände von $\mathcal{K}$ die gleiche Signatur haben.

3. Def.: (i)   Eine Wahrheitsfunktion oder Bewertung von $Form$ bezüg-
lich $\mathcal{K}$ ist ein Homomorphismus $u : Form \rightarrow \mathcal{V}$, $\mathcal{V} \varepsilon \mathcal{K}$.
(ii) Eine Formel $\varphi \varepsilon Form$ heißt bezüglich $\mathcal{K}$
a) eine Tautologie, falls $u(\varphi) = 1$ für alle Bewertungen bezüglich $\mathcal{K}$.

b) erfüllbar, falls eine Bewertung u mit $u(\varphi) = 1$
   existiert (bzgl. $\mathcal{K}$).

c) widerspruchsvoll, falls $u(\varphi) = O$ für alle Bewertungen u (bzgl. $\mathcal{K}$).

4. Def.: (i)   Wenn $\mathcal{K}$ die Klasse der Boole'schen Algebren ist,
               nennen wir $\mathcal{K}$ auch die Semantik der klassischen
               Logik;

   (ii) Wenn $\mathcal{K}$ die Klasse der Heytingalgebren ist, nennen
         wir $\mathcal{K}$ auch die Semantik der intuitionistischen
         Logik;

   (iii) Wenn $\mathcal{K}$ die Klasse der orthomodularen Verbände ist,
         nennen wir $\mathcal{K}$ auch die Semantik der Quantenlogik.

Zur Motivierung der Namen in der letzten Definition kommen wir
später.

Den Folgerungsoperator $\models_{\mathcal{K}}$ und den Hüllenoperator $\text{Cons}_{\mathcal{K}}$ können wir
aus 1.2 übernehmen, indem wir in Def. 6 aus 1.2 als Bewertungs-
funktionen gerade die Homomorphismen in Verbände aus $\mathcal{K}$ zulassen.
Unser Ziel ist nun, den semantischen Ableitungsoperator $\models_{\mathcal{K}}$ zu ersetzen durch einen äquivalenten "syntaktischen" Operator $\vdash_{\mathcal{K}}$, von
dem wir verlangen, daß er berechenbar ist. In der Sprache der Rekursionstheorie bedeutet dies für die Tautologien, daß sie rekursiv aufzählbar sind. Im wesentlichen werden wir unsere Ableitungsoperatoren (auch Ableitungskalküle genannt) durch zwei Dinge erklären:

(a) Eine Menge von Formeln, genannt die Axiome des Kalküls;

(b) Eine endliche Menge von Relationen $R \subseteq \text{Form}^{n+1}$, $n \geq 1$, genannt
    die Regeln des Kalküls.

Natürlich könnte man (a) als ausgearteten Fall von (b) auffassen.
Statt $\langle \varphi_1, \ldots, \varphi_n, \varphi_{n+1} \rangle \varepsilon R$ schreiben wir auch

$$\frac{\varphi_1, \ldots, \varphi_n}{\varphi} \quad R$$

und sagen, daß wir von den Prämissen $\varphi_1, \ldots, \varphi_n$ zur Konklusion φ
vermöge der Relation("Regel") R übergehen dürfen. Grundsätzlich
wollen wir verlangen, daß wir von jeder Formel bzw. jedem n+1-Tu-
pel von Formeln effektiv feststellen können, ob sie ein Axiom bzw.
aus der Relation R ist. Mit Hilfe von (a) und (b) wird dann der
Begriff der Ableitung oder des Beweises im Kalkül erklärt. Eine

Ableitung von φ aus Σ wird grob gesagt bedeuten, daß man die Formel φ in endlich vielen Schritten, ausgehend von Axiomen und Formeln aus Σ, vermöge der Regeln (evtl. unter einschränkenden Nebenbedingungen) erreichen kann. Schließlich wird $\Sigma \vdash_{\mathcal{K}} \varphi$ dann dadurch erklärt, daß eine Ableitung φ aus Σ existiert. Um für unseren Operator $\vdash_{\mathcal{K}} = \vDash_{\mathcal{K}}$ zu erreichen, müssen wir die Axiome und Regeln geeignet wählen. In unserem ersten Ansatz wird diese Auswahl rein algebraisch und nur von dem Wunsche diktiert sein, den semantischen Ableitungsoperator überhaupt effektiv zu beschreiben. Es wird also hier noch gar kein Wert darauf gelegt, daß die Ableitungen in diesen Kalkülen irgendwie "natürlichen" Beweisen eines Mathematikers entsprechen; deshalb wird auch hier nicht empfohlen, sich allzu große Kunstfertigkeiten beim Ableiten zu erwerben. Diese Art Kalküle heißen Hilberttypkalküle (gelegentlich auch: Frege-Kalküle). Wir erklären noch die syntaktischen Konsequenzen:

5. Def.: $\mathrm{cons}_{\mathcal{K}}(\Sigma) = \{\varphi \mid \Sigma \vdash_{\mathcal{K}} \varphi\}$.

Um $\vdash_{\mathcal{K}} = \vDash_{\mathcal{K}}$ zu zeigen, müssen wir für jedes Σ

a) $\quad \mathrm{cons}_{\mathcal{K}}(\Sigma) \subseteq \mathrm{Cons}_{\mathcal{K}}(\Sigma)$ und

b) $\quad \mathrm{Cons}_{\mathcal{K}}(\Sigma) \subseteq \mathrm{cons}_{\mathcal{K}}(\Sigma)$

erreichen. Die Eigenschaft a) alleine nennt man auch die "Korrektheit" von $\vdash_{\mathcal{K}}$, a) und b) zusammen wird auch die "Vollständigkeit" von $\vdash_{\mathcal{K}}$ (bzgl. $\vDash_{\mathcal{K}}$) genannt. Die Korrektheit eines Ableitungsoperators nachzuprüfen ist i.a. nicht schwer, da man dies meist explizit durch Nachrechnen erledigen kann. Die grundlegende Idee, für $\vdash_{\mathcal{K}}$ die Vollständigkeit zu erreichen, skizzieren wir nur kurz, um sie später in den verschiedenen Fällen genauer durchzuführen. Zuerst wird versucht, das Problem auf $\mathrm{cons}_{\mathcal{K}}(\emptyset) = \mathrm{Cons}_{\mathcal{K}}(\emptyset)$ zu reduzieren. Nehmen wir einmal an, das Problem $\mathrm{cons}_{\mathcal{K}}(\emptyset) \subseteq \mathrm{Cons}_{\mathcal{K}}(\emptyset)$ bereite keine Schwierigkeiten, dann müßten wir von $\vdash_{\mathcal{K}}$ noch verlangen:

Wenn $\emptyset \vdash_{\mathcal{K}} \varphi$ nicht gilt, dann existiert auch eine Bewertung u, d.h. ein Homomorphismus der Formalgebra in einen Verband aus $\mathcal{K}$, mit $u(\varphi) \neq 1$.

Ein solcher Verband ist notwendig isomorph zu einer Quotientenalgebra der Formelalgebra (denn diese ist absolut frei) nach einer geeigneten Kongruenzrelation; die letztere gilt es aufzuspüren. Semantische Betrachtungen legen folgendes Verfahren nahe: Man definiere $\chi \approx_{\mathcal{K}} \psi$ durch $\emptyset \vdash_{\mathcal{K}} \chi \supset \psi$ und $\emptyset \vdash_{\mathcal{K}} \psi \supset \chi$ und erkläre $\vdash_{\mathcal{K}}$ durch geeignete Wahl der Axiome und Regeln so, daß

(i) $\approx_{\mathcal{K}}$ eine Kongruenzrelation in der Formelalgebra ist;

(ii) der Quotient der Formelalgebra nach der Relation "$\approx_{\mathcal{K}}$ "
      ein Verband aus $\mathcal{K}$ ist;

(iii) $cons_{\mathcal{K}}(\emptyset)$ gerade die Kongruenzklasse derjenigen Formeln ist,
      welche auf die 1 abgebildet werden.

2.2 Klassische Aussagenlogik

Die Semantik der klassischen Aussagenlogik haben wir durch die
Klasse der Boole'schen Algebren erklärt. Dies entspricht nicht
ganz dem naiven Vorgehen, letzteres würde vielmehr nahelegen, nur
die zweielementige Boole'sche Algebra {0,1} zu betrachten. Der
nächste Satz zeigt jedoch, daß es bezüglich der Tautologien und
des semantischen Folgerungsoperators keinen Unterschied macht, ob
man nur die eine Boole'sche Algebra {0,1} oder alle Boole'schen
Algebren betrachtet.

1. Satz: Wenn $\mathcal{K}$ die Klasse aller Boole'schen Algebren ist und $\mathcal{K}'$
         nur die Boole'sche Algebra {0,1} enthält, dann ist

$$\models_{\mathcal{K}} = \models_{\mathcal{K}'} \, .$$

Beweis: Wenn $\Sigma \models_{\mathcal{K}} \varphi$, so auch $\Sigma \models_{\mathcal{K}'} \varphi$, da $\mathcal{K}' \subseteq \mathcal{K}$. Sei andererseits
$\Sigma \models_{\mathcal{K}'} \varphi$, und sei ein Homomorphismus u: $Form \to \mathcal{B}$ gegeben, wobei $\mathcal{B}$
eine Boole'sche Algebra ist und $u(\psi) = 1$ für alle $\psi \in \Sigma$. Falls
$a = u(\varphi) \neq 1$ wäre, gäbe es nach dem Primidealsatz ein Primideal J
in $\mathcal{B}$ mit $a \in J$, und für den kanonischen Homomorphismus $\pi : \mathcal{B} \to \mathcal{B}/_J$
hätten wir

$$Form \overset{u}{\to} \mathcal{B} \overset{\pi}{\to} \mathcal{B}/_J$$

$$\pi(u(\varphi)) = 0; \quad \pi(u(\psi)) = \pi(1) \qquad \text{für alle } \psi \in \Sigma.$$

$\mathcal{B}/_J$ ist isomorph zur Algebra {0,1}, $\pi \circ u$ ist eine Wahrheitsbewertung, die φ auf die 0 und alle Formeln von Σ auf die 1 abbildet,
ein Widerspruch zu $\Sigma \models_{\mathcal{K}'} \varphi$. Dies zeigt dann $\Sigma \models_{\mathcal{K}} \varphi$.

Wir kommen jetzt dazu, einen Ableitungsoperator für die klassische
Aussagenlogik zu beschreiben. Dabei nehmen wir an, daß wir in der
Formelalgebra $Form$ die Operationen $\supset, -, \wedge, \vee$ haben. Für den semanti-
schen Ableitungsoperator schreiben wir wieder kurz

2. Def.: Der Hilberttypkalkül für die klassische Aussagenlogik
         wird durch folgende Axiome und Regeln erklärt:

I. Axiome: Alle Formeln der Gestalt

(A1) $\alpha \supset \alpha$

(A2) $\alpha \supset (\beta \supset \alpha)$

(A3) $(\alpha \supset \beta) \supset ((\beta \supset \gamma) \supset (\alpha \supset \gamma))$

(A4) $(\alpha \supset (\beta \supset \gamma)) \supset ((\alpha \supset \beta) \supset (\alpha \supset \gamma))$

(A5) $\alpha \supset (\alpha \vee \beta), \quad (\beta \supset (\alpha \vee \beta)$

(A6) $(\alpha \supset \gamma) \supset ((\beta \supset \gamma) \supset ((\alpha \vee \beta) \supset \gamma))$

(A7) $(\alpha \wedge \beta) \supset \alpha, \quad (\alpha \wedge \beta) \supset \beta$

(A8) $(\gamma \supset \alpha) \supset ((\gamma \supset \beta) \supset (\gamma \supset (\alpha \wedge \beta)))$

(A9) $((\alpha \wedge \beta) \vee \gamma) \supset ((\alpha \vee \gamma) \wedge (\beta \vee \gamma)), \quad ((\alpha \vee \gamma) \wedge (\beta \vee \gamma)) \supset ((\alpha \wedge \beta) \vee \gamma)$

(A10) $((\alpha \vee \beta) \wedge \gamma) \supset ((\alpha \wedge \gamma) \vee (\beta \wedge \gamma)), \quad ((\alpha \wedge \gamma) \vee (\beta \wedge \gamma)) \supset ((\alpha \vee \beta) \wedge \gamma)$

(A11) $(\alpha \supset \beta) \supset (\neg \beta \supset \neg \alpha)$

(A12) $(\alpha \wedge \neg \alpha) \supset \beta$

(A13) $\beta \supset (\alpha \vee \neg \alpha)$

II. Regeln:Es gibt nur eine Regel: $\dfrac{\alpha, \ \alpha \supset \beta}{\beta}$ ("Modus ponens").

Dabei sind α, β und γ beliebige Formeln.

3. Def.: Eine Ableitung von φ aus Σ ist eine endliche Folge $\langle \varphi_1, \ldots, \varphi_n \rangle$ von Formeln mit $\varphi_n = \varphi$, so daß jedes φ_m ein Axiom oder aus Σ ist oder mittels einer Regelanwendung aus φ_k, φ_l; $k, l < m$, folgt. Den so erklärten Ableitungsoperator nennen wir $\vdash$.

Bei der Angabe der Axiome wurde kein Wert darauf gelegt, dies System in irgendeiner Weise minimal zu gestalten. In der Literatur finden sich mannigfache ähnliche Axiomensysteme, die jedoch letztlich alle dem Zweck dienen, den semantischen Folgerungsoperator adäquat zu beschreiben. Es ist zweckmäßig, sich im Folgenden, insbesondere beim Beweis von Satz 6, die Funktion eines jeden Axioms klarzumachen. Wenn dies nämlich geschehen ist, hat man die Struktur des Vollständigkeitssatzes erkannt und kann ihn sich zur Not (etwa auf der berühmten einsamen Insel) selber konstruieren. Man soll die Axiome auf keinen Fall so deuten, daß sie etwa elementare Gesetze unseres Denkens widerspiegeln.

4. Satz: Der Ableitungsoperator "$\vdash$" ist korrekt, d.h. $\Sigma \vdash \varphi$ impliziert $\Sigma \vDash \varphi$ (wenn "$\vDash$" durch die Semantik der klassischen Logik erklärt ist).

Beweis: Man rechnet mit Hilfe der "Wahrheitstafelmethode" sofort nach, daß alle Axiome Tautologien sind. Wenn weiterhin eine Bewertung α und $\alpha \supset \beta$ auf 1 abbildet, dann auch β. Die Behauptung folgt somit durch Induktion über die Länge der Ableitungen durch "$\vdash$".

Gemäß der Motivierung im letzten Abschnitt definieren wir nun für Formeln φ und ψ, wenn Σ eine Formelmenge ist:

5. Def.: (i) $\varphi \approx \psi$ genau dann, wenn $\vdash \varphi \supset \psi$ und $\vdash \psi \supset \varphi$.

       (ii) $\varphi \approx_\Sigma \psi$ genau dann, wenn $\Sigma \vdash \varphi \supset \psi$ und $\Sigma \vdash \psi \supset \varphi$ (also ist $\varphi \approx_\emptyset \psi$ gerade $\varphi \approx \psi$).

6. Satz: "$\approx_\Sigma$" ist eine Kongruenzrelation in *Form* und *Form*$/\approx_\Sigma$ ist eine Boole'sche Algebra, in der die 1 gerade die Restklasse der ableitbaren Formeln ist.

Beweis: Die Reflexivität von "$\approx_\Sigma$" folgt sofort aus Axiom (A1), die Symmetrie ist trivial und die Transitivität erhalten wir aus (A3) mit Hilfe des Modus ponens. Zur Kongruenzrelationeneigenschaft für "$\supset$" betrachten wir φ, φ', ψ und ψ' mit $\varphi \approx_\Sigma \varphi'$ und $\psi \approx_\Sigma \psi'$, d.h. $\Sigma \vdash \varphi \supset \varphi'$, $\Sigma \vdash \varphi' \supset \varphi$, $\Sigma \vdash \psi \supset \psi'$, $\Sigma \vdash \psi' \supset \psi$.
Aus $(\psi \supset \psi') \supset (\varphi \supset (\psi \neg \psi'))$ ($\alpha = \psi \supset \psi'$ und $\beta = \psi$ in (A2)) und dem Modus ponens folgt zunächst $\Sigma \vdash \varphi \supset (\psi \supset \psi')$. Durch (A4) haben wir außerdem $(\varphi \supset (\psi \supset \psi')) \supset ((\varphi \supset \psi) \supset (\varphi \supset \psi'))$ und erhalten durch den Modus ponens $\Sigma \vdash (\varphi \supset \psi) \supset (\varphi \supset \psi')$; ganz analog zeigen wir: $\Sigma \vdash (\varphi \supset \psi') \supset (\varphi \supset \psi)$. Daher gilt $(\varphi \supset \psi) \approx_\Sigma \varphi \supset \psi'$. Aus (A3) haben wir dann $\Sigma \vdash (\varphi' \supset \varphi) \supset ((\varphi \supset \psi') \supset (\varphi' \supset \psi'))$, der Modus ponens ergibt $\Sigma \vdash (\varphi \supset \psi') \supset (\varphi' \supset \psi')$, wieder analog erhält man auch $\Sigma \vdash (\varphi' \supset \psi') \supset (\varphi \supset \psi')$ und damit $\varphi \supset \psi' \approx_\Sigma \varphi' \supset \psi'$; die Transitivität von "$\approx_\Sigma$" ergibt dann $\varphi \supset \psi \approx_\Sigma \varphi' \supset \psi'$, was zu beweisen war. Da "$\approx_\Sigma$" nun eine Kongruenzrelation für "$\supset$" ist, können wir auf *Form*$/\approx_\Sigma$ durch:

$$[\varphi]_{\approx_\Sigma} \leqq [\psi]_{\approx_\Sigma} \quad \text{genau dann, wenn } \Sigma \vdash \varphi \supset \psi$$

eine Halbordnung erklären. (A5) zeigt dann, daß

$$[\alpha]_{\approx_\Sigma} \leqq [\alpha \vee \beta]_{\approx_\Sigma} \quad \text{und} \quad [\beta]_{\approx_\Sigma} \leqq [\alpha \vee \beta]_{\approx_\Sigma}$$

gilt, und aus (A6) und dem Modus ponens erhalten wir

$$[\alpha \vee \beta]_{\approx_\Sigma} = \sup([\alpha]_{\approx_\Sigma}, [\beta]_{\approx_\Sigma}).$$

Entsprechend folgt aus (A7), (A8) und dem Modus ponens:

$$[\alpha \wedge \beta]_{\approx_\Sigma} = \inf([\alpha]_{\approx_\Sigma}, [\beta]_{\approx_\Sigma}).$$

Insbesondere haben wir also, daß "$\approx_\Sigma$" auch eine Kongruenzrelation für "$\wedge$" und "$\vee$" ist und daß $Form/_{\approx_\Sigma}$ ein Verband ist. (A9) und (A10) zeigen dann die Distributivität dieses Verbandes. (A11) zeigt, daß "$\approx_\Sigma$" auch eine Kongruenzrelation für "$\neg$" ist. Das größte Element in $Form/_{\approx_\Sigma}$ ist $[\varphi]_{\approx_\Sigma}$ für jedes φ mit $\Sigma \vdash \varphi$ (die aus Σ ableitbaren Formeln liegen alle in einer Restklasse), denn dann haben wir $\Sigma \vdash \psi \supset \varphi$ für jedes ψ; das kleinste Element ist wegen (A12) $[\varphi \wedge \neg \varphi]_{\approx_\Sigma}$. Wir bemerken hier, daß die bisher benutzten Axiome (A1) – (A12) auch bei allen Bewertungen in Heytingalgebren auf die 1 abgebildet werden. Dies ist mit (A13) nicht mehr der Fall; (A12) und (A13) zeigen aber, daß $Form/_{\approx_\Sigma}$ eine Boole'sche Algebra ist.

7. Def.: Die Boole'sche Algebra $Form/_{\approx_\Sigma}$ heißt Lindenbaumalgebra
      von Σ.

Weil die Lindenbaumalgebra im allgemeinen mehr als zwei Elemente hat, haben wir für die Semantik der klassischen Logik die Klasse aller Boole'schen Algebren genommen. Die Restklassenabbildung $Form \to Form/_{\approx_\Sigma}$ ist somit eine Bewertung, die genau die aus Σ ableitbaren Formeln auf die 1 abbildet, so daß wir noch Folgendes erhalten:

8. Vollständigkeitssatz für die Aussagenlogik: Der syntaktische
      Ableitungsoperator $\vdash$ ist identisch mit dem semantischen
      Ableitungsoperator $\vDash$.
Beweis: Die Korrektheit haben wir bereits gezeigt. Falls nun $\Sigma \vdash \varphi$ nicht gilt, ist der kanonische Homomorphismus $\pi : Form \to Form/_{\approx_\Sigma}$ in die Lindenbaumalgebra eine Bewertung, welche alle $\psi \in \Sigma$ auf die Eins, φ aber nicht auf die Eins abbildet, mithin gilt $\Sigma \vDash \varphi$ auch nicht.

9. Endlichkeitssatz oder auch Kompaktheitssatz: Wenn $\Sigma \vDash \varphi$ gilt, dann existiert eine endliche Teilmenge $\Sigma' \subseteq \Sigma$ mit $\Sigma' \vDash \varphi$. Insbesondere ist eine Menge Σ genau dann widerspruchsvoll, wenn eine endliche Teilmenge von Σ widerspruchsvoll ist.
Beweis: Der Operator "$\vdash$" hat die gewünschte Eigenschaft.

10. Def.: Eine Formelmenge Σ heißt konsistent, wenn für kein α

$$\Sigma \vdash \alpha \wedge \neg\alpha.$$

Ganz trivial ist

11. Satz: Σ ist genau dann konsistent, wenn jede endliche Teilmenge von Σ konsistent ist.

Da die Restklasse der Tautologien die 1 der Lindenbaumalgebra $Form/_{\approx}$ ist, ist die Restklasse der Negationen der Tautologien (der Widersprüche) die 0. Im nächsten Satz sehen wir, daß die Konsistenz das äquivalente syntaktische Gegenstück zum semantischen Begriff der Erfüllbarkeit ist.

12. Satz: Es sind gleichwertig: (i) Σ ist erfüllbar

(ii) Σ ist konsistent

(iii) $\mathrm{cons}(\Sigma) \neq Form$

Beweis: (i) $\Rightarrow$ (ii): Wenn eine Bewertung Σ erfüllt, muß diese auch $\mathrm{cons}(\Sigma)$ erfüllen, $\mathrm{cons}(\Sigma)$ kann also keinen Widerspruch enthalten.
(ii) $\Rightarrow$ (iii): Trivial.
(iii) $\Rightarrow$ (i): Wenn $\mathrm{cons}(\Sigma) \neq Form$ ist, hat $Form/_{\approx_\Sigma}$ mehr als ein Element und somit ist die Eins von $Form/_{\approx_\Sigma}$ (d.h. $[\varphi]_{\approx_\Sigma}$ für $\varphi \in \Sigma$) in einem eigentlichen Ultrafilter F enthalten:

$$Form \xrightarrow{\ \pi_\Sigma\ } Form/_{\approx_\Sigma} \xrightarrow{\ \sigma\ } Form/_{\approx_\Sigma}/_F \cong \{0,1\} \quad ,$$

wenn σ der entsprechende kanonische Homomorphismus ist. $\sigma \circ \pi$ ist dann eine Bewertung, die alle Formeln aus Σ auf die 1 abbildet.

13. Deduktionstheorem:
(i) $\Sigma \cup \{\psi\} \vdash \varphi$ gilt genau dann, wenn $\Sigma \vdash \psi \supset \varphi$ gilt.
(ii) $\Sigma \vdash \varphi$ gilt genau dann, wenn $\psi_1,\ldots,\psi_n \in \Sigma$ mit $\vdash (\psi_1 \wedge \ldots \wedge \psi_n) \supset \varphi$ existieren.

Beweis:
(i) Die eine Richtung ist der Modus ponens. Wenn $\Sigma \cup \{\psi\} \vdash \varphi$ gilt, dann existiert eine Ableitung von φ aus $\Sigma \cup \{\psi\}$. In dieser Ableitung können nur endlich viele Formeln $\psi_1,\ldots,\psi_n$ aus Σ vorkommen, daher gilt auch $\{\psi_1,\ldots,\psi_n\} \cup \{\psi\} \vdash \varphi$ und daher ist $(\psi_1 \wedge \ldots \wedge \psi_n) \supset (\psi \supset \varphi)$ eine Tautologie, also auch ableitbar, mit Hilfe des Modus ponens erhalten wir dann $\{\psi_1,\ldots,\psi_n\} \vdash \psi \supset \varphi$ und somit $\Sigma \vdash \psi \supset \varphi$.

(ii) folgt ganz entsprechend (man benutze für eine Richtung noch
   (A9)).

14. Satz: Wenn $\Sigma \vdash \varphi$ nicht gilt, dann ist $\Sigma \cup \{\neg\varphi\}$ konsistent.
Beweis: Wir nehmen an, daß $\Sigma \vdash \varphi$ nicht gelte und $\Sigma \cup \{\neg\varphi\}$ inkonsistent sei. Nach dem Deduktionstheorem (i) ist dann $\Sigma \vdash \neg\varphi \supset (\alpha \wedge \neg\alpha)$,
d.h. $\pi(\neg\varphi \supset (\alpha \wedge \neg\alpha)) = \pi(\varphi) \sqcup \pi(\alpha \wedge \neg\alpha) = \pi(\varphi) \; \varepsilon \; \pi(\mathrm{cons}(\Sigma))$, also
$\varphi \; \varepsilon \; \mathrm{cons}(\Sigma)$, ein Widerspruch.

Wir geben jetzt ein Beispiel einer Boole'schen Wahrheitsbewertung
an: Sei $(\mathbb{R}, \leq)$ die Menge der reellen Zahlen mit ihrer Ordnung und
sei $\mathbb{R}^\mathbb{R} = \{f \mid f : \mathbb{R} \to \mathbb{R}\}$, die Menge aller Funktionen von $\mathbb{R}$ nach $\mathbb{R}$.
Die Potenzmenge von $\mathbb{R}$ ist zusammen mit den mengentheoretischen
Operationen Durchschnitt, Vereinigung und Komplement eine Boole'-
schen Algebra $< \mathscr{P}(\mathbb{R}), \cap, \cup, -> $. Die Eins in dieser Algebra ist $\mathbb{R}$, die
Null ist $\emptyset$. Als Menge aller atomaren Formeln erklären wir die Men-
ge folgender Tripel:
$$At = \{ <f,=,g> \mid f, g \; \varepsilon \; \mathbb{R}^\mathbb{R} \} \cup \{ <f, \leq, g> \mid f, g \; \varepsilon \; \mathbb{R}^\mathbb{R} \},$$
und bauen uns mit Hilfe von $\wedge, \vee, \neg, \supset$ unsere Formelalgebra auf.
("=" ist die Gleichheitsrelation, also $= \; \subseteq R \times R$). Statt $<f,=,g>$
schreiben wir auch $\underline{f} = \underline{g}$, für $<f, \leq, g>$ schreiben wir $\underline{f} \leq \underline{g}$.
Wir erklären eine Bewertung $\|\cdot\|$ der Formeln, indem wir auf At
$$\|\underline{f} = \underline{g}\| = \{ x \; \varepsilon \; \mathbb{R} \mid f(x) = g(x) \}, \quad \|\underline{f} \leq \underline{g}\| = \{ x \; \varepsilon \; \mathbb{R} \mid f(x) \leq g(x) \},$$
erklären und dann $\|\ \|$ auf die Formelalgebra fortsetzen. Es sei
jetzt weiter ein Ultrafilter F auf der Potenzmenge $\mathscr{P}(\mathbb{R})$ von $\mathbb{R}$ ge-
gegeben, dieser definiert uns eine Bewertung u in die zweiwertige
Boole'schen Algebra $\mathscr{P}(R)/_F$:
$$Form \; \xrightarrow{\|\cdot\|} \; \mathscr{P}(\mathbb{R}) \; \xrightarrow{\pi} \; \mathscr{P}(\mathbb{R})/_F,$$
$u = \pi \circ \|\cdot\|$, wobei π der kanonische Homomorphismus ist. Wir
setzen jetzt für f, g $\varepsilon \; \mathbb{R}^\mathbb{R}$: $f \sim_F g$ genau dann, wenn $u(\underline{f} = \underline{g}) = 1$,
d.h. also $f \sim_F g$ ist gleichwertig mit $\{ x \; \varepsilon \; \mathbb{R} \mid f(x) = g(x) \} \; \varepsilon \; F$.
"$\sim_F$" ist eine Äquivalenzrelation:
   $\mathbb{R} = \{ x \; \varepsilon \; \mathbb{R} \mid f(x) = f(x) \} \; \varepsilon \; F$, also ist "$\sim_F$" reflexiv;
   die Symmetrie ist klar; wenn $f \sim_F g$ und $g \sim_F h$, dann ist
   $\{ x \; \varepsilon \; \mathbb{R} \mid f(x) = g(x) \} \cap \{ x \; \varepsilon \; \mathbb{R} \mid g(x) = h(x) \}$
   $\subseteq \{ x \; \varepsilon \; \mathbb{R} \mid f(x) = h(x) \} \; \varepsilon \; F$, also $f \sim_F h$.

Wir setzen weiter für f, g $\varepsilon \; \mathbb{R}^\mathbb{R}$ $f \leq_F g$ genau dann, wenn $u(\underline{f} \leq \underline{g}) = 1$
(d.h. $\{ x \; \varepsilon \; \mathbb{R} \mid f(x) \leq g(x) \} \; \varepsilon \; F$). "$\sim_F$" ist eine Kongruenzrelation
bezüglich "$\leq_F$": Sei $f \leq_F g$, $f \sim_F f'$ und $g \sim_F g'$, dann ist

$\{x \ \varepsilon \ R \ | \ f(x) \le g(x)\} \cap \{x \ \varepsilon \ R \ | \ f(x) = f'(x)\} \cap \{x \ \varepsilon \ R \ | \ g(x)$
$= g'(x)\} \subseteq \{x \ \varepsilon \ R \ | \ f'(x) \le g'(x)\} \ \varepsilon \ F$, also $f' \ \le_F g'$ gilt.

Wir bezeichnen die Quotientenstruktur $\langle R^R, \ \le_F \rangle \ /_F$ auch mit

$\langle R^R, \le \rangle_F$ oder R_F^R. Mit Hilfe von R_F^R bauen wir uns eine neue Menge
vón Atomformeln:
$At_F = \{\langle [f]_\sim, =, [g]_\sim \rangle \ | \ f, \ g \ \varepsilon \ R^R\} \cup \{[f]_\sim, \le, [g]_\sim \rangle \ | \ f, \ g \ \varepsilon \ R^R\}$
und damit eine neue Formelalgebra $Form_F$.
Wir erklären eine $0,1$ -Bewertung $\bar{u}$ durch $\bar{u}(\langle [f]_\sim, =, [g]_\sim \rangle) = 1$ genau dann, wenn $[f]_\sim = [g]_\sim$ gilt und $\bar{u}(\langle [f]_\sim, \le, [g]_\sim \rangle) = 1$ genau
dann, wenn $[f]_\sim \le [g]_\sim$ in R_F^R gilt.
Sei φ nun eine Formel aus $Form$, und $\varphi_F \ \varepsilon \ Form_F$ entstehe aus φ dadurch, daß man in den Atomformeln in jedem Tripel jedes f durch
$[f]_\sim$ ersetzt. Dann sind nach allem Gesagten $\bar{u}(\varphi_F) = 1$ und $u(\varphi) = 1$
äquivalent.
Wir haben damit praktisch "die Wahrheit in R_F^R" mit Hilfe einer
Boole'schen Wahrheitsbewertung "von R^R" beschrieben. Wir werden
später auf diese Konstruktion zurückkommen. Außerdem sehen wir
hier, daß unsere Formelsprache noch zu "arm" ist, um über spezielle Strukturen "zu sprechen".

2.3 Intuitionistische Aussagenlogik

Wir legen jetzt die Klasse $\mathscr{K}$ der Heytingalgebren für die Semantik
zugrunde. Der semantische Ableitungsoperator wird mit $\models_i$ bezeichnet.
Im Prinzip gehen wir so vor wie im letzten Abschnitt. Wir haben
bereits bemerkt, daß die Axiome (A1) - (A12) intuitionistisch korrekt sind, ferner führt auch der Modus ponens von intuitionistisch
wahren Formeln (welche bei beliebigen Bewertungen in Heytingalgebren auf 1 abgebildet werden) auf wieder solche. (Die Formelalgebra sei dieselbe wie im letzten Abschnitt.) Sei für den Moment einmal $\models$ der durch (A1) - (A12) und den Modus ponens er-
klärte Ableitungsoperator und $\varphi \approx_\Sigma \psi$ wieder durch $\Sigma \models \varphi \supset \psi$
und $\Sigma \models \psi \supset \varphi$ erklärt. Im letzten Abschnitt haben wir gesehen,
daß dann "$\approx_\Sigma$" eine Kongruenzrelation ist und der Quotient $Form/_{\approx_\Sigma}$
ein distributiver Verband mit 0 und 1 ist. Wie uns schon ein Bei-
spiel gezeigt hat, gilt nicht in allen Heytingalgebren
$x \sqcup -x = 1$ für jedes x, es ist also inopportun, auch Axiom (A13)
zu übernehmen. Wir müssen hingegen durch ein oder mehrere Axiome

sichern,daß wir in Form/$\approx_\Sigma$ ein relatives Pseudokomplement haben.
Die naheliegendste Methode wäre zweifellos, die die Heytingalgebren definierenden Gleichungen nach bewährtem Muster in Axiome um-
zuformen. Wir wählen einen Weg, der direkt auf die Definition des
relativen Pseudokomplementes Bezug nimmt, wodurch wir mit drei weiteren Axiomen auskommen.

1. Def.: Der intuitionistische Ableitungsoperator $\vdash_i$ wird erklärt
durch:
    I. a) die klassischen Axiome (A1) - (A12);
       b) die weiteren Axiome
$$(H1)\ (\alpha \wedge (\alpha \supset \beta)) \supset \beta,\ ((\alpha \wedge \gamma) \supset \beta) \supset (\gamma \supset (\alpha \supset \beta))$$
$$(H2)\ (\varphi \supset (\varphi \wedge \neg\varphi)) \supset \neg\varphi$$
    II. Die Regel des Modus ponens.

2. Satz: Der Ableitungsoperator "$\vdash_i$" ist korrekt für die Semantik
    $\vDash_i$ der Intuitionistischen Logik.
Den Beweis überlassen wir dem Leser als Überungsaufgabe.
Ohne Verwechslungen befürchten zu müssen, können wir wieder für
Formel φ, ψ sowie Formelmengen Σ definieren:

3. Def.: $\varphi \approx_\Sigma \psi$ genau dann, wenn $\Sigma \vdash_i \varphi \supset \psi$ und $\Sigma \vdash_i \psi \supset \varphi$

4. Satz: "$\approx_\Sigma$" ist eine Kongruenzrelation in *Form*, und *Form*/$\approx_\Sigma$ ist
    eine Heytingalgebra, in der die Eins gerade die Klasse
    der aus Σ ableitbaren Formeln ist.
Beweis: Nach den obigen Bemerkungen brauchen wir nur noch zu zei-
gen, daß $[\varphi]_{\approx_\Sigma} \Rightarrow [\psi]_{\approx_\Sigma}$ das relative Pseudokomplement von $[\varphi]_{\approx_\Sigma}$
und $[\psi]_{\approx_\Sigma}$ ist. (H1) liefert $([\varphi]_{\approx_\Sigma} \sqcap ([\varphi]_{\approx_\Sigma} \Rightarrow [\psi]_{\approx_\Sigma})) \leq [\psi]_{\approx_\Sigma}$,
und außerdem, daß aus $[\varphi]_{\approx_\Sigma} \sqcap [\chi]_{\approx_\Sigma} \leq [\psi]_{\approx_\Sigma}$ die Beziehung
$[\chi]_{\approx_\Sigma} \leq ([\varphi]_{\approx_\Sigma} \Rightarrow [\psi]_{\approx_\Sigma})$ folgt (man benutze die Definition von "$\leq$"
und den Modus ponens).

Die Konsistenz einer Formelmenge erklären wir wie im klassischen
Fall und haben somit eben bewiesen, daß für eine konsistente Formelmenge Σ eine Bewertung in eine mehr als einelementige Heytingalgebra existiert, welche alle Formeln aus Σ auf die Eins abbildet.
Weiter sehen wir, daß auch das Deduktionstheorem in der intuitionistischen Logik gilt, denn Axiom (A13) wurde beim Beweis nicht

benutzt. Als wichtigstes Ergebnis erhalten wir genau wie im klassischen Fall aus dem Vorangegangenen den Vollständigkeitssatz für die intuitionistische Aussagenlogik.

5. Satz: Der semantische Ableitungsoperator $\models_{\bar{i}}$ und der syntaktische Ableitungsoperator $\vdash_{\bar{i}}$ stimmen überein.

Beweis: Die Korrektheit von $\vdash_{\bar{i}}$ ist schon gezeigt. Falls $\Sigma \vdash_{\bar{i}} \varphi$ nicht gilt, liefert der kanonische Homomorphismus in die Lindenbaumalgebra $Form/_{\approx_\Sigma}$ eine Bewertung, die alle Formeln aus Σ auf 1, φ aber nicht auf 1 abbildet, mithin gilt $\Sigma \models_{\bar{i}} \varphi$ also auch nicht. Als Korollar erhalten wir, daß auch für die intuitionistische Aussagenlogik der Endlichkeitssatz gilt.

Da wir in der klassischen Logik nicht weniger als in der intuitionistischen Logik beweisen können, gilt: Wenn $\Sigma \models_{\bar{i}} \varphi$, dann auch $\Sigma \models \varphi$. Die Umkehrung gilt ganz sicher nicht, da schon für eine Atomformel α zwar $\models \alpha \vee \neg\alpha$, aber nicht $\vdash_{\bar{i}} \alpha \vee \neg\alpha$ gilt. Jedoch sehen wir, und dies ist von prinzipiellem Interesse:

6. Satz: Wenn $\Sigma \models \varphi$, dann gilt $\Sigma \vdash_{\bar{i}} \neg\neg\varphi$.
Beweis: Wenn $\Sigma \models \varphi$, dann existieren nach dem Deduktionstheorem $\varphi_1, \ldots, \varphi_n \in \Sigma$, so daß $\psi = (\varphi_1 \wedge \ldots \wedge \varphi_n) \supset \varphi$ eine klassische Tautologie ist. Bezeichnen wir für den Augenblick der Unterscheidung halber die durch $\vdash_{\bar{i}} \alpha \supset \beta$ und $\vdash_{\bar{i}} \beta \supset \alpha$ erklärte Relation mit $\approx_i$, dann ist in $Form/_{\approx_i}$ $[\psi]_{\approx_i}$ ein dichtes Element, denn wenn D der Filter der dichten Elemente ist, wird durch

$$Form \to Form/_{\approx_i} \to Form/_{\approx_i}/_D$$

eine Boole'sche Wahrheitsbewertung definiert, die natürlich ψ auf die Eins abbilden muß. Wenn aber $[\psi]_{\approx_i}$ dicht ist, haben wir $--[\psi]_{\approx_i} = [\neg\neg\psi]_{\approx_i} = 1$, d.h. $\vdash_{\bar{i}} \neg\neg((\varphi_1 \wedge \ldots \wedge \varphi_n) \supset \varphi)$.
Da man weiterhin $(\neg\neg((\varphi_1 \wedge \ldots \wedge \varphi_n) \supset \varphi)) \supset ((\varphi_1 \wedge \ldots \wedge \varphi_n) \supset \neg\neg\varphi)$ als intuitionistische Tautologie erkennt, liefert uns der Modus ponens

$$\varphi_1 \wedge \ldots \wedge \varphi_n \vdash_{\bar{i}} \neg\neg\varphi \text{ und somit } \Sigma \vdash_{\bar{i}} \neg\neg\varphi.$$

Auch der nächste Satz ist für die intuitionistische Logik von grundsätzlicher Bedeutung.

7. Satz: Wenn $\models_{\bar{1}} \varphi \vee \psi$ gilt, dann ist $\models_{\bar{1}} \varphi$ oder es ist $\models_{\bar{1}} \psi$.

         (Das bedeutet: Wenn $\varphi \vee \psi$ eine intuitionistische Tautologie ist, dann ist φ oder es ist ψ eine intuitionistische Tautologie.)

Beweis: Es sei zunächst $\mathscr{H}$ eine beliebige Heytingalgebra. Wir erklären $\bar{\mathscr{H}}$ dadurch, daß $\bar{H} = H \cup \{\bar{1}\}$, wobei $\bar{1} \notin H$ ein neues Element ist und definieren $\bar{1} \geq a$ für alle $a \in H$. $\bar{\mathscr{H}}$ ist dann wieder eine Heytingalgebra, mit $\bar{1}$ als Einselement, und die Abbildung $h : \bar{H} \to H$, $h(a) = a \sqcap 1$ (1 die Eins aus H), ist ein Homomorphismus $\bar{\mathscr{H}} \to \mathscr{H}$. $\bar{\mathscr{H}}$ hat die folgende Eigenschaft: Wenn $a \sqcup b = \bar{1}$, $a, b \in \bar{H}$, dann ist $a = \bar{1}$ oder es ist $b = \bar{1}$. Es sei nun $u : Form \to \mathscr{H}$ eine beliebige Bewertung. Wir erhalten aus u eine Bewertung $u_0 : Form \to \bar{H}$, indem wir u_0 auf den Atomformeln (den Erzeugenden) wie u erklären und dann homomorph fortsetzen. Dies ergibt uns eine zweite Bewertung $u_1 = h \circ u_0$ in H:

$$Form \xrightarrow{u_0} \bar{\bar{H}} \xrightarrow{h} H.$$

Wegen der Übereinstimmung auf den Erzeugenden erhalten wir $u = u_1$. Weil $\varphi \vee \psi$ eine Tautologie ist, gilt $u_0(\varphi \vee \psi) = \bar{1}$ und daher $u_0(\varphi) = \bar{1}$ oder $u_0(\psi) = \bar{1}$. Aus $h(\bar{1}) = 1$ folgt dann $u(\varphi) = 1$ oder $u(\psi) = 1$. Die bisherige Bewertung galt für ein beliebiges $\mathscr{H}$. Wir spezialisieren jetzt $\mathscr{H}$ zu $Form/_{\approx}$ (d.h. $Form/_{\approx_\Sigma}$ mit $\Sigma = \emptyset$) und u zu der kanonischen Restklassenabbildung. Wir erhalten dann $[\varphi]_{\approx} = 1$ oder $[\psi]_{\approx} = 1$. Da die 1 in $Form/_{\approx}$ gerade die Restklasse der intuitionistischen Tautologien ist, erhalten wir die Behauptung.

Es ist jetzt angebracht, einige Bemerkungen über die Motive zu machen, die der intuitionistischen Logik zu Grunde liegen, obwohl diese Motive eigentlich erst durch beweistheoretische Untersuchungen transparent werden. Die Semantik der klassischen Logik entstand aus einer Abstrahierung des naiven Wahrheitsbegriffes, der sich insbesondere an Erfahrungen in endlichen Gesamtheiten orientierte. Die intuitionistische Kritik am klassischen Wahrheitsbegriff ist eigentlich nicht, daß dieser irgendwie "falsch" ist, sondern eher, daß er oft zu wenig Information in sich birgt und so manchen Situationen nicht angemessen ist. Wir greifen auf die Prädikatenlogik vor und bringen ein Beispiel:

Man stelle sich die Aufgabe, zwei irrationale reelle Zahlen a, b zu finden, so daß a^b rational ist. Eine klassische Lösung wäre:

Entweder ist $\sqrt{2}^{\sqrt{2}}$ rational, dann wähle man a = $\sqrt{2}$ und b = $\sqrt{2}$; oder es ist $\sqrt{2}^{\sqrt{2}}$ irrational, dann wähle man a = $\sqrt{2}^{\sqrt{2}}$ und b = $\sqrt{2}$ und erhält a^b = 2.

Auch ein klassischer Mathematiker würde sich durch diese Lösung etwas genasführt fühlen, er hätte aus der Aufgabenstellung eine andere Lösung erwartet. Eine intuitionistische Lösung wäre: Direkte Konstruktion von a und b (etwa durch einen approximierenden Algorithmus).

Der Intuitionist ersetzt nun den Begriff der naiven klassischen Wahrheit durch etwa "direkt beweisbar", "konkret berechenbar", "konstruktiv nachzuweisen". Dies macht deutlich, daß der beste Zugang hierzu über die Beweistheorie gehen wird, nämlich durch Angabe der "erlaubten" Beweisschritte. Insbesondere wird aber 'das "Tertium non datur" nicht mehr allgemein gültig sein, was die Klasse der Boole'schen Algebren nicht mehr für die Semantik angemessen erscheinen läßt. Die Einführung der Heytingalgebren ist dann der Versuch, die nächst schwächere Klasse von Verbänden zu nehmen. Hier sieht man, daß die Hauptunterschiede zur Boole'schen Algebra in der Regel für "$\Rightarrow$" und "-" bestehen. Das ist auch sinnvoll, denn "$\rightarrow$" ist wegen der Regel des Modus ponens die für Ableitungen wichtigste Operation, und das klassische "$\neg$" macht konstruktiv nicht so recht Sinn. So macht man sich intuitionistisch die Wahrheit von "$\neg\varphi$" auch am besten als "φ ist absurd", "aus φ ist ein Widerspruch herleitbar" plausibel. So besehen besagt der Satz, daß für jede klassische Tautologie φ intuitionistisch $\neg\neg\varphi$ herleitbar ist: Die Annahme, daß eine klassische Tautologie einen Widerspruch impliziert, führt selbst zu einem Widerspruch. Hingegen besitzt die intuitionistische Herleitbarkeit von φ selbst einen viel höheren Informationsgehalt: man hat einen direkten Beweis für φ. In diesem Sinne ordnet sich auch der letzte Satz der intuitionistischen Grundeinstellung unter, man müßte von jeder irgendwie gearteten Semantik für eine konstruktiv orientierte Logik erwarten, daß dieser Satz gilt. Für eine detaillierte Diskussion der intuitionistischen Logik ziehe man etwa v.Dalen(Da) oder Dummet(Du) zu Rate.

Wir kommen noch zu unserem Beispiel $\mathbb{R}^{\mathbb{R}}$ zurück. Wir beschränken uns jetzt jedoch auf die Menge C($\mathbb{R}$) der stetigen Funktionen von

R nach R. Es sei $\mathcal{H}$ die Heytingalgebra der offenen Teilmengen von R. Analog wie im letzten Abschnitt erklären wir die Formeln, jedoch mit dem Unterschied, daß wir nun für die Menge der Atomformeln $At_i = \{ \langle f, \neq, g\rangle \mid f, g \ \varepsilon \ \mathbb{R}^\mathbb{R} \} \cup \{ \langle f,<,g\rangle \mid f, g \ \varepsilon \ \mathbb{R}^\mathbb{R} \}$ zugrunde legen und die Bewertung durch

$$\| \ \langle f,\neq,g\rangle \ \|_i = \{ x \ \varepsilon \ \mathbb{R} \mid f(x) \neq g(x) \} \text{ sowie}$$

$$\bullet\| \ \langle f,<,g\rangle \ \|_i = \{ x \ \varepsilon \ \mathbb{R} \mid f(x) < g(x) \} \text{ erklären.}$$

Da wir uns auf stetige Funktionen beschränkt haben, sind diese Mengen wirklich offen und somit Elemente von $\mathcal{H}$. Wenn f die identische Funktion, $f(x) = x$, und $g(x) = 0$ (eine konstante Funktion) ist, sehen wir zum Beispiel:

$$\| \ \langle f,<,g\rangle \ \|_i = \{ x \mid x < 0 \}$$
$$\| \neg\langle f,<,g\rangle \ \|_i = \{ x \mid x > 0 \}$$

und
$$\| \langle f,<,g\rangle \ \vee \ \neg \ \langle f,<,g\rangle \ \|_i = \{ x \mid x \neq 0 \}.$$

2.4 Quantenlogik

Ein Motiv für die Logik, die wir hier Quantenlogik nennen, kommt aus der Physik, der Quantenmechanik. Während der "Wahrheitswert von φ ist 1" klassisch etwa so viel wie "φ ist richtig" und intuitionistisch etwa "φ ist richtig und wir können dies konstruktiv nachprüfen" bedeutete, soll es nun intuitiv etwa soviel wie "wir können die Eigenschaft φ durch Messung nachprüfen" bedeuten. Wir wollen dies kurz erläutern. Die Zustandsgrößen in der Quantenmechanik sind die Schrödingerfunktionen, sie bilden einen (separablen) Hilbertraum, die Observablen sind die selbstadjungierten Operatoren des Hilbertraumes in sich und die Meßwerte sind die Eigenwerte dieser Operatoren. Diejenigen Observablen E, die nur die Eigenwerte 0 und 1 haben, nennt man Eigenschaften (eine Eigenschaft soll vorliegen bei Eigenwert 1, nicht vorliegen bei Eigenwert 0). Die Eigenschaften heißen auch Projektionsoperatoren, denn wenn man jedem solchen E sein Bild zuordnet, erhält man eine eineindeutige Beziehung zwischen den Eigenschaften und den abgeschlossenen Unterräumen des Hilbertraumes. Die abgeschlossenen Unterräume bilden nun einen Verband, und zwar keinen Boole'schen, aber noch einen orthomodularen Verband. Das Fehlen des Distributivgesetzes hier hängt mit der Heisenberg'schen Unschärferelation zusammen: Die Existenz eines nichtdistributiven Tripels bedeutet nämlich das Vorhandensein zweier Unterräume, welche im verbands-

theoretischen Sinne nicht kommutieren (vgl. 1.7); es läßt sich
dann zeigen, daß dies gerade besagt, daß die zugehörigen Projektionsoperatoren im üblichen Sinne nicht kommutieren, man diese
Größen also nicht beide gleichzeitig scharf messen kann. Wir wollen die Analogien nicht zu weit treiben: Während die Bedeutung
der Negation noch einsichtig ist, wird die physikalische Bedeutung
der Konjunktion und Disjunktion schon unklar (etwa: Wenn der Operator E_i zum Unterraum U_i gehört, i = 1, 2, welche Bedeutung hat
dann der Operator, der zu $U_1 \cap U_2$ gehört?). Außerdem entfernen
wir uns noch etwas weiter von der Physik, wenn wir die Semantik
durch die Klasse aller orthomodularer Verbände erklären. Für eine
weitere Motivierung unserer Quantenlogik als eine "experimentelle"
Logik ziehe man Randall-Foulis [Ra-Fou] zu Rate. Die folgende
Axiomatisierung der Quantenlogik stammt von G.Kalmbach (vgl.[Ka]).

Wie wir bereits im Abschnitt über orthomodulare Verbände disku-
tiert haben, ist nicht klar, welche verbandstheoretische Operation
in einem orthomodularen Verband dem logischen Zeichen "⊃" entsprechen soll. Wenn uns eine Axiomatisierung nach bisherigem Muster -
mit dem Modus ponens als Regel und geeigneten Axiomen - vorschwebt,
und wenn wir ferner vorhaben, die bisherige Technik beim Beweis
des Vollständigkeitssatzes zu übernehmen, dann dürfen wir Bewer-
tungen u nicht so erklären, daß $u(\varphi \supset \psi) = \neg u(\varphi) \sqcup u(\psi)$ ist.
Wenn wir nämlich wieder wie früher die Relation "$\approx_\Sigma$" erklären,
dann erhalten wir auf dem Restklassenverband $Form/_{\approx_\Sigma}$ durch
"$[\varphi]_{\approx_\Sigma} \leq [\psi]_{\approx_\Sigma}$ genau dann, wenn $\Sigma \vdash \varphi \supset \psi$" nicht die verbandstheoretische Ordnung ist. Schlimmer aber ist noch, daß bei einer der-
artigen "Interpretation" von "⊃" $\vdash \varphi \supset \psi$ und $\vdash \psi \supset \varphi$ sein kann,
ohne daß $u(\varphi) = u(\psi)$ für alle Bewertungen u ist.
Aus diesem Grunde haben wir in orthomodularen Verbänden "⇒" defi-
niert als $a \Rightarrow b = (-a \sqcap b) \sqcup (-a \sqcap -b) \sqcup (a \sqcap (-a \sqcup b))$. Es läge
nun nahe, mit Hilfe dieser Interpretation von "⊃" nach dem bishe-
rigen Schema des Vollständigkeitssatzes zu verfahren. Dabei begegnet uns eine neue Schwierigkeit: Wegen der Kompliziertheit der
Definition von $a \Rightarrow b$ macht es enorme Mühe, die Korrektheit der
einzelnen Axiome nachzuprüfen. Deshalb wenden wir einen technischen Kunstgriff an und gehen zunächst so vor, daß wir "⊃" wie
im Boole'schen Falle interpretieren, aber die Definition von "$\approx$"
abändern.

1. Def.: $\alpha R \beta = (\alpha \wedge \beta) \vee (\neg\alpha \wedge \neg\beta)$ ($\alpha R \beta$ ist also eine Formel!)

2. Def.: (i)   I. Axiome sind:

   (Q1) $\alpha R \alpha$

   (Q2) $\neg(\alpha R \beta) \vee (\neg(\beta R \delta) \vee (\alpha R \delta))$

   (Q3) $\neg(\alpha R \beta) \vee \neg\alpha R \neg\beta$

   (Q4) $\neg(\alpha R \beta) \vee ((\alpha \wedge \delta)R(\beta \wedge \delta))$

   (Q5) $(\alpha \wedge \beta)R(\beta \wedge \alpha)$, $(\alpha \vee \beta)R(\beta \vee \alpha)$

   (Q6) $\neg(\alpha \vee \beta)R(\neg\alpha \wedge \neg\beta)$, $\neg(\alpha \wedge \beta)R(\neg\alpha \vee \neg\beta)$

   (Q7) $\alpha R \neg\neg\alpha$

   (Q8) $(\alpha \wedge (\beta \wedge \delta))R((\alpha \wedge \beta) \wedge \delta)$,
        $(\alpha \vee (\beta \vee \delta))R((\alpha \vee \beta) \vee \delta)$

   (Q9) $(\alpha \wedge (\alpha \vee \beta))R\alpha$, $(\alpha \vee (\alpha \wedge \beta))R\alpha$

   (Q10) $(\neg\alpha \wedge \alpha)R((\neg\alpha \wedge \alpha) \wedge \beta$, $(\alpha \vee \neg\alpha) \wedge \beta R \beta$

   (Q11) $(\alpha \vee (\neg\alpha \wedge (\alpha \vee \beta)))R(\alpha \vee \beta)$

   (Q12) $\neg(\alpha R \beta) \vee (\neg\alpha \vee \beta)$

   Bemerkung: Auf Minimalität des Axiomensystems ist
              wieder kein Wert gelegt worden.

   II. Als Regel haben wir die folgende modifizierte
   Form des Modus ponens:

$$\frac{\alpha \; , \; \neg\alpha \vee \beta}{\beta}$$

   (ii) Den so erhaltenen Ableitungsoperator bezeichnen wir
   mit $\vdash_{Q_O}$.

3. Satz: $\vdash_{Q_O}$ ist ein korrekter Ableitungsoperator.

Beweis: Die Regel ist korrekt, denn für jede Bewertung u gilt:
Wenn $u(\alpha) = 1 = u(\neg\alpha \vee \beta)$, so $u(\beta) = 0 \sqcup (u(\beta)) = u(\neg\alpha \vee \beta) = 1$.
Zum Nachweis, daß für jedes Axiom φ und jede Bewertung $u(\varphi) = 1$
gilt, benutzen wir einen Satz aus 2.5, der für jede Bewertung u
besagt:$u(\varphi R \psi) = 1$ genau dann, wenn $u(\varphi) = u(\psi)$. Wir gehen die
Axiome der Reihe nach durch:
Für (Q1) ist die Behauptung trivial. In (Q2) setzen wir $a = u(\alpha)$,
$b = u(\beta)$, $c = u(\delta)$ und rechnen den zu bestimmenden Ausdruck aus:
$[(-a \sqcup -b) \sqcap (a \sqcup b)] \sqcup [(-b \sqcup -c) \sqcap (b \sqcup c)] \sqcup [(a \sqcap c) \sqcup (-a \sqcap -c)]$
$= [((a \sqcup b) \sqcap -a) \sqcup ((a \sqcup b) \sqcap -b)] \sqcup [((b \sqcup c) \sqcap -b) \sqcup ((b \sqcup c) \sqcap -c)]$
$\sqcup [(a \sqcap c) \sqcup (-a \sqcap -c)]$

$$= ((a \sqcup b) \sqcap -a) \sqcup (((a \sqcup b) \sqcup c) \sqcap -b) \sqcup ((b \sqcup c) \sqcap -c) \sqcup (a \sqcap c) \sqcup -(a \sqcup c)$$
$$= ((a \sqcup b) \sqcap -a) \sqcup (1 \sqcap (-b \sqcup (-a \sqcap -c))) \sqcup ((b \sqcup c) \sqcap -c) \sqcup (a \sqcap c)$$
$$= (1 \sqcap (-a \sqcup -b)) \sqcup (-a \sqcup -c) \sqcup (1 \sqcap (-b \sqcup -c)) \sqcup (a \sqcap c)$$
$$\geq (-a \sqcup -b \sqcup -c) \sqcup (a \sqcap c) \geq 1.$$

Dabei haben wir verschiedentlich die Existenz distributiver Tripel
benutzt, z.B. kommutieren $a \sqcup b$ und $-a$, denn es ist
$$[(a \sqcup b) \sqcap -a] \sqcup [(a \sqcup b) \sqcap a] = [(a \sqcup b) \sqcap -a] \sqcup a = a \sqcup b.$$
Für (Q3) folgt die Behauptung daraus, daß $u(-\alpha R -\beta) = u(\alpha R \beta)$ ist.
In (Q4) rechnen wir mit denselben Bezeichnungen wie in (Q1):
$$[(a \sqcup b) \sqcap (-a \sqcup -b)] \sqcup (a \sqcap b \sqcap c) \sqcup ((-a \sqcup -c) \sqcap (-b \sqcup -c))$$
$$= [1 \sqcap (-a \sqcup -b \sqcup ((-a \sqcup -c) \sqcap (-b \sqcup -c)))] \sqcup (a \sqcap b \sqcap c)$$
$$\geq -a \sqcup -b \sqcup -c \sqcup (a \sqcap b \sqcap c) = 1.$$

(Q5) bis (Q11) sind trivial und für (Q12) verifizieren wir dadurch,
daß wir uns wieder der Existenz distributiver Tripel vergewissern.
Die Behauptung folgt nun durch Induktion über die Länge der Ableitung.

Wir setzen jetzt:

4. Def.: $\varphi \sim_\Sigma \psi$ genau dann, wenn $\Sigma \vdash_{Q_O} \varphi R \psi$ und $\Sigma \vdash_{Q_O} \psi R \varphi$.

5. Satz: "$\sim_\Sigma$" ist eine Kongruenzrelation für $\neg$, $\wedge$ und $\vee$, $Form/_{\sim_\Sigma}$
   ist ein orthomodularer Verband, in der die Eins gerade
   $[\varphi]_{\sim_\Sigma}$ für jedes $\Sigma \vdash_{Q_O} \varphi$ ist.

Beweis: Die Reflexivität von "$\sim_\Sigma$" folgt aus (Q1), die Symmetrie
ist klar; (Q2) zusammen mit dem Modus ponens ergibt die Transitivität. (Q3) und der Modus ponens ergeben die Kongruenzrelationeneigenschaft für "$\neg$". Entsprechendes für "$\wedge$" folgt aus (Q4) und dem
ersten Teil von (Q5) sowie der Transitivität.
Wenn $\alpha \sim_\Sigma \beta$ und $\gamma \sim_\Sigma \delta$ ist, dann ist $(\alpha \vee \gamma) \sim_\Sigma (\beta \vee \delta)$, denn wir haben
der Reihe nach: $\neg\alpha \sim_\Sigma \neg\beta$, $\neg\gamma \sim_\Sigma \neg\delta$, $\neg\alpha \wedge \neg\gamma \sim_\Sigma \neg\beta \wedge \neg\delta$,
$\neg(\alpha \vee \beta) \sim_\Sigma \neg(\beta \vee \delta)$ (wegen (Q6)), $\neg\neg(\alpha \vee \beta) \sim_\Sigma \neg\neg(\beta \vee \delta)$,
$\alpha \vee \beta \sim_\Sigma \beta \vee \delta$ (wegen Q7). Die Axiome (Q5), (Q8) und (Q9) sichern
die Kommutativ-, Assoziativ- und Absorptionsgesetze in $Form/_{\sim_\Sigma}$.
(Q10) liefert daß $[\alpha \wedge \neg\alpha] \sim_\Sigma$ die 0 und $[\alpha \vee \neg\alpha] \sim_\Sigma$ die 1 ist in
$Form/_{\sim_\Sigma}$. Die Gültigkeit der restlichen Gesetze folgt sofort aus
(Q6), (Q7) und (Q11). Weiter sehen wir:

$$\alpha R(\alpha \lor \neg\alpha) = [\alpha \land (\alpha \lor \neg\alpha)] \lor [\neg\alpha \land \neg(\alpha \lor \neg\alpha)$$
$$\sim_\Sigma \alpha \lor \neg(\alpha \lor \neg\alpha) \sim_\Sigma \alpha \lor (\alpha \land \neg\alpha) \sim_\Sigma \alpha .$$

Damit liegen $\alpha R(\alpha \lor \neg\alpha)$ und α in einer Restklasse, d.h. es gilt $\Sigma \vdash_{Q_o} (\alpha R(\alpha \lor \neg\alpha)) R\alpha$ und $\Sigma \vdash_{Q_o} \alpha R(\alpha R(\alpha \lor -\alpha))$.

Damit sehen wir, daß $\Sigma \vdash_{Q_o} \alpha$ mit Hilfe von (Q12) und Modus ponens $[\alpha]_\Sigma = 1$ impliziert; umgekehrt bedeutet $[\alpha]_\Sigma = 1$ $\Sigma \vdash_{Q_o} \alpha \lor -\alpha$, was mit Modus ponens und (Q12) zu $\Sigma \vdash_{Q_o} \alpha$ führt, was zu zeigen war.

Wir erklären jetzt unseren eigentlichen Ableitungsoperator.

6. Def.: (i)   Axiome sind:

                   a) (Q1) bis (Q12) und

                   b) (Q13) $(\neg\alpha \lor \beta) \supset (\alpha \supset (\alpha \supset \beta))$

                    (Q14) $\neg(\alpha \supset \beta) \lor (\neg\alpha \lor \beta)$.

      (ii)   Die einzige Regel ist

$$\frac{\alpha,\ \alpha \supset \beta}{\beta} \qquad \text{(Modus ponens)}.$$

      (iii) Der durch (i) und (ii) erklärte Ableitungsoperator wird mit $\vdash_Q$ bezeichnet.

7. Satz: Der Ableitungsoperator $\vdash_Q$ ist korrekt.

Beweis: Es gilt (unter Benutzung mehrer distributiver Tripel):

$$a \rightarrow (a \rightarrow b) = [-a \sqcap [(-a \sqcap b) \sqcup (-a \sqcap -b) \sqcup (a \sqcap (-a \sqcup b))]] \sqcup$$
$$[-a \sqcap [(a \sqcup -b) \sqcap (a \sqcup b) \sqcap (-a \sqcup (a \sqcap -b))]] \sqcup [a \sqcap (-a \sqcup [(-a \sqcap b)$$
$$\sqcup (-a \sqcap -b) \sqcup (a \sqcap (-a \sqcup b))]]$$
$$= (-a \sqcap b) \sqcup (-a \sqcap -b) \sqcup (-a \sqcap (a \sqcup -b)) \sqcup -a \sqcup (a \sqcap (-a \sqcup b))$$
$$= -a \sqcup (a \sqcap (-a \sqcup b))$$
$$= -a \sqcup b .$$

Daraus folgt $(-a \sqcup b) \rightarrow (a \rightarrow (a \rightarrow b)) = (-a \sqcup b) \rightarrow (-a \sqcup b) = 1$, d.h. (Q13) liefert eine Tautologie. Entsprechendes für (Q14) ist leicht nachgerechnet. Wenn $\Sigma \vdash_Q \alpha$ und $\Sigma \vdash_Q \alpha \supset \beta$ gilt, so erhalten wir aus (Q14) und dem modifizierten Modus ponens β. Induktion über die Länger der Ableitung liefert dann die Behauptung.

Als nächstes kommen wir zur Vollständigkeit:

57

8. Vollständigkeitssatz für die Quantenlogik:

(i) $\Sigma \vdash_{Q_0} \varphi$ genau dann, wenn $\Sigma \models_Q \varphi$,

(ii) $\Sigma \vdash_{Q} \varphi$ genau dann, wenn $\Sigma \models_Q \varphi$.

Beweis: Die Korrektheit der beiden Ableitungsoperatoren haben wir schon gezeigt. Wenn φ unter $\vdash_{Q_0}$ nicht ableitbar ist, dann ist $[\varphi]_{\sim_\Sigma} \neq 1$, d.h. es gilt auch $\Sigma \models_Q \varphi$ nicht. Dies zeigt (i). Daher gilt aber auch für jedes Beispiel φ von (Q13) oder (Q14) $\vdash_{Q_0} \varphi$ Um (ii) zu zeigen, genügt es deshalb nachzuweisen, daß die Regel des modifizierten Modus ponens in $\vdash_Q$ zulässig ist, d.h. es gilt $\{\alpha, \neg \alpha \vee \beta\} \vdash_Q \beta$. Dies folgt aber mit Hilfe von (Q13) und dem Modus ponens.

3. Die Prädikatenlogik und ihre Vollständigkeitssätze
   (Hilberttypkalküle)

3.1 Offene Prädikatenlogik (klassisch)

Wir wenden uns jetzt der Prädikatenlogik zu. In der Prädikatenlogik lassen sich besser als in der Aussagenlogik Eigenschaften mathematischer Strukturen formalisieren und man kann "über Elemente dieser Strukturen sprechen". Dies wird zu präzisieren sein; es motiviert jedenfalls, daß diese Logik auch "Prädikatenlogik erster Stufe" genannt wird (in der sog. Logik "höherer Stufe" kann man dann auch über "Objekte höherer Stufe", wie Teilmengen, Teilmengen von Teilmengen der Strukturen etc. sprechen).

Die Intention ist, über mathematische Strukuren mit einer fest gegebenen Anzahl endlichstelliger Operationen und Relationen zu sprechen. Dazu dienen die folgenden Definitionen:

1. Def.: Eine Signatur ist ein Paar $\delta = \langle\langle n_i \mid i \in I\rangle, \langle m_j \mid j \in J\rangle\rangle$
   mit n_i, $m_j \in N$ für alle $i \in I$, $j \in J$.
   δ heißt höchstens abzählbar, wenn I und J beide höchstens abzählbar sind.

2. Def.: $\mathscr{A} = \langle A, \langle f_i^A \mid i \in I\rangle, \langle R_j^A \mid j \in J\rangle\rangle$ heißt ein Relationalsystem (oder auch Struktur) der Signatur δ, wenn
   $\langle A, \langle f_i^A \mid i \in I\rangle\rangle$ eine Algebra der Signatur $\langle n_i \mid i \in I\rangle$
   (vgl. 1.3) ist und wenn für jedes $j \in J$ $R_j^A \subseteq A^{m_j}$ ist.

Bemerkung: Der Begriff Signatur wurde bereits in 1.3 für Algebren erklärt. Dies führt jedoch nicht zu Unstimmigkeiten, da sich der frühere Gebrauch für Algebren jetzt als der Spezialfall $J = \emptyset$ aus der allgemeinen Situation für Relationalsysteme ergibt.

Für eine gegebene Signatur δ wollen wir nun die Sprache $L_0 = L_0(\delta)$ der offenen Prädikatenlogik definieren.
Sei Var $= \{x_0, x_1, \ldots\}$ eine abzählbare Menge, deren Elemente wir Variable nennen (gelegentlich werden diese auch "Individuen-Variable" genannt).

3. Def.: Die Algebra *Term* $= \langle$Term, $\langle f_i \mid i \in I\rangle\rangle$ der Terme ist
   die von Var erzeugte absolut freie Algebra.

Für r, t ε Term heißt r ein Subterm von t, wenn r ein Teil von
t ist.
Weiter sei $\{P_j \mid j \; \varepsilon \; J\}$ eine von den Termen disjunkte Menge, deren Elemente wir Prädikatszeichen oder kurz Prädikate nennen.

4. Def.: Die Menge At der Atomformeln ist

$$At = \{ <P_j, t_1, \ldots, t_{m_j}> \mid j \; \varepsilon \; J,$$

$$t_i \text{ Terme für } 1 \leqslant i \leqslant m_j \}.$$

Statt $<P_j, t_1, \ldots, t_{m_j}>$ schreiben wir auch

$$P_j(t_1, \ldots, t_{m_j}).$$

5. Def.: Über der Menge At der Atomformeln bauen wir wie im aussagenlogischen Falle die Algebra $Form_o$ der Formeln auf:

$$Form_o = Form (At, \wedge, \vee, \supset, \neg).$$

Wenn $\mathscr{A} = <A, <f_i^A \mid i \; \varepsilon \; I>, <R_j^A \mid j \; \varepsilon \; J>$ ist, wird in diesem
Kontext auch häufig die Sprechweise: "f_i^A ist die Interpretation
von f_i" und: "R_j^A ist die Interpretation von P_j" gebraucht, dies
besonders dann, wenn der Zusammenhang zwischen der Sprache und
den Strukturen nicht durch die explizite Angabe der Signatur geregelt ist.

Für die Prädikatenlogik ist auch die Semantik komplizierter als
in der Aussagenlogik. Es seien jetzt alle Relationalsysteme von
einer vorgegebenen Signatur δ.

6. Def.: Sei $\mathscr{A}$ ein Relationalsystem; dann ist eine Belegung der
Variablen eine Abbildung u : Var $\rightarrow$ A.

Eine Belegung u läßt sich, da $Term$ absolut frei ist, auf genau
eine Weise zu einem Homomorphismus $\hat{u}$: $Term \rightarrow <A, <f_i^A \mid i \; \varepsilon \; I>>$
forsetzen.

7. Def.: Die Auswertungsfunktion v_u : $Form_o \rightarrow \{0,1\}$ von der Formelalgebra in die Boole'sche Algebra $\{0,1\}$ ist die Bewertungsfunktion, welche durch die folgende Festlegung
auf der erzeugenden Menge At eindeutig bestimmt ist:

(i) $\quad v_u(P_j(t_1,\ldots,t_{m_j})) = 1$ genau dann,

wenn $R_j^A(\hat{u}(t_1)\ldots,\hat{u}(t_{m_j}))$ gilt.

(ii) u erfüllt die Formel φ (in $\mathscr{A}$) genau dann, wenn
$v_u(\varphi) = 1$.

Etwas informell kann man sagen: die Interpretation der Funktions- und Prädikatszeichen bleibt fest, die der Variablen hingegen wird variiert.

8. Def.: (i) $\quad$ Eine Formel φ heißt wahr in einer Struktur $\mathscr{A}$, wenn sie von jeder Belegung in $\mathscr{A}$ erfüllt wird. $\mathscr{A}$ heißt dann auch Modell für φ.

(ii) $\quad \mathscr{A}$ heißt Modell für eine Formelmenge Σ genau dann, wenn $\mathscr{A}$ Modell für jedes $\varphi \; \varepsilon \; \Sigma$ ist.

Wir haben den Modellbegriff mit Hilfe der Boole'schen Algebra $\{0,1\}$ erklärt. Analog wie im aussagenlogischen Fall kann man $\{0,1\}$ auch hier wieder durch allgemeinere Verbände ersetzen, um so zu anderen Semantiken zu kommen. Wir werden dies später im Falle der Intuitionistischen Logik (mit den Heytingalgebren) durchführen. Wir beweisen jetzt noch, durch Zurückführung auf die Aussagenlogik, einen Kompaktheitssatz für die offene Prädikatenlogik. Dazu die folgende Definition:

9. Def.: (i) $\quad$ Für eine Abbildung ζ : Var $\to$ Term ist
$$\text{rep}_\zeta : \textit{Term} \to \textit{Term}$$
die eindeutig bestimmte homomorphe Fortsetzung von $\zeta \; (=\hat{\zeta})$.

(ii) $\quad$ Für Atomformeln ist rep_ζ durch $\text{rep}_\zeta(P(t_1,\ldots,t_n))$
$= P(\text{rep}_\zeta(t_1)\ldots\text{rep}(t_n))$ erklärt.

(iii) Auf Form_0 wird rep_ζ wieder homomorph fortgesetzt. Wir schreiben auf $\text{rep}(\zeta \mid \varphi)$ für $\text{rep}_\zeta(\varphi)$.

10. Def.: Es seien ξ , ζ: Var $\to$ Term zwei Abbildungen. Dann ist die Hintereinanderausführung $\xi \circ \zeta$ von ζ und ξ durch $\text{rep}(\xi \circ \zeta \mid \varphi) = \text{rep}(\xi \mid \text{rep}(\zeta) \mid t))$ für alle Terme t erklärt.

11. Satz: (Kompaktheitssatz für die offene Prädikatenlogik):

Sei Σ eine Formelmenge, so daß gilt:

a) Für alle ζ : Var $\to$ Term und alle $\varphi \; \varepsilon \; \Sigma$ ist $\mathrm{rep}(\zeta \mid \varphi) \; \varepsilon \; \Sigma$; und

b) Jede endliche Teilmenge $\Sigma_o \subseteq \Sigma$ hat ein Modell.

Dann hat Σ ein Modell.

Beweis: Wir ziehen uns auf den Kompaktheitssatz für die Aussagenlogik zurück. Die Voraussetzung impliziert insbesondere, daß Σ aussagenlogisch konsistent ist, und deshalb existiert eine aussagenlogische Bewertung v : $Form \to \{0,1\}$, so daß $v(\varphi) = 1$ für alle $\varphi \; \varepsilon \; \Sigma$ ist. Daraus konstruieren wir ein Modell $\mathscr{A}$ für Σ wie folgt: $\mathscr{A} = \langle \text{Term}, \langle f_i \mid i \; \varepsilon \; I \rangle, \langle R_j \mid j \; \varepsilon \; J \rangle\rangle$ mit $R_j(t_1,\dots,t_{m_j})$ genau dann, wenn $v(P_j(t_1,\dots,t_{m_j})) = 1$. Der algebraische Anteil von ist also gerade die Algebra $Term$. Nach Konstruktion gilt für die identische Belegung id: Var $\to$ Term: $v_{id}(\varphi) = v(\varphi)$ für alle Formeln φ, mithin $v_{id}(\varphi) = 1$ für alle $\varphi \; \varepsilon \; \Sigma$.

Wenn u : Var $\to$ Term nun eine beliebige Belegung in $\mathscr{A}$ ist, haben wir für alle φ: $v_u(\varphi) = v(\mathrm{rep}(u \mid \varphi))$, denn diese Gleichung gilt für alle $\varphi \; \varepsilon \;$ At; aus der Voraussetzung folgt dann, daß jede Belegung alle Formeln aus Σ erfüllt und somit $\mathscr{A}$ ein Modell für Σ ist.

3.2 Prädikatenlogik mit Quantoren; Substitutionen

Wir wollen jetzt die Sprache des letzten Abschnitts durch die Einführung der Quantoren $\forall$ ("für alle") und $\exists$ ("es gibt") erweitern. Die Formeln der bisher betrachteten Sprache L_o werden dann gerade die quantorenfreien ("offenen") Formeln werden. Es sei wieder $\delta = \langle\langle n_i \mid i \; \varepsilon \; I \rangle, \langle m_j \mid j \; \varepsilon \; J \rangle\rangle$ eine fest gegebene Signatur. Die Termalgebra $Term$ und die Menge At der Atomformeln werden wie im letzten Abschnitt erklärt. Die Formelalgebra $Form$ jedoch ist die absolut freie Algebra $Form = \langle \text{At}, \langle \vee, \wedge, \supset, \neg, \forall x_k, \exists x_k \mid k \; \varepsilon \; N \rangle\rangle$, wobei $\forall x_k$ und $\exists x_k$ für jedes $k \; \varepsilon \; N$ eine einstellige Operation ist. Diese Operationen in der Formelalgebra heißen auch All- oder Universal- bzw. Existenzquantoren. Die so erklärte Sprache bezeichnen wir gelegentlich mit $L(\delta)$ oder L.

Durch Induktion über den Schichtenaufbau von $Form$ erklären wir einige Begriffe über die in Formeln vorkommenden Variablen.

1. Def.: (i) Die Menge der in einem Term t vorkommenden Variablen Var(t) wird durch
$$\mathrm{Var}(x_k) = \{x_k\},$$
$$\mathrm{Var}(f_i(t_1,\dots,t_n)) = \mathrm{Var}(t_1) \cup \dots \cup \mathrm{Var}(t_{n_i})$$
erklärt.

(ii) Die Menge der in einer Formel φ vorkommenden Variablen Var(φ) wird durch
$$\mathrm{Var}(P_j(t_1,\dots,t_{m_j})) = \mathrm{Var}(t_1) \cup \dots \cup \mathrm{Var}(t_{m_j}),$$
$$\mathrm{Var}(\varphi\wedge\psi) = \mathrm{Var}(\varphi\vee\psi) = \mathrm{Var}(\varphi\supset\psi) = \mathrm{Var}(\varphi) \cup \mathrm{Var}(\psi),$$
$$\mathrm{Var}(\neg\varphi) = \mathrm{Var}(\varphi)$$
$$\mathrm{Var}(\exists x_k\varphi) = \mathrm{Var}(\forall x_k\varphi) = \mathrm{Var}(\varphi) \cup \{x_k\}$$
erklärt.

2. Def.: (i) Die Menge der in einer Formel φ frei vorkommenden Variablen fr(φ) wird durch
$$\mathrm{fr}(\varphi) = \mathrm{Var}(\varphi) \text{ für } \varphi \text{ atomar.}$$
$$\mathrm{fr}(\varphi\wedge\psi) = \mathrm{fr}(\varphi\vee\psi) = \mathrm{fr}(\varphi\supset\psi) = \mathrm{fr}(\varphi) \cup \mathrm{fr}(\psi),$$
$$\mathrm{fr}(\neg\varphi) = \mathrm{fr}(\varphi),$$
$$\mathrm{fr}(\forall x_k\varphi) = \mathrm{fr}(\exists x_k\varphi) = \mathrm{fr}(\varphi) \smallsetminus \{x_k\}.$$
erklärt.

(ii) Die Menge der in einer Formel φ gebunden vorkommenden Variablen bd(φ) wird durch
$$\mathrm{bd}(\varphi) = \emptyset \text{ für } \varphi \text{ atomar,}$$
$$\mathrm{bd}(\varphi\wedge\psi) = \mathrm{bd}(\varphi\vee\psi) = \mathrm{bd}(\varphi\supset\psi) = \mathrm{bd}(\varphi) \cup \mathrm{bd}(\psi),$$
$$\mathrm{bd}(\neg\varphi) = \mathrm{bd}(\varphi),$$
$$\mathrm{bd}(\forall x_k\varphi) = \mathrm{bd}(\exists x_k\varphi) = \mathrm{bd}(\varphi) \cup \{x_k\}$$
erklärt.

(iii) φ heißt offene Formel, wenn bd(φ) = $\emptyset$ und φ heißt Satz, wenn fr(φ) = $\emptyset$.

Offensichtlich gilt immer Var(φ) = fr(φ) $\cup$ bd(φ), jedoch ist im allgemeinen fr(φ) $\cap$ bd(φ) $\neq \emptyset$, wie das folgende Beispiel zeigt: In $P(x_3) \wedge \forall x_3 (P(x_3))$ ist x_3 sowohl gebunden wie auch frei. Eine Formel φ heißt Teilformel von ψ, wenn φ ein Teil von ψ (als Elemente der absolut freien Algebra gesehen) ist. Auch die Ersetzungsoperation rep soll auf die Formeln mit Quantoren erweitert werden. Die Intention ist jedoch hier, keine gebundenen Variablen zu ersetzen. Sei also ζ : Var → Term eine Abbildung.

3. Def.: rep_ζ : *Form* → *Form* wird erklärt durch:

    (i)   Für Atomformeln wie bisher;

    (ii)   für die aussagenlogischen Verknüpfungen wird rep_ζ homomorph fortgesetzt;

    (iii)   falls $\varphi = Qx_k\psi$, $Q \; \varepsilon \; \{\forall,\exists\}$ ist, sei

$$\text{rep}_\zeta(\varphi) = Qx_k \, \text{rep}_{\zeta'}(\psi)$$

$$\text{mit } \zeta'(x_1) = \begin{cases} x_k & \text{für } x_1 = x_k \\ \zeta(x_1) & \text{für } x_1 \neq x_k. \end{cases}$$

Für $\text{rep}_\zeta(\varphi)$ wird auch wieder $\text{rep}(\zeta|\varphi)$ geschrieben. Für die soeben erklärte Operation die Bezeichnung "rep" zu wählen, kann nicht zu Mißverständnissen führen, da sie für die offene Prädikatenlogik mit der im letzten Abschnitt erklärten Operation übereinstimmt.

Als nächstes erklären wir eine Semantik (und zwar die Semantik der klassischen Logik) für unsere Sprache. Zugrunde gelegt wird wieder die Boole'sche Algebra $\{0,1\}$. Sei $\mathcal{A}$ eine Struktur (der Signatur δ).

4. Def.: Seien u, u' zwei Belegungen Var → A. Dann bedeutet
$$u =_{x_k} u', \text{ daß } u(x_j) = u'(x_j) \text{ für alle } j \neq k.$$

5. Def.: (i)   Für eine Belegung u in $\mathcal{A}$ wird die Auswertungsfunktion v_u wie folgt durch Induktion über den Schichtenaufbau von *Form* erklärt:

    a) $v_u(P_j(t_1,\ldots,t_{m_j})) = 1$ genau dann, wenn
$$R_j^A(u(t_1),\ldots,u(t_{m_j}));$$

    b) für die aussagenlogische Operationen wird v_u homomorph fortgesetzt.

    c) $v_u(\forall x_k\varphi) = 1$ genau dann, wenn $v_{u'}(\varphi) = 1$ für alle u' mit $u =_{x_k} u'$;

      (d.h. $v_u(\forall x_k\varphi) = \prod(v_{u'}(\varphi) \mid u =_{x_k} u')$).

    d) $v_u(\exists x_k\varphi) = 1$ genau dann, wenn ein u' mit $u =_{x_k} u'$

$$\text{und } v_{u'}(\varphi) = 1 \text{ existiert} \quad (\text{d.h. } v_u(\exists x_k \varphi) =$$
$$\bigsqcup (v_{u'}(\varphi) \mid u =_{x_k} u').$$

(ii)   u erfüllt φ (in $\mathscr{A}$), falls $v_u(\varphi) = 1$.

(iii) φ ist wahr in $\mathscr{A}$, falls φ von allen Belegungen erfüllt wird. $\mathscr{A}$ heißt dann auch Modell für φ. $\mathscr{A}$ heißt Modell für Σ, falls $\mathscr{A}$ Modell für alle $\varphi \ \varepsilon \ \Sigma$ ist.

(iv) φ ist falsch in $\mathscr{A}$, wenn keine Belegung in $\mathscr{A}$ die Formel φ erfüllt.

Für offene Formeln stimmt diese Definition mit der im letzten Abschnitt gegebenen überein. Man macht sich auch leicht klar, daß diese Wahrheitsdefinition die (klassische) intuitive Vorstellung genau trifft.

Entsprechend wie in der Aussagenlogik erklären wir noch einige Begriffe:

6. Def.: (i)   Eine Formel φ heißt Tautologie, wenn φ in allen Strukturen wahr ist.

(ii)   Eine Formelmenge Σ heißt erfüllbar, wenn eine Struktur $\mathscr{A}$ und eine Belegung u in $\mathscr{A}$ existiert, welche alle Formeln aus Σ erfüllt.

(iii)   Eine Formelmenge φ heißt widerspruchsvoll, wenn Σ nicht erfüllbar ist.

Man sieht, daß eine Formel φ in einer Struktur $\mathscr{A}$ weder wahr noch falsch sein muß, nämlich dann, wenn manche Belegungen φ erfüllen und andere nicht.

Der nächste Satz besagt, daß die Situation für Sätze übersichtlicher wird, weil es bei dem Erfüllen nur auf die freien Variablen ankommt.

7. Satz: Wenn eine Belegung u eine Formel φ in $\mathscr{A}$ erfüllt, dann erfüllt auch jede andere Belegung u' in $\mathscr{A}$ mit $u =_{x_k} u'$ für alle $x_k \ \varepsilon \ fr(\varphi)$ die Formel φ.

Beweis: Wir führen den Beweis durch Induktion über den Schichtenaufbau von *Form*. Für Atomformeln ist die Behauptung klar. Der

Schritt für die aussagenlogischen Operationen ist ebenfalls trivial, und bei der Quantifizierung $\forall x_k \varphi$ bzw. $\exists x_k \varphi$ sieht man auch sofort, daß es auf den Wert von u an der Stelle x_k nicht ankommt.

Korollar: Sätze sind in einer Struktur entweder wahr oder falsch.

Als nächstes erklären wir den semantischen Folgerungsbegriff:

8. Def.: Eine Formelmenge Σ impliziert eine Formel φ semantisch, (notiert durch $\Sigma \models \varphi$), falls jedes Modell $\mathscr{A}$ für Σ auch Modell für φ ist.

Wir könnten hier auch einen zweiten Folgerungsoperator erklären, nämlich: "jede Belegung, welche alle Formeln aus Σ erfüllt, erfüllt auch φ". Falls φ ein Satz ist, würde jedoch dieser Operator mit " $\models$ " zusammenfallen.
Unser nächstes großes Ziel ist die Axiomatisierung des semantischen Folgerungsoperators. Zu diesem Zwecke werden wir uns zunächst etwas näher mit den semantischen Auswirkungen von Ersetzungen von Variablen durch Terme befassen müssen.
Wenn $\mathscr{A}$ eine Struktur, $u = \text{Var} \to A$ eine Belegung und $\zeta : \text{Var} \to \text{Term}$ eine Abbildung ist, dann können wir für eine Formel die beiden Auswertungen $v_{\hat{u} \circ \zeta}(\varphi)$ und $v_u(\zeta \mid \varphi)$ betrachten. Wie das nächste Beispiel zeigt, können diese jedoch verschieden sein. Wir betrachten das Relationalsystem $\mathscr{A} = \langle N, R_1, R_2 \rangle$ mit $R_1 = \{n \in N \mid n \text{ gerade}\}$ und $R_2 = \{n \in N \mid n \text{ ungerade}\}$, die Formel $\varphi : \exists x_2 (P_1(x_1) \wedge P_2(x_2))$, die Abbildung

$$\zeta(x_k) = \begin{cases} x_2 & \text{für } x_k = x_1 \\ x_k & \text{sonst} \end{cases}$$

sowie die Belegung $u : \text{Var} \to N$, $u(x_k) = k$. Dann ist $\hat{u} \circ \zeta(x_1) = u \circ \zeta(x_1) = 1$, daher erfüllt $u \circ \zeta$ die Formel φ. Hingegen ist $\text{rep}(\zeta \mid \varphi)$ die Formel $\exists x_2 (P_1(x_2) \wedge P_2(x_2))$, welche in $\mathscr{A}$ von keiner Belegung erfüllt wird. Dieses Beispiel soll die folgenden Definitionen und Sätze motivieren, die von W.Felscher (vgl.[Fe 1]) stammen.

9. Def.: Eine Abbildung $\zeta : \text{Var} \to \text{Term}$ und eine Formel φ heißen verträglich, wenn für jede Belegung u
$$v_u(\text{rep}(\zeta \mid \varphi)) = v_{\hat{u} \circ \zeta}(\varphi)$$
gilt.

10. Satz: Wenn für jede Teilformel χ von φ der Gestalt $\forall x_k \psi$ oder
$\exists x_k \psi$ und für alle $x_l \; \varepsilon \; fr(\chi)$

$$x_k \notin Var(\zeta(x_l))$$

gilt, dann sind ζ und φ verträglich.

Beweis: Sei u eine Belegung. Wir beweisen die Behauptung durch Induktion über den Schichtenaufbau von *Form*. Die Voraussetzung trifft genau dann auf eine Formel φ zu, wenn sie auf jede Teilformel von φ zutrifft.

Für Atomformeln φ stimmt die Behauptung deshalb, weil die Werte von $v_u(rep(\zeta \mid \varphi))$ und $v_{\hat{u} \circ \zeta}(\varphi)$ allein durch die Belegung der Terme bestimmt ist; diese hängt aber nur von der Belegung der Variablen ab, welche in beiden Fällen die gleiche ist. Für die aussagenlogischen Verknüpfungen folgt die Behauptung daraus, daß die Auswertungsfunktionen eindeutig bestimmte homomorphe Fortsetzungen sind. Betrachten wir nun den Fall, daß φ die Formel $Qx_k \psi$ mit $Q \; \varepsilon \; \{\forall, \exists\}$ ist:

$$
\begin{aligned}
v_u(rep(\zeta \mid \forall x_k \psi)) &= v_u(\forall x_k \, rep(\zeta' \mid \psi)), \quad \zeta' =_{x_k} \zeta, \quad \zeta'(x_k) = x_k; \\
&= \textstyle\prod (v_{u'}(rep(\zeta' \mid \psi)) \mid u =_{x_k} u') \\
&= \textstyle\prod (v_{\hat{u}' \circ \zeta'}(\psi) \mid u =_{x_k} u') \text{ nach Induktionsannahme} \\
&= \textstyle\prod (v_{u'}(\psi) \mid u' =_{x_k} \hat{u} \circ \zeta) \\
&= v_{\hat{u} \circ \zeta}(\forall x_k \psi).
\end{aligned}
$$

Entsprechendes gilt, wenn $Q = \exists$ ist.

Um eine verträgliche Ersetzung zu erreichen, sind wir, wie der letzte Satz zeigt, eventuell gezwungen, gebundene Variable umzubenennen. Für spätere Anwendungen wird diese Prozedur etwas allgemeiner erklärt, als es im Moment nötig wäre.

11. Def.: Für $Y \subseteq Var$, $Y \neq Var$, $\zeta: Var \to Term$ und φ Formel sei
$n(\zeta, Y, \varphi) = j_o$ mit
$$j_o = \min(j \mid x_j \notin fr(\varphi) \cup Y \cup Var(\zeta(x)) \text{ f.a. } x \; \varepsilon \; fr(\varphi)).$$

12. Def.: Für $\zeta: Var \to Term$, $Y \subseteq Var$, Y endlich sei
$tut_{\zeta, Y}: Form \to Form$ induktiv erklärt durch:
(i) $tut_{\zeta, Y}(\varphi) = \varphi$ für $\varphi \; \varepsilon \; At$;
(ii)   für die aussagenlogischen Verknüpfungen sei $tut_{\zeta, Y}$ homomorph fortgesetzt;
(iii)   für $Q \; \varepsilon \; \{\forall, \exists\}$ sei
$$tut_{\zeta, Y}(Qx_k \varphi) = Qx_j \, tut_{\zeta, Y}(rep(\zeta_{k,j} \mid \varphi))$$

$$\text{mit } j = n(\zeta, Y, \varphi)$$

$$\text{und } \zeta_{k,j}(x_1) = \begin{cases} x_j & \text{für } k = 1 \\ x_1 & \text{sonst.} \end{cases}$$

Wir schreiben $\mathrm{tut}(\zeta, Y, \varphi)$ für $\mathrm{tut}_{\zeta, Y}(\varphi)$. Der nächste Satz sagt uns, daß "tut" die gewünschte Umbenennung vornimmt.

13. Satz: Für alle ζ, alle $Y \subseteq \mathrm{Var}$, Y endlich, alle φ und alle Belegungen u in ein beliebiges $\mathscr{A}$ gilt:

(i) $\quad v_u(\varphi) = v_u(\mathrm{tut}(\zeta, Y, \varphi))$;

(ii) $\quad \mathrm{fr}(\varphi) = \mathrm{fr}(\mathrm{tut}(\zeta, Y, \varphi))$;

(iii) ζ und $\mathrm{tut}(\zeta, Y, \varphi)$ sind verträglich.

Beweis: Wir beweisen die Behauptung durch Induktion über den Schichtenaufbau von *Form*. Der Induktionsanfang, $\varphi \in \mathrm{At}$, sowie der Fall der aussagenlogischen Verknüpfungen ist in allen drei Fällen trivial, so daß nur der Schritt mit einem Quantor zu betrachten bleibt. Wir untersuchen den Fall $\varphi - \forall x_k \psi$, der andere Fall mit dem Existenzquantor ist ganz analog; dabei benutzen wir die Bezeichnungen wie in der Definition von "tut".

Zu (i): $v_u(\mathrm{tut}(\zeta, Y, \forall x_k \psi)) = v_u(\forall x_j\ \mathrm{tut}(\zeta, Y, \mathrm{rep}(\zeta_{k,j} \mid \psi)))$

$\qquad - \prod(v_{u'}, (\mathrm{tut}(\zeta, Y, \mathrm{rep}(\zeta_{k,j} \mid \psi))) \mid u =_{x_j} u')$

$\qquad = \prod(v_{u'}, (\mathrm{rep}(\zeta_{k,j} \mid \psi)) \mid u =_{x_j} u')$

$\qquad = \prod(v_{u' \circ \zeta_{k,j}}(\psi) \mid u =_{x_j} u')$, da $\zeta_{k,j}$ und ψ verträglich;

$\qquad = \prod(v_{u'}(\psi) \mid u =_{x_k} u')$

$\qquad = v_u(x_k \psi)$.

Zu (ii): $\mathrm{fr}(\mathrm{tut}(\zeta, Y, \forall x_k \psi)) = \mathrm{fr}(\mathrm{tut}(\zeta, Y, \mathrm{rep}(\zeta_{k,j} \mid \psi))) \setminus \{x_j\}$

$\qquad = \mathrm{fr}(\mathrm{rep}(\zeta_{k,j} \mid \psi)) \setminus \{x_j\}$ nach Induktionsannahme;

$\qquad = \mathrm{fr}(\psi) \setminus \{x_k\}$

$\qquad = \mathrm{fr}(\forall x_k \psi)$.

Zu (iii): Wir zeigen, daß für keine Subformel χ der Gestalt $Q x_k\ \psi'$, $Q \in \{\forall, \exists\}$, von $\mathrm{tut}(\zeta, Y, \forall x_k \psi)$ eine Variable $x_1 \in \mathrm{fr}(\chi)$ mit $x_k \in \mathrm{Var}(\zeta(x_1))$ existiert. Dies folgt aber wiederum durch Induktion sofort aus der Definition von "tut".

Nun können wir die gesuchte Substitution erklären:

14. Def.: Sei ζ eine Abbildung $\mathrm{Var} \to \mathrm{Term}$, $Y \subseteq \mathrm{Var}$, Y endlich, eine Formel.

$$\text{(i)} \quad sub(\zeta, Y, \varphi) = rep(\zeta \mid tut(\zeta, Y, \varphi));$$

$$\text{(ii)} \quad sub(\zeta \mid \varphi) = sub(\zeta, \emptyset, \varphi).$$

Eine Anwendung des letzten Satzes besagt dann, daß für jede Belegung u in eine Struktur $\mathscr{A}$

$$v_{\hat{u} \circ \zeta}(\varphi) = v_u(sub(\zeta \mid \varphi))$$

gilt. Zusammenfassend kann man sagen: rep ersetzt für die freien Variablen, tut numeriert die gebundenen Variablen bei Unverträglichkeiten um und sub kombiniert dies beides.

15. Def.: Ein Term t kommt in einem Term s (bzw. in einer Formel φ) vor, wenn ein Term s' (bzw. eine Formel φ') und eine Variable $x_k \in Var(s')$ (bzw. $x_k \in fr(\varphi')$) und eine Substitution ξ mit $\xi(x_k) = t$ existieren, so daß $s = rep(\xi \mid s')$ (bzw. $\varphi = sub(\xi \mid \varphi'))$ ist.

Im weiteren Verlauf werden wir auch häufig beliebige Abbildungen Var $\rightarrow$ Term einfach Substitutionen nennen.

3.3 Der Gödel'sche Vollständigkeitssatz

Wir haben nun alle Vorbereitungen getroffen, um den semantischen Ableitungsoperator " $\models$ " zu axiomatisieren.

1. Def.: (i) Der Hilberttypkalkül für die klassische Logik wird durch folgende Axiome und Regeln erklärt:

I. Axiome sind:

a) die Axiome (A1) - (A13) aus der klassischen Aussagenlogik;

b) alle Formeln der Gestalt

(A14) $(\forall x_k \varphi) \supset sub(\zeta \mid \varphi)$, wobei $\zeta =_{x_k} id$ (d.h. ζ ersetzt höchstens für x_k etwas);

(A15) $\exists x_k \varphi \supset \neg \forall x_k \neg \varphi$, $\neg \forall x_k \neg \varphi \supset \exists x_k \varphi$.

(A16) $sub(id \mid \varphi) \supset \varphi$.

II. Regeln sind:

a) Der Modus ponens;

b) $\dfrac{\varphi \supset sub(\zeta_{k,1} \mid \psi)}{\varphi \supset \forall x_k \psi}$ $\qquad$ wobei $\zeta_{k,1}(x_j) = \begin{cases} x_1 & \text{für } j=k \\ x_j & \text{sonst} \end{cases}$

$$\text{und } x_1 \notin \text{Var}(\psi) \cup \text{fr}(\varphi)$$

("$\forall$-Einführungsregel")

c) $\dfrac{\varphi}{\text{sub}(\,\zeta\mid\varphi\,)}$ \qquad für alle ζ .

(ii) Der durch (i) eingeführte Ableitungsoperator wird
wieder mit "$\vdash$" bezeichnet (was nicht zu Mißverständnissen führt, denn er ist eine Erweiterung
des früher eingeführten aussagenlogischen Opera-
tors). Der Begriff der Ableitung wird wie früher
in der Aussagenlogik erklärt.

2. Satz: Der Operator "$\vdash$" ist korrekt.

Beweis: Wir zeigen die Behauptung durch Induktion über die Länge
der Ableitung. Dabei können wir uns auf die neu eingeführten
Axiome und Regeln beschränken. (A14) ist in jeder Struktur $\mathcal{A}$ wahr,
denn für eine Belegung u, welche $\forall x_k \varphi$ erfüllt, ist $v_u(\text{sub}(\zeta\mid\varphi)$
$= v_{\hat{u}\circ\zeta}(\varphi)$, da aber $\zeta =_{x_k} \text{id}$, ist $\hat{u}\circ\zeta =_{x_k} u$, woraus $v_{\hat{u}\circ\zeta}(\varphi) = 1$
folgt.

Man überzeugt sich weiter leicht davon, daß die beiden Axiome von
(A15) für jedes φ Tautologien liefern, ebenso für (A16) über die
Definition von "sub".

Es sei nun die Prämisse einer Anwendung der $\forall$-Einführungsregel
wahr in einer Struktur $\mathcal{A}$, d.h. sie werde von jeder Belegung u in
$\mathcal{A}$ erfüllt. Wenn die Konklusion von einer Belegung u in $\mathcal{A}$ nicht
erfüllt würde, so bedeutete das:

$v_u(\varphi) = 1$ und es existiert u' mit u' $=_{x_k}$ u, so daß $v_{u'}(\psi) = 0$.
Wir setzen dann

$$u''(x_j) = \left\{ \begin{array}{l} u'(x_k) \text{ für } x_j = x_1 \\[2mm] u(x_j) \text{ sonst} \end{array} \right.$$

und erhalten

$$0 = v_{u'}(\psi) = v_{\hat{u}''\circ\,\zeta_{k,1}}(\psi) = v_{u''}(\text{sub}(\zeta_{k,1}\mid\psi)).$$

Da aber $u'' =_{x_1} u$ und $x_1 \notin \text{Var}(\psi) \cup \text{fr}(\varphi)$, gilt $v_{u''}(\varphi) = 1$,
$v_{u''}(\psi) = 0$ und $x_1 \neq x_k$, ein Widerspruch.

3. Def.: Σ heißt konsistent, falls $\Sigma \vdash \varphi \wedge \neg\varphi$ für kein φ gilt.

Der Satz, daß eine konsistente Menge von Sätzen ein Modell hat, ist komplizierter als sein aussagenlogisches Analogon, da wir uns nicht nur eine gewisse Bewertung, sondern ein Modell schaffen müssen. Im Prinzip gehen wir jedoch wie früher vor, und der Beweis motiviert wieder die Wahl unserer Axiome und Regeln. Von einem gewissen Standpunkt aus läßt sich der $\forall$-Quantor als ein verallgemeinertes "$\wedge$", der $\exists$-Quantor als ein verallgemeinertes "$\vee$" auffassen (nämlich über ihre semantische Bedeutung als Infima bzw. Suprema in der Algebra der Wahrheitswerte, nicht jedoch als "unendliche Konjunktion" bzw. als "unendliche Disjunktion", da die Quantoren dann eine feste unendliche Stellenzahl haben müßten). In diesem Sinne ist dann (A14) das Analogon zu (A7) und die $\forall$-Einführungsregel entspricht (A8), (aussagenlogisch genügt aber ein Axiom, da eine Konjunktion nur zwei Glieder hat); (A15) entspricht dem aussagenlogischen Zusammenhang zwischen $\wedge, \vee$ und $\neg$ und gilt natürlich i.a. nur klassisch. (A16) hat technischen Charakter . Seien φ, ψ Formeln und Σ eine Formelmenge.

4. Def.: (i) $\varphi \approx \psi$ genau dann, wenn $\vdash \varphi \supset \psi$ und $\vdash \psi \supset \varphi$

(ii) $\varphi \approx_\Sigma \psi$ genau dann, wenn $\Sigma \vdash \varphi \supset \psi$ und $\Sigma \vdash \psi \supset \varphi$.

Von unseren früheren Überlegungen aus der Aussagenlogik wissen wir, daß $Form/{\approx_\Sigma}$ eine Boole'sche Algebra ist (die "Lindenbaumalgebra von Σ"), in der die Eins gerade die Restklasse der aus Σ ableitbaren Formel ist.

5. Satz: In $Form/{\approx_\Sigma}$ gilt $[\forall x_k \varphi]_{\approx_\Sigma} = \bigsqcap ([\mathrm{sub}(\zeta|\varphi)]_{\approx_\Sigma} \mid \zeta =_{x_k} \mathrm{id})$.

Beweis: (A14) besagt gerade, daß $[\forall x_k \varphi]_{\approx_\Sigma}$ eine untere Schranke der Menge $\{[\mathrm{sub}(\zeta|\varphi)]_{\approx_\Sigma} \mid \zeta =_{x_k} \mathrm{id}\}$ ist. Falls ψ eine weitere untere Schranke ist, gilt insbesondere $\Sigma \vdash \psi \supset \mathrm{sub}(\zeta_{k,l} \mid \varphi)$ für $l = \min(l'| l' \notin \mathrm{Var}(\varphi) \cup \mathrm{fr}(\psi))$.
Die Anwendung der $\forall$-Einführungsregel liefert dann

$$\Sigma \vdash \psi \supset \forall x_k \varphi,$$

$$\text{d.h. } [\psi]_{\approx_\Sigma} \leq [\forall x_k \varphi]_{\approx_\Sigma}.$$

Die im letzten Satz betrachteten Infima nennen wir die durch die Allquantoren vorgegebenen Infima. Es habe $Form/{\approx_\Sigma}$ mindestens zwei

Elemente und es sei J_0 ein Primideal in $\text{Form}/\approx_\Sigma$, welches die durch die Allquantoren vorgegebenen Infima erhält.

6. Def.: Die kanonische Struktur $\mathscr{A}$ von Σ bezüglich J_0 wird wie folgt erklärt:

    (i)   Die Trägermenge ist die Menge Term der Terme;

    (ii)   die Operationen sind die von *Term* (der algebraische Teil von $\mathscr{A}$ ist also gerade die Algebra *Term*);

    (iii) die Relationen R_j^A, $j \, \varepsilon \, J$, sind erklärt durch

$$R_j^A(t_1, \ldots, t_{m_j}) \text{ genau dann, wenn}$$

$$[P_j(t_1, \ldots, t_{m_j})]_{\approx_\Sigma} \notin J_0$$

$$(\text{d.h. } [[P_j(t_1, \ldots, t_{m_j}]_{\approx_\Sigma}]_{J_0} = 1 \text{ in } Form/_{\approx_\Sigma}/_{J_0}).$$

7. Satz: Für jede Formel φ und jede Belegung u in die kanonische Struktur gilt

$$v_u(\varphi) = 1 \text{ genau dann, wenn } [\text{sub}(u \mid \varphi)]_{\approx_\Sigma} \notin J_0.$$

Beweis: Da die Belegungen u in diesem Falle Abbildungen Var→Term sind, ist es sinnvoll, von $\text{sub}(u \mid \varphi)$ zu sprechen. Zuerst einmal ersetzen wir jede Formel φ durch eine semantisch äquivalente Formel φ' ohne Existenzquantoren, und zwar wie durch (A15) angegeben. Dies läßt sich ohne Schwierigkeiten induktiv erklären, und es ist dann $[\varphi]_{\approx_\Sigma} = [\varphi']_{\approx_\Sigma}$.

Für die Formeln ohne ∃-Quantoren führen wir den Beweis durch Induktion über den Schichtenaufbau.

Für atomare Formeln ist die Behauptung gerade die Erfüllungsdefinition. Es gelte die Behauptung für φ. Dann sind äquivalent:

$$v_u(\neg\varphi) = 1$$
$$v_u(\varphi) = 0$$
$$[\text{sub}(u \mid \varphi]_{\approx_\Sigma} \varepsilon \, J_0$$
$$-[\text{sub}(u \mid \varphi]_{\approx_\Sigma} = [\text{sub}(u \mid \neg\varphi]_{\approx_\Sigma} \notin J_0 .$$

Ganz entsprechend ist der Schritt für die anderen aussagenlogischen Verknüpfungen. Für den Allquantor betrachten wir die folgenden äquivalenten Aussagen:

$$v_u(\forall x_k \varphi) = 1 \; ;$$
$$v_{u'}(\varphi) = 1 \text{ für alle } u' \text{ mit } u' =_{x_k} u \; ;$$

$$[\mathrm{sub}(u' \mid \varphi)]_{\approx_\Sigma} \notin J_o \quad \text{für alle } u' \text{ mit } u =_{x_k} u' \quad ;$$

$$\bigsqcup_{u' =_{x_k} u} [\mathrm{sub}(u' \mid \varphi]_{\approx_\Sigma} = \bigsqcap(\ \mathrm{sub}(\zeta \mid \mathrm{sub}(u' \mid \varphi))]_{\approx_\Sigma} \mid \zeta =_{x_k} \mathrm{id},\ u' =_{x_k} u) \notin J_o ;$$

$$[\forall x_k \varphi]_{\approx_\Sigma} \notin J_o \quad .$$

Dabei gilt die letzte Äquivalenz, weil J_o die durch die Allquanto-ren vorgegebene Infima erhält.

Aus der Definition der Erfüllungsbeziehung sieht man, daß freie Variablen, was die Wahrheit in einer Struktur angeht, so wie $\forall$-quantifizierte Variable behandelt werden. Das wird präzisiert durch:

8. Def.: (i) Für eine Formel φ sei

$$\varphi_0 = \varphi,$$

$$\varphi_{n+1} = \begin{cases} \forall x_k \varphi_n, & k = \min(k' \mid x_{k'} \varepsilon \mathrm{fr}(\varphi_n), \text{falls } \mathrm{fr}(\varphi_n) \neq \emptyset \\ \varphi_n & \text{sonst.} \end{cases}$$

(ii) $\forall \varphi = \varphi_{n_0}$ mit $n_0 = \min(n \mid \varphi_n = \varphi_{n+1})$

$\forall \varphi$ heißt die universelle Hülle von φ. (Dies ist sinnvoll, denn $\mathrm{fr}(\varphi)$ ist endlich)

9. Satz: In einer Struktur ist φ genau dann wahr, wenn $\forall \varphi$ dort wahr ist.

Beweis: Eine leichte Induktion gemäß der Definition von $\forall \varphi$.

10. Satz: Es ist $[\varphi]_{\approx_\Sigma} = 1$ genau dann, wenn $[\forall \varphi]_{\approx_\Sigma} = 1$.

Beweis: Wählen wir $x_1 \notin \mathrm{Var}(\varphi)$, dann ist für $x_k \ \varepsilon\ \mathrm{fr}(\varphi)$ wegen Regel (c) $\varphi \vdash \mathrm{sub}(\zeta_{k,1} \mid \varphi)$. Aus $[\varphi]_{\approx_\Sigma} = 1$ folgt somit $[\mathrm{sub}(\zeta_{k,1} \mid \varphi]_{\approx_\Sigma} = 1$ und somit $\Sigma \vdash \varphi \supset \mathrm{sub}(\zeta_{k,1} \mid \varphi)$.

Mit Hilfe der $\forall$-Einführungsregel und des Modus ponens erhalten wir dann auch $[\forall x_k \varphi]_{\approx_\Sigma} = 1$. Da andererseits gilt

$\vdash \forall x_k \varphi \supset \mathrm{sub}(\mathrm{id} \mid \varphi)$, erhalten wir mit Hilfe von (A16) ganz allgemein $[\forall x_j \varphi]_{\approx_\Sigma} \leq [\varphi]_{\approx_\Sigma}$.

Wir haben jetzt alles vorbereitet, um den wichtigsten Satz der

Prädikatenlogik zu beweisen.

Für den Rest dieses Kapitels setzen wir generell voraus, daß die Signatur δ und damit die Sprache abzählbar ist.

11. Gödel'scher Vollständigkeitssatz:

(i) Eine konsistente Menge Σ von Formeln hat ein Modell.

(ii) Der semantische Folgerungsoperator $\models$ und der syntaktische Ableitungsoperator $\vdash$ stimmen überein.

Beweis: Aus der Abzählbarkeitsvoraussetzung ergibt sich, daß $Form/_{\approx_\Sigma}$ abzählbar ist. Wenn Σ eine konsistente Menge von Sätzen ist, hat $Form/_{\approx_\Sigma}$ mindestens zwei Elemente, und daher existiert nach dem Lemma von Rasiowa-Sikorski ein Primideal J, welches die durch die $\forall$-Quantoren vorgegebenen Infima erhält. In der kanonischen Struktur von Σ bezüglich J sind alle Sätze aus Σ wahr, denn betrachten wir eine Belegung u:

$$v_u(\varphi) = 1 \text{ genau dann, wenn } [\mathrm{sub}(u \mid \varphi)]_{\approx_\Sigma} \notin J.$$

Es ist aber $[\varphi]_{\approx_\Sigma} = 1$ und wegen Regel (c) auch $[\mathrm{sub}(u \mid \varphi)]_{\approx_\Sigma} = 1$. Damit ist (i) bewiesen.

Um (ii) zu zeigen, genügt es zu zeigen, daß $\Sigma \models \varphi$ die Beziehung $\Sigma \vdash \varphi$ impliziert, denn die Korrektheit von "$\vdash$" haben wir schon gezeigt. Wenn $\Sigma \vdash \varphi$ nicht gilt, dann ist $[\varphi]_{\approx_\Sigma} \neq 1$ und daher $[\forall\varphi]_{\approx_\Sigma} \neq 1$ in $Form/_{\approx_\Sigma}$ und nach Lemma von Rasiowa-Sikorski existiert wieder ein Primideal J, welches die durch die $\forall$-Quantoren vorgegebene Infima erhält und für das außerdem $[\varphi]_{\approx_\Sigma} \in J$ gilt.

Die kanonische Struktur ist dann wie eben wieder ein Modell für Σ. Da $[\varphi]_{\approx_\Sigma} \geq [\forall\varphi]_{\approx_\Sigma} = [\mathrm{sub}(\mathrm{id} \mid \forall\varphi)]_{\approx_\Sigma}$ ist, erfüllt die identische Belegung $\forall\varphi$ nicht, und weil $\forall\varphi$ ein Satz ist, ist $\forall\varphi$ falsch und damit φ nicht wahr.

Daher gilt $\Sigma \models \varphi$ nicht und die Behauptung ist bewiesen.

Wie in der Aussagenlogik erhalten wir auch noch:

12. Satz: Es sind gleichwertig:

(i) Σ ist erfüllbar.

(ii) Σ ist konsistent.

(iii) $\{\varphi \mid \Sigma \models \varphi\} \neq Form.$

Ferner erhalten wir:

13. Kompaktheitssatz: Wenn Σ eine Menge von Sätzen ist, so daß
jede endliche Teilmenge $\Sigma_o \subseteq \Sigma$ ein Modell
hat, dann hat Σ ein Modell.

Die Übertragung des Deduktionstheorems muß mit Vorsicht angefaßt
werden.

14. Deduktionstheorem für die Prädikatenlogik:
Sei $\Sigma \cup \{\varphi\} \cup \{\psi\}$ eine Menge von Sätzen. Dann gilt
$\Sigma \cup \{\psi\} \vdash \varphi$ genau dann, wenn $\Sigma \vdash \psi \supset \varphi$ gilt.
Beweis: Die eine Richtung ist der Modus ponens. Wenn $\Sigma \vdash \varphi$, exi-
stieren $\psi_1, \ldots, \psi_n \in \Sigma$ und $\{\psi_1, \ldots, \psi_n\} \cup \{\psi\} \vdash \varphi$, d.h. in allen
Strukturen $\mathscr{A}$, in denen $\psi_1, \ldots, \psi_n$ und ψ wahr ist, ist auch φ wahr.
Da wir Sätze haben, hängt die Wahrheit nicht von der speziellen
Belegung ab und daher ist $(\psi_1 \wedge \ldots \wedge \psi_n) \supset (\psi \supset \varphi)$ eine Tautolo-
gie und somit gilt $\Sigma \vdash \psi \supset \varphi$.

Für Formeln mit freien Variablen ist das Deduktionstheorem hingegen falsch, wie das folgende Beispiel zeigt:
Es gilt $P(x_1) \vdash P(x_2)$, hingegen ist $P(x_1) \supset P(x_2)$ keine Tautologie. (Man mache sich dies Beispiel einmal semantisch klar!)
Zum Abschluß sei bemerkt, daß sich die hier gemachte Abzählbarkeitsvoraussetzung der Sprache vermeiden läßt. Der Beweis wird
dann etwas komplizierter, da man in der Konstruktion des kanonischen Modelles das durch das Lemma von Rasiowa-Sikorski (für das
die Abzählbarkeitsvoraussetzung nicht weggelassen werden kann)
garantierte Prim- (= maximale) Ideal nicht mehr benutzen kann
und sich dieses Modell durch einen anderen Maximalisierungspro-
zeß verschaffen muß. Wir skizzieren hier ganz kurz einen solchen
Prozeß. Um den Wahrheitswert einer Atomformel $P_j(t_1, \ldots, t_{m_j})$
festzulegen, haben wir ausgenutzt, daß entweder
$[P_j(t_1, \ldots, t_{m_j})]_{\approx_\Sigma} \in J$ oder $[\neg\, P_j(t_1, \ldots, t_{m_j})]_{\approx_\Sigma} \in J$ war. Wir
könnten dies auch dadurch ersetzen, daß wir Σ zu einer maximal
konsistenten Formelmenge Σ aufblasen, für die wir dann
$P_j(t_1, \ldots, t_{m_j}) \in \Sigma$ oder $\neg\, P_j(t_1, \ldots, t_{m_j}) \in \Sigma$ beweisen. Die zwei-

te zu umschiffende Klippe ist, daß für jede Existenzformel $\exists x_k \psi \ \varepsilon \ \Sigma$ ein Term t im Termmodell existieren muß, so daß $\mathrm{sub}(\zeta \mid \psi) \ \varepsilon \ \Sigma$, $\zeta =_{x_k} \mathrm{id}$, $\zeta(x_k) = t$ gilt. Dies wurde bei uns dadurch erreicht, daß J die durch die Allquantoren vorgegebene Infima erhält. Man könnte es auch durch eine Aufblähung der Sprache mit neuen Konstantensymbolen und einer entsprechenden Erweiterung von Σ zu einem Σ' erreichen. Das Problem bei diesen zwei Erweiterungsprozessen ist, daß bei einer Hintereinanderanwendung der zweite den Effekt des ersten teilweise zunichte machen kann. Wenn man diese beiden Operationen in abwechselnder Reihenfolge unendlich oft anwendet und dann zur Vereinigung übergeht, so läßt sich zeigen, daß dies zum gewünschten Erfolg führt.

3.4 Prädikatenlogik mit Gleichheit.

In der Prädikatenlogik mit Gleichheit wird angenommen, daß man ein ausgezeichnetes zweistelliges Prädikat P_{j_o} (also $m_{j_o} = 2$) hat. Für dieses Prädikat wird auch "$=$" geschrieben, und ferner wird $=(t_1, t_2)$ durch $t_1 = t_2$ notiert. Eine Gleichheitsstruktur $\mathscr{A}$ ist dann eine Struktur, in der $R_{j_o}^A$ die Gleichheit in A ist, d.h. es gilt $R_{j_o}^A(a,b)$ genau dann, wenn $a = b$ ist. In der Prädikatenlogik mit Gleichheit wird dann das Prädikat "$=$" i.A. gar nicht mehr extra aufgezählt. Die Erfüllbarkeit, Wahrheit etc. in Gleichheitsstrukturen wird wie früher erklärt; die semantischen Begriffe wie "Tautologie", "semantischer Ableitungsoperator" etc. werden dahingehend modifiziert, daß nur noch Gleichheitsstrukturen zur Konkurrenz herangezogen werden. Wir wollen die Gleichheitslogik jetzt axiomatisieren.

Den semantischen Ableitungsoperator bezeichnen wir wieder mit " $\models$ ". Den syntaktischen Ableitungsoperator, den wir auch wieder mit " $\vdash$ " bezeichnen, erklären wir dadurch, daß wir zu den Axiomen und Regeln der Prädikatenlogik die folgenden Gleichheitsaxiome hinzunehmen:

1. Def.: Die Gleichheits- oder Identitätsaxiome sind:

$\qquad$ (I 1) $t = t$ für jeden Term t;

$$(I\ 2)\quad (t_1 = t_1' \wedge \ldots \wedge t_{n_i} = t_{n_i}') \supset f_i(t_1,\ldots,t_{n_i})$$
$$= f_i(t_1',\ldots,t_{n_i}') \text{ für alle } i \,\varepsilon\, I \text{ und alle}$$
$$t_j,\ t_j',\ 1 \leqslant j \leqslant n_i;$$

$$(I\ 3)\quad (t_1 = t_1' \wedge \ldots \wedge t_{m_j} = t_{m_j}') \supset (P_j(t_1,\ldots,t_{m_j})$$
$$\supset P_j(t_1',\ldots,t_{m_j}')) \text{ für alle } j \,\varepsilon\, J \text{ und alle}$$
$$t_i,\ t_i',\ 1 \leqslant i \leqslant m_j;$$

(Es sei ausdrücklich vermerkt, daß P_j auch das Gleichheitsprädikat sein darf).

Ganz trivial ist:

2. Satz: Die Gleichheitsaxiome sind Gleichheitstautologien (d.h. in jeder Gleichheitsstruktur wahr). Insbesondere ist also der Ableitungsoperator " $\vdash$ " korrekt.

Die Idee zur Auswahl der Gleichheitsaxiome ist, daß die Interpretation von "=" in einer gewöhnlichen Struktur eine Kongruenzrelation ist, so daß die Faktorstruktur eine Gleichheitsstruktur ist.

3. Satz: Sei Σ eine Formelmenge in der Gleichheitslogik, $\mathcal{A}$ ein gewöhnliches (d.h. nicht notwendig Gleichheits-) Modell von Σ, $R \subseteq A^2$ sei die Interpretation von "=". Dann ist R eine Kongruenzrelation in $\mathcal{A}$ und $\mathcal{A}/_R$ ist ein Gleichheitsmodell für Σ.

Beweis: Wegen (I 1) ist R reflexiv. Zum Beweis der Symmetrie betrachte man folgende Anwendung von (I 3):
$$(x_k = x_l \wedge x_k = x_k) \supset (x_k = x_k \supset x_l = x_k).$$
Die Kongruenzeigenschaft folgt für Funktionen aus (I 2) und für Relationen aus (I 3).

$\mathcal{A}/_R$ ist ein Modell von Σ, da sich die Belegungen in $\mathcal{A}/_R$ wie folgt darstellen lassen:
$$\text{Var} \xrightarrow{\ u\ } A \xrightarrow{\ \pi\ } A/_R,$$
wobei π der kanonische Homomorphismus ist und für die Auswertungsfunktionen $v_u = v_{\pi \circ u}$ gilt.

$\mathcal{A}/_R$ ist ein Gleichheitsmodell, denn wenn $[a]_R$, $[b]_R \,\varepsilon\, A/_R$ die Formel $x_k = x_l$ in $\mathcal{A}/_R$ erfüllen, so erfüllen a und b die Formel $x_k = x_l$ in $\mathcal{A}$, d.h. $[a]_R = [b]_R$ gilt.

Daraus erhält man, daß auch für die Gleichheitslogik $\vdash = \models$ gilt, daß weiterhin jede konsistente Menge ein Modell hat und daß der Kompaktheitssatz gilt.

Im folgenden betrachten wir zu unserer gegebenen Signatur
$\delta = \langle\langle n_i \mid i \in I\rangle \mid \langle m_j \mid j \in J\rangle\rangle$ Erweiterungen der Art
$\delta' = \langle\langle n_i \mid i \in I \cup I'\rangle \mid \langle m_j \mid j \in J\rangle\rangle$, $I \cap I' = \emptyset$,
mit $n_i = 1$ für $i \in I'$. Die zugehörige Sprache bzw. die zugehörigen Strukturen haben also für $i \in I'$ ein zusätzliches Konstantensymbol bzw. eine zusätzliche Konstante. Eine solche Erweiterung der Sprache nennen wir auch Konstantenerweiterung.

4. Satz von Löwenheim-Skolem:

    Es sei L wieder eine abzählbare Sprache. Wenn eine Formelmenge Σ für jedes n ein Modell $\mathcal{A}$ mit mit mindestens n Elementen hat, dann hat Σ ein abzählbar unendliches Modell.

Beweis: Wir betrachten eine Konstantenerweiterung δ' von δ mit I' abzählbar unendlich. Die neuen Konstantensymbole (d.h. die 0-stelligen Funktionszeichen) bezeichnen wir mit c_0, c_1,...,
Für jedes n sei

$$\Sigma_n = \Sigma \cup \{\neg c_i = c_j \mid i, j \leq n, \; i \neq j\}$$

Jedes Σ_n hat ein Modell; man nehme nämlich ein Modell $\mathcal{A}$ mit $|A| \geq n$ für Σ und erweitere dies zu einer Struktur $\mathcal{A}'$ der Signatur δ', indem man neue Konstanten a_i erklärt, so daß $a_i \neq a_j$ für $i \neq j$ und $i, j \leq n$. $\mathcal{A}'$ ist dann ein Modell für Σ_n.
$\Sigma_\infty = \cup \, (\Sigma_n \mid n \in N)$ ist daher konsistent. Das aus einem kanonischen Modell für Σ_∞ konstruierte Gleichheitsmodell $\mathcal{A}_\infty$ ist höchstens abzählbar, und wegen der in Σ_∞ enthaltenen Ungleichungen ist es auch unendlich. Das Redukt von $\mathcal{A}_\infty$ auf die alte Signatur δ ("Vergessen" der 0-stelligen Funktionen a_n, $n \in N$) liefert dann ein abzählbar unendliches Modell von Σ.

Anwendungen des letzten Satzes sind z.B.:
a) Σ als Menge aller Sätze, die in den reellen Zahlen $\mathbb{R}$ wahr sind (wobei abzählbar viele Funktionen und Relationen zugelassen sind).
b) Σ als das Axiomenschema der Mengenlehre in einer der üblichen Axiomatisierungen, z.B. die Axiome der Zermelo-Fraenkel-Mengenlehre.

Es sei nun $\delta = \langle\langle 2,2,1,1,\ldots\rangle, \langle 2\rangle\rangle$, d.h. wir haben abzählbar viele Konstanten c_n, $n \in \mathbb{N}$, und zwei zweistellige Funktionssymbole sowie ein zweistelliges Prädikat. Eine δ-Struktur ist $\mathbb{N} = \langle N, \langle +, \cdot, 1, 2, \ldots, \leq \rangle$; weiter sei $\Sigma = \{\varphi \mid \varphi$ Satz, φ wahr in $\mathbb{N}\}$. Wir betrachten eine Konstantenerweiterung δ' mit einer weiteren Konstanten c.

Für $n \in \mathbb{N}$ sei

$$\Sigma_n = \Sigma \cup \{c_k \leq c \mid k \leq n\}.$$

Σ_n hat ein Modell, denn man erweitere die Struktur $\mathbb{N}$ einfach zu einer Struktur der Signatur δ', indem man c durch eine weitere Konstante $a \in \mathbb{N}$ mit $a \geq n$ interpretiert. Alle Sätze aus Σ_n sind dann dort wahr. Wie im letzten Satz erhalten wir dann, daß $\Sigma_\infty = \cup\, (\Sigma_n \mid n \in \mathbb{N})$ ein Modell $\mathscr{A}_\infty$ hat. Durch Betrachtung des Reduktes von $\mathscr{A}_\infty$ auf die Signatur δ erhalten wir:

5. Satz: Es gibt eine Struktur, in der die gleichen Sätze wie in den natürlichen Zahlen wahr sind, welches aber nichtarchimedisch geordnet und somit nicht isomorph zu den natürlichen Zahlen ist. Insbesondere sind die natürlichen Zahlen in der Prädikatenlogik mit Gleichheit nicht bis auf Isomorphie zu charakterisieren.

Die Peano-Axiome charakterisieren die natürlichen Zahlen bis auf Isomorphie. Das Induktionsaxiom ist jedoch nicht in der Prädikatenlogik formuliert, da dort eine Quantifizierung über Teilmengen von N vorgenommen wird, und wie der letzte Satz zeigt, läßt es sich auch nicht durch eine äquivalente Formelmenge der Prädikatenlogik ersetzen. Solche zu $\mathbb{N}$ nicht-isomorphen Modelle, in denen aber die gleichen Sätze wie in $\mathbb{N}$ gelten, heißen Nichtstandardmodelle für die natürlichen Zahlen ($\mathbb{N}$ selber ist dann das Standardmodell). Auf dieselbe Weise lassen sich auch Nichtstandardmodelle für die reellen Zahlen $\mathbb{R}$ definieren und konstruieren.

6. Def.: Zwei (Gleichheits-) Strukturen $\mathscr{A}$ und $\mathscr{B}$ (der gleichen Signatur δ) heißen elementar äquivalent, wenn in $\mathscr{A}$ und $\mathscr{B}$ die gleichen Sätze wahr sind.

Isomorphie impliziert natürlich die elementare Äquivalenz, aber wie wir gerade gesehen haben, gilt das Umgekehrte nicht. Für endliche Strukturen hingegen ist die elementare Äquivalenz mit der Isomorphie gleichwertig, da man dann ja jede Relation in endlicher Weise charakterisieren kann, man vgl. etwa die sog. "Multiplikationstafeln" bei endlichen Gruppen. Eine Struktur kann zu einer echten Substruktur elementar äquivalent sein, jedoch haben wir da noch einen etwas schärferen Begriff.

7. Def.: Sei $\mathscr{A}$ eine Substruktur von $\mathscr{B}$. Dann heißt $\mathscr{A}$ eine elementare Substruktur von $\mathscr{B}$, wenn für jede Formel φ und jede Belegung u : Var → A gilt: u erfüllt φ in $\mathscr{A}$ genau dann, wenn φ von u in $\mathscr{B}$ erfüllt wird.

Wenn $\mathscr{A}$ elementare Substruktur von $\mathscr{B}$ ist, so sind $\mathscr{A}$ und $\mathscr{B}$ äquivalent. Die Umkehrung gilt auch hier nicht, man betrachte nur das nächste Beispiel:
$$\langle N, \leq \rangle \text{ und } \langle N', \leq \rangle \text{ mit } N' = N \setminus \{0\} = \{1,2,\dots\}$$
sind elementar äquivalent, sogar isomorph. Hingegen wird die Formel
$$\forall x_1 (x_1 \geq x_2) \text{ von der Belegung u : Var → N'}$$
$$u(x_k) = 1 \text{ für alle k,}$$
in $\langle N', \leq \rangle$ erfüllt, nicht jedoch in $\langle N, \leq \rangle$.

8. Satz: Es sei $\mathscr{A}$ eine Substruktur von $\mathscr{B}$. Dann sind gleichwertig:
    (i) $\mathscr{A}$ ist elementare Substruktur von $\mathscr{B}$;
    (ii)   jede Formel φ , die mit einem Existenzquantor anfängt, wird von jeder Belegung u: Var → A, welche φ in $\mathscr{B}$ erfüllt, auch in $\mathscr{A}$ erfüllt;
    (iii) jede Formel φ, die mit einem Allquantor anfängt, wird von jeder Belegung u: Var → A, welche φ in $\mathscr{A}$ erfüllt, auch in $\mathscr{B}$ erfüllt.

Beweis: Da die Negation einer Allformel zu einer Existenzformel und die Negation einer Existenzformel zu einer Allformel äquivalent ist, sind (ii) und (iii) gleichwertig. Da außerdem (i) die Bedingung (ii) impliziert, müssen wir nur noch zeigen, daß (i) aus (ii) folgt. Es gelte also (ii). Wir zeigen (i) durch Induktion über den Schichtenaufbau von *Form*. Dabei können wir wieder o.B.d.A. annehmen, daß die Formeln keine Allquantoren enthalten. Für φ ε At folgt die Bedingung aus der Definition einer Substruktur. Der Induktionsschritt für eine aussagenlogische Verknüpfung wird leicht nachgerechnet. Wenn φ die Formel $\exists x_k \psi$ ist und wenn $u : \text{Var} \to A$ eine Belegung ist, welche φ in $\mathscr{A}$ erfüllt, so existiert eine Belegung u', $u' =_{x_k} u$, $u' : \text{Var} \to A$, die ψ in $\mathscr{A}$ erfüllt. Diese Belegung u' erfüllt dann auch ψ in $\mathscr{B}$ (nach Induktionsvoraussetzung) und daher erfüllt u die Formel φ in $\mathscr{B}$. Wenn u die Formel $\exists x_k \psi$ in $\mathscr{B}$ erfüllt, so folgt die Behauptung direkt aus der Voraussetzung.

Wir wissen, daß für eine Belegung u in $\mathscr{A}$ die Auswertung $v_u(\varphi)$ nur von den Werten von u an den freien Variablen abhängt. Wir führen in diesem Zusammenhang die folgende Redeweise ein:

9. Def.: Es sei $\langle a_1, \ldots, a_n \rangle \; \varepsilon \; A^n$, φ eine Formel. Dann bedeutet "$\langle a_1, \ldots, a_n \rangle$ erfüllt φ in $\mathscr{A}$ ", daß φ nicht mehr als n freie Variable hat: $\text{fr}(\varphi) = \{ x_{i_1}, \ldots, x_{i_k} \}$, $1 \le i_j < i_{j'} \le$ $\le n$ für $1 \le j < j' \le k$, und daß eine (und damit jede) Belegung u mit $u(x_{i_j}) = a_j$, $1 \le j \le k$, φ in $\mathscr{A}$ erfüllt.

Damit erhalten wir den folgenden Satz über elementare Submodelle.

10. Satz: (Löwenheim-Skolem-Tarski-Vaught):
$\quad\quad$ Die Sprache sei abzählbar. Jede unendliche Struktur $\mathscr{B}$
$\quad\quad$ besitzt dann eine abzählbare elementare Substruktur $\mathscr{A}$

Beweis: Wir ordnen jeder Existenzformel φ (d.h. φ hat die Form $\exists x_k \psi$) mit n freien Variablen eine n-stellige Funktion $f_\varphi : B^n \to B$ wie folgt zu:

Wenn $\langle a_1, \ldots, a_n \rangle$ φ in $\mathscr{B}$ erfüllt, sei $f_\varphi(a_1, \ldots, a_n)$ ein solches erfüllendes Element aus B; wenn φ von $\langle a_1, \ldots, a_n \rangle$ in $\mathscr{B}$ nicht erfüllt wird, sei $f_\varphi(a_1, \ldots, a_n) \; \varepsilon \; B$ ein beliebiges Element.

Die Existenz einer solchen Funktion sichert uns das Auswahlaxiom. Es sei nun $X \subseteq B$ eine abzählbare Menge. Die gesuchte elementare Substruktur erhalten wir als Abschluß von X unter den Funktionen f_φ: Es sei $X_o = X$,

$$X_{k+1} = \{ f_\varphi(a_1, \ldots, a_n) \mid \langle a_1, \ldots, a_n \rangle \; \varepsilon \; X_k^n, \; \varphi \text{ Existenzformel mit}$$
$$n \text{ freien Variablen}\}.$$

$\quad A = \cup \; (X_k \mid k \; \varepsilon \; N)$.

A ist dann abgeschlossen unter den Funktionen f_φ, aber auch unter den ursprünglichen Funktionen f_i^B, denn $f_i^B(a_1, \ldots, a_{n_i}) = a$ ist auch dadurch beschrieben, daß $\langle a_1, \ldots, a_{n_i}, a\rangle$ die Formel

$$\exists x_n (f_i(x_1, \ldots, x_{n_i}) \equiv x_n$$

erfüllt. Somit definiert uns $\mathscr{A}$ eine Substruktur, welche nach dem letzten Satz elementar ist. Weiter ist mit jedem X_k auch X_{k+1} abzählbar, da nur abzählbar viele f_φ zur Debatte stehen. Damit ist aber auch A abzählbar.

Wir vermerken noch, daß wir sogar eine etwas stärkere Behauptung bewiesen haben, da unser A eine vorgegebene abzählbare Menge X umfaßt.

3.5 Ultraprodukte und der Kompaktheitssatz für beliebige
     Sprachen der Prädikatenlogik

Unser Ziel ist, in diesem Abschnitt den Kompaktheitssatz ohne die bisherige Abzählbarkeitsbeschränkung der Sprache zu zeigen. Dazu knüpfen wir an das in der Aussagenlogik im Zusammenhang mit den Boole'schen Wahrheitsbewertungen strapazierte Beispiel R^R an. Wir betrachten eine Menge M, Strukturen $\mathscr{A}_\nu = \langle A_\nu, \langle f_i^{A_\nu}, i \in I\rangle, \langle R_j^{A_\nu}, j \in J\rangle\rangle$, $\nu \in M$ und einen Ultrafilter F in der Boole'schen Algebra $\langle \mathscr{P}(M), \cap, \cup, \smallsetminus\rangle$.

1. Def.: (i) $\Pi(A_\nu \mid \nu \in M) = \{f \mid f : M \to U(A_\nu \mid \nu \in M),$
            $f(\nu) \in A_\nu\}$

       (ii) $f \underset{F}{\sim} g$ g.d.w. $\{\nu \in M \mid f(\nu) = g(\nu)\} \in F$
            für $f, g \in \Pi(A_\nu \mid \nu \in M)$

       (iii) $R_{j,F}^M(f_1, \ldots, f_{m_j})$ g.d.w.
            $\{\nu \in M \mid R_j^{A_\nu}(f_1(\nu), \ldots, f_{m_j}(\nu))\} \in F,$
            für jedes $j \in J$ und alle $f_1, \ldots, f_{m_j} \in \Pi(A_\nu \mid \nu \in M)$

       (iv) $f_i^M(f_1, \ldots, f_{n_i}) = g$, $g(\nu) = f_i^{A_\nu}(f_1(\nu), \ldots, f_{n_i}(\nu))$
            für alle $\nu \in M$, $f_1, \ldots, f_{n_i} \in \Pi(A_\nu \mid \nu \in M)$, $i \in I$.

Wie früher in unserem Beispiel haben wir dann:

2. Satz: (i)   "$\underset{F}{\sim}$" ist eine Äquivalenzrelation;

        (ii)   "$\underset{F}{\sim}$" ist eine Kongruenzrelation für die Relationen

$$R^M_{j, F};$$

(iii) "$\sim_F$" ist eine Kongruenzrelation für die Operationen f^M_i.

Beweis: Eine wörtliche Übertragung des Beweises aus dem Beispiel (obwohl dort keine Operationen behandelt wurden und dort $\mathscr{A}_\nu = \mathbb{R}$ für alle $\nu \in M$ war).

3. Def.: $\Pi(\mathscr{A}_\nu \mid \nu \in M)/_F = \langle \Pi(A_\nu \mid \nu \in M),$
$\langle f^M_i \mid i \in I \rangle, \langle R^M_{j,F} \mid j \in J \rangle \rangle /_F$ heißt das

"Ultraprodukt" der $\mathscr{A}_\nu$ modulo F. Falls alle $\mathscr{A}_\nu = \mathscr{A}$ schreiben wir auch $\mathscr{A}^M_F$ und sprechen von einer Ultrapotenz. Für $f \in \Pi(A_\nu \mid \nu \in M)$ bezeichnet $[f] = [f]_F$ die Restklasse von f modulo F.

Der nächste Satz charakterisiert die logische Beziehung zwischen einem Ultraprodukt und seinen Faktoren.

4. Satz von Łos: Es sei $f_i \in \Pi(A_\nu \mid \nu \in M)$, $1 \leq i \leq n$, und sei φ eine Formel. Dann erfüllt $\langle [f_1], \ldots, [f_n] \rangle$ in $\Pi(\mathscr{A}_\nu \mid \nu \in M)/_F$ die Formel φ genau dann, wenn $\{\nu \mid \langle f_1(\nu), \ldots, f_n(\nu) \rangle$ erfüllt φ in $\mathscr{A}_\nu\} \in F$.

Beweis: Es sei u die betrachtete Belegung:

$$u(x_i) = \begin{cases} [f_i], 1 \leq i \leq n \\ \text{beliebig}, i > n \end{cases}$$

und es sei

$$u_\nu(x_i) = \begin{cases} f_i(\nu), 1 \leq i \leq n \\ \text{beliebig}, i > n \end{cases}$$

Für Atomformeln ist die Behauptung gerade die Definition des Ultraproduktes. Für die restlichen Formeln ziehen wir uns darauf zurück, daß jede Formel semantisch äquivalent zu einer solchen ist, in der nur $\wedge$, $\neg$ und $\exists$ vorkommen.

a) Der Induktionsschritt für $\neg$ folgt aus der Gleichwertigkeit der folgenden Behauptungen:

u erfüllt $\neg\varphi$;

u erfüllt φ nicht;

$\{\nu \in M \mid u_\nu$ erfüllt $\varphi\} \notin F$;

$\{\nu \in M \mid u_\nu$ erfüllt $\neg\varphi\} \in F$.

b) Beim Induktionsschritt für $\wedge$ erkennen wir als gleichwertig:

u erfüllt $\varphi \wedge \psi$,

u erfüllt φ und u erfüllt ψ,

$\{\nu \in M \mid u_\nu$ erfüllt $\varphi\} \cap \{\nu \in M \mid u_\nu$ erfüllt $\psi\} \in F$

$\{\nu \in M \mid u_\nu$ erfüllt $\varphi \wedge \psi\} \in F$.

c) Es sei φ die Formel $\exists x_k \psi$ und für ψ gelte die Behauptung schon.
Falls φ von u in $\Pi(\mathscr{A}_\nu \mid \nu \in M)$ erfüllt wird, existiert ein
u', $u' =_{x_k} u$, welches ψ erfüllt. Daher ist

$$X = \{\nu \in M \mid u'_\nu \text{ erfüllt } \psi \text{ in } \mathscr{A}_\nu\} \in F.$$

Da $u'_\nu =_{x_k} u_\nu$, ist $X \subseteq \{\nu \in M \mid u_\nu$ erfüllt φ in $\mathscr{A}_\nu\} \in F$.

Wenn andererseits $X = \{\nu \in M \mid u_\nu$ erfüllt φ in $\mathscr{A}_\nu\} \in F$ ist,
so existiert für jedes $\nu \in X$ ein u'_ν, $u'_\nu =_{x_k} u_\nu$, und u'_ν erfüllt
ψ in $\mathscr{A}_\nu$.

Wir erklären u' : Var $\to \Pi(A_\nu \mid \nu \in M)/_F$ durch

$u'(x_1) = u(x_1)$ für $1 \neq k$

$u'(x_k) = [\langle u'_\nu(x_k) \mid \nu \in M\rangle]/_F$,mit $u'_\nu =_{x_k} u_\nu$, und u'_ν erfüllt ψ

in $\mathscr{A}_\nu$ für $\nu \in X$, für $\nu \notin X$ sei u'_ν beliebig. (Zur Existenz des
$u'(x_k)$ benötigen wir i.A. das Auswahlaxiom.)

u' erfüllt nach Induktionsvoraussetzung ψ, daher erfüllt u die
Formel φ.

Führt man für den Sachverhalt

$\qquad "\{\nu \in M \mid \langle f_1(\nu),\ldots,f_n(\nu)\rangle$ erfüllt φ in $\mathscr{A}_\nu\} \in F"$

noch die Redeweise ein

$\qquad "\langle f_1,\ldots,f_n\rangle$ erfüllt φ in fast allen $\mathscr{A}_\nu"$,

so liest sich der letzte Satz auch so:
Eine Belegung erfüllt eine Formel im Ultraprodukt genau dann,
wenn sie die Formel in fast allen Faktoren erfüllt.

Korollar: Ein Satz φ ist in $\Pi(\mathscr{A}_\nu \mid \nu \in M)/_F$ genau dann wahr, wenn
$\qquad\qquad \{\nu \in M \mid \varphi$ wahr in $\mathscr{A}_\nu\} \in F$ ist.

Damit erhalten wir jetzt den allgemeinen Kompaktheitssatz:

5. Satz: Sei Σ eine Menge von Sätzen. Wenn jede endliche Teil-
$\qquad$ menge $\Sigma_o \subseteq \Sigma$ ein Modell hat, dann hat Σ ein Modell.
Beweis: O.B.d.A. können wir annehmen, daß Σ unter der Bildung von

Konjunktionen abgeschlossen ist. Wir wählen für jedes $\varphi \in \Sigma$ ein
Modell $\mathscr{A}_\varphi$ für φ. Für $\varphi \in \Sigma$ sei $\Sigma_\varphi = \{\psi \in \Sigma \mid \mathscr{A}_\psi$ Modell für $\varphi\}$.
Die Σ_φ, $\varphi \in \Sigma$, sind alle nichtleer und unter endlichen Durch-
schnitten abgeschlossen, denn es ist $\Sigma_\varphi \cap \Sigma_\psi = \Sigma_{\varphi \wedge \psi}$, $\varphi \wedge \psi \in \Sigma$.
Daher existiert ein Ultrafilter F in der Boole'schen Algebra
$\mathscr{P}(\Sigma)$ mit $\Sigma_\varphi \in F$ für alle $\varphi \in \Sigma$. Wir erhalten dann für $\varphi \in \Sigma$:
$\{\psi \in \Sigma \mid \varphi$ wahr in $\mathscr{A}_\psi\} = \Sigma_\varphi \in F$, d.h. φ ist wahr $\Pi(\mathscr{A}_\varphi \mid \varphi \in \Sigma)/_F$
Das Ultraprodukt $\Pi(\mathscr{A}_\varphi \mid \varphi \in \Sigma)/_F$ ist somit ein Modell für Σ.

Bemerkung: Dieser Beweis des Kompaktheitssatzes benutzt keinerlei
Abzählbarkeitsvoraussetzungen. Er ist auch für den abzählbaren
Fall wesentlich kürzer als der früher gegebene Beweis, der auf
der Axiomatisierung des Ableitungsoperators beruhte. Hingegen
wurde grundlagentheoretisch insofern ein Preis bezahlt, als wir
das Auswahlaxiom benutzt haben, während beim Vollständigkeitsbeweis (auch bei dem hier nicht durchgeführten für überabzählbare
Sprachen) nur das Primidealtheorem eingeht.

3.6 Intuitionistische Prädikatenlogik

In der klassischen Prädikatenlogik haben wir n-stellige Relationen $R_j \subseteq A^{m_j}$ betrachtet. Ebenso gut hätten wir eine solche Relation als eine Abbildung $A^{m_j} \to \{0,1\}$ auffassen können, die an
$<a_1,\ldots,a_{m_j}>$ den Wert 1 genau dann hat, wenn $R_j(a_1,\ldots,a_{m_j})$ gilt.
Diese Betrachtungsweise erlaubt uns sofort eine Verallgemeinerung
auf Boole'sche und Heytingwertige Strukturen. Sei $\mathscr{H}$ eine Heytingalgebra mit mindestens zwei Elementen.

1. Def.: $\mathscr{A} = <A, <f_i^A \mid i \in I>, <R_j^A \mid j \in J>>$ ist eine $\mathscr{H}$-Struk-
   tur $\delta = <<n_i \mid i \in I>, <m_j \mid j \in J>>$ genau dann, wenn
   für jedes $i \in I$ und jedes $j \in J$
   $f_i^A : A^{n_i} \to A$ und $R_j^A : A^{n_j} \to H$ Abbildungen sind.

Die Sprache und den Begriff der Belegung erklären wir im klassischen Falle. Die Definition der Auswertungsfunktion wird wie
folgt erklärt.

Sei $\mathscr{H}$ eine vollständige Heytingalgebra, $\mathscr{A}$ eine $\mathscr{H}$-Struktur,
$u : \mathrm{Var} \to A$ eine Abbildung mit der Fortsetzung $\hat{u} : \mathrm{Term} \to A$.

85

2. **Def.:** Die Auswertungsfunktion $v_u : Form \to \mathcal{H}$ wird induktiv erklärt durch:

    (i) $v_u(P_j(t_1,\ldots,t_{m_j})) = R_j^A(\hat{u}(t_1),\ldots,\hat{u}(t_{m_j}))$ für atomare Formeln;

    (ii)   für die aussagenlogischen Verknüpfungen wird v_u homomorph fortgesetzt;

    (iii) $v_u(\exists x_k \varphi) = \bigsqcup (v_{u'}(\varphi) \mid u =_{x_k} u')$;

    (iv) $v_u(\forall x_k \varphi) = \bigsqcap (v_{u'}(\varphi) \mid u =_{x_k} u')$.

3. **Def.:** (i)   Eine Belegung u erfüllt eine Formel φ in $\mathcal{A}$, wenn $v_u(\varphi) = 1$;

    (ii) $\mathcal{A}$ heißt Modell von Σ, wenn jede Belegung in $\mathcal{A}$ jede Formel aus Σ erfüllt.

4. **Def.:** Der intuitionistische semantische Folgerungsoperator $\models_i$ wird erklärt durch

$$\Sigma \models_i \varphi$$

genau dann, wenn für jede vollständige Heytingalgebra $\mathcal{H}$ und jede $\mathcal{H}$-Struktur $\mathcal{A}$ gilt: Wenn $\mathcal{A}$ Modell für Σ ist, dann auch für φ.

Wir kommen jetzt zum intuitionistischen syntaktischen Folgerungsoperator.

5. **Def.:** (i)   Axiome sind:

        a) die Axiome (A1) – (A12) und (H1), (H2) der intuitionistischen Aussagenlogik;

        b) die Axiome (A14) und (A16) der klassischen Prädikatenlogik;

        c) alle Formeln der Gestalt

          (A17) sub $(\zeta \mid \varphi) \supset \exists x_k \varphi$, wobei $\zeta =_{x_k} id$;

    (ii)   Regeln sind:

        a) der Modus ponens;

        b) die $\forall$-Einführungsregel;

c)
$$\frac{\varphi}{\mathrm{sub}(\zeta \mid \varphi)}$$

d)
$$\frac{\mathrm{sub}(\zeta_{k,1} \mid \psi) \supset \varphi}{\exists x_k \psi \supset \varphi} \qquad \text{wobei } \zeta_{k,1}(x_j) = \begin{cases} x_1 & \text{für } j=k \\ x_j & \text{sonst} \end{cases}$$

und $x_1 \notin \mathrm{Var}(\psi) \cup \mathrm{fr}(\varphi)$.

("$\exists$-Einführungsregel").

(iii) Der durch (i) und (ii) eingeführte Ableitungsoperator wird mit "$\vdash_i$" bezeichnet.

Wie im klassischen Falle erhält man durch eine leichte Induktion über die Länge von Ableitungen:

6. Satz: Der intuitionistische Ableitungsoperator "$\vdash_i$" ist korrekt.

Analog zur Aussagenlogik erklären wir unter Beibehaltung der dortigen Bezeichnungen:

7. Def.: (i) $\varphi \approx_i \psi$ genau dann, wenn $\vdash_i \varphi \supset \psi$ und $\vdash_i \psi \supset \varphi$;

(ii) $\varphi \approx_\Sigma \psi$ genau dann, wenn $\Sigma \vdash_i \varphi \supset \psi$ und $\Sigma \vdash_i \psi \supset \varphi$.

8. Def.: Σ heißt intuitionistisch konsistent, wenn für kein φ
$$\Sigma \vdash_i \varphi \wedge \neg\varphi \qquad \text{gilt.}$$

Aus der Aussagenlogik wissen wir, daß "$\approx_\Sigma$" eine Kongruenzrelation und daß $Form/_{\approx_\Sigma}$ eine Heytingalgebra ist.

9. Satz: In $Form/_{\approx_\Sigma}$ gilt:

(i) $[\forall x_k \varphi]_{\approx_\Sigma} = \bigsqcap([\mathrm{sub}(\zeta \mid \varphi)]_{\approx_\Sigma} \mid \zeta =_{x_k} \mathrm{id})$

(ii) $[\exists x_k \varphi]_{\approx_\Sigma} = \bigsqcup([\mathrm{sub}(\zeta \mid \varphi)]_{\approx_\Sigma} \mid \zeta =_{x_k} \mathrm{id})$.

Beweis: Der Nachweis von (i) ist in der klassischen Prädikatenlogik erbracht worden ohne Benutzung von (A15). Der Beweis von (ii) geht ganz analog, nur verwende man (A17) und die $\exists$-Einführungsregel.

Wie im klassischen Falle haben wir auch hier für die universelle Hülle:

10. Satz: (i) $[\varphi]_{\approx_\Sigma} = 1$ genau dann, wenn $[\forall\varphi]_{\approx_\Sigma} = 1$ für jedes φ;

       (ii) in einer $\mathcal{H}$-Struktur $\mathcal{A}$ ist φ genau dann wahr, wenn $\forall\varphi$ dort wahr ist.

Nun erhalten wir unser Hauptresultat:

11. Vollständigkeitssatz der intuitionistischen Prädikatenlogik:
    (i) Eine konsistente Formelmenge Σ hat ein Modell;
    (ii) der semantische Folgerungsoperator $\models_i$ und der syntaktische Operator $\vdash_i$ stimmen überein.

Beweis: Wir setzen $\mathcal{H} = Form/_{\approx_\Sigma}$. Da Σ konsistent ist, hat $\mathcal{H}$ mindestens zwei Elemente. $\mathcal{H}$ ist zwar i.A. nicht vollständig, aber die Einbettung in eine vollständige Heytingalgebra $\overline{\mathcal{H}}$ ändert nichts an den in $\mathcal{H}$ bereits existierenden Suprema und Infima. Das kanonische Modell für Σ wird als die folgende $\overline{\mathcal{H}}$-Struktur (eigentlich: $\mathcal{H}$-Struktur) erklärt: $\mathcal{A} = \langle A, \langle f_i^A \mid i \in I\rangle, \langle R_j^A \mid j \in J\rangle\rangle$. Der algebraische Anteil ist die Termalgebra

$$\langle A, \langle f_i^A \mid i \in I\rangle\rangle = Term,$$

$R_j^A : A^{m_j} \to H$ wird definiert durch $R_j^A(t_1,\ldots,t_{m_j})$

$$= [P_j(t_1,\ldots t_{m_j})]_{\approx_\Sigma}$$

Für die identische Belegung id : $Term \to Term$ gilt dann

$$v_{id}(\varphi) = [\varphi]_{\approx_\Sigma}.$$

Wenn $\varphi \in \Sigma$ ist, so haben wir

$$1 = [\varphi]_{\approx_\Sigma} = [\forall\varphi]_{\approx_\Sigma} = v_{id}(\forall\varphi).$$

Die identische Belegung erfüllt somit $\forall\varphi$, wegen $fr(\forall\varphi) = \emptyset$ ist daher $\forall\varphi$ wahr und daher φ wahr im kanonischen Modell. Dies zeigt (i). Wenn $\Sigma \vdash_i \varphi$ nicht gilt, ist $[\varphi]_{\approx_\Sigma} = 1$, d.h. $v_{id}(\varphi) \neq 1$ im kanonischen Modell, daher kann auch $\Sigma \models_i \varphi$ nicht gelten, was (ii) zeigt.

Wir hatten es beim letzten Satz etwas einfacher als im klassischen Falle, weil nicht nur $\{0,1\}$-Strukturen zugelassen sind. Als für die Motivierung der intuitionistischen Logik wichtigen Satz,

der an unsere früheren aussagenlogischen Betrachtungen anknüpft,
beweisen wir jetzt:

12. Satz: Wenn $\exists x_k \varphi$ eine intuitionistische Tautologie ist, dann
existiert ein Term t, so daß für $\zeta : \text{Var} \to \text{Term}$,
$$\zeta =_{x_k} \text{id}, \quad \zeta(x_k) = t \text{ gilt:}$$
$$\vdash_i \text{sub}(\zeta \mid \varphi).$$

Beweis: Wir gehen wie im aussagenlogischen Fall vor, wo wir es
mit einer Disjunktion zu tun hatten und behalten auch die dortige
Terminologie bei. Da für die dort konstruierte, erweiterte Hey-
tingalgebra $\mathcal{H}$ gilt: Wenn $\bigsqcup(a_\nu \mid \nu \varepsilon X) = \bar{1}$ für eine Familie
$(a_\nu \mid \nu \varepsilon X)$ von Elementen von $\mathcal{H}$, so existiert ein $\nu \varepsilon X$ mit
$a_\nu = \bar{1}$; läßt sich die restliche Argumentation wörtlich übernehmen.

4. Gentzensysteme

4.1 Der Sequenzenkalkül LK von Gentzen für die klassische Logik und einige seiner grundlegenden Eigenschaften

In den Hilberttypkalkülen haben wir den Wahrheitsbegriff als primär angesehen. In den Sequenzenkalkülen wird nun versucht, den Beweisgedanken direkt zu axiomatisieren und den Wahrheitsbegriff erst später anzugehen. Genauer gesagt wird die Relation "Eine (endliche) Menge oder Folge von Prämissen impliziert eine gewisse Konklusion" untersucht. Der Begriff "implizieren" ist uns bisher auf dreierlei verschiedene Weisen begegnet:

Als syntaktisches Zeichen $\supset$,

als semantischer Ableitungsoperator $\models$,

als syntaktischer Ableitungsoperator $\vdash$.

Dabei gehörte nur das Zeichen $\supset$ zu unserer formalen Sprache.

Um nun einen Kalkül zu erklären, der durch eine direkte Beschreibung des Beweisbegriffes motiviert ist, nehmen wir ein neues Zeichen "$\rightarrow$" für die Implikation zwischen Folgen (oder später Mengen) von Formeln. Dieses Zeichen ist zwar mit dem Zeichen "$\supset$" verwandt und wird auch semantisch gewissermaßen dieselbe Bedeutung haben, es wird jedoch im Kalkül eine etwas andere Funktion zugewiesen bekommen.

Unsere zugrunde gelegte formale Sprache wird für den ganzen Rest des Buches als abzählbar vorausgesetzt. Wir setzen eine prädikatenlogische Sprache wie im letzten Abschnitt voraus, die Logik mit Gleichheit wird jeweils wieder gesondert behandelt. Bei den Zusätzen über nichtklassische Logiken werden wir uns auf die intuitionistische Logik beschränken.

Mit Γ, Δ, Π, Λ, ... bezeichnen wir endliche Folgen von Formeln; statt $\langle\varphi_1,\ldots,\varphi_n\rangle$ schreiben wir auch $\varphi_1,\ldots,\varphi_n$; Δ,φ bezeichnet die um eins mit φ verlängerte Folge Δ ; ganz entsprechend ist φ,Δ sowie Γ,Δ erklärt.

1. Def.: Eine Sequenz ist eine Zeichenreihe

$$\Gamma \rightarrow \Delta$$

wobei Γ und Δ endliche Folgen von Formeln sind und "$\rightarrow$" das neue Zeichen ist.

Γ heißt der Antezedent und Δ der Sukzedent der Sequenz.

Wenn Γ (bzw. Δ) die leere Folge ist, schreiben wir statt $\emptyset \to \Delta$ (bzw. $\Gamma \to \emptyset$) auch $\to \Delta$ (bzw. $\Gamma \to$).

Die in einer Folge $\Delta = \langle \varphi_1, \ldots, \varphi_n \rangle$ vorkommenden (bzw. frei oder gebunden vorkommenden) Variablen erklären wir auf natürliche Art:

$$Var(\Delta) = U(Var(\varphi_i) \mid 1 \leq i \leq n)$$
$$fr(\Delta) = U(fr(\varphi_i) \mid 1 \leq i \leq n)$$
$$bd(\Delta) = U(bd(\varphi_i) \mid 1 \leq i \leq n) \; .$$

Die entsprechenden Begriffe bildet man auch für Sequenzen. Eine Variable, die in einer Sequenz (bzw. einer Menge von Sequenzen) nicht vorkommt, heißt neu für diese Sequenz (bzw. für diese Menge von Sequenzen). Falls der Zusammenhang klar ist, sprechen wir auch von einer neuen Variablen schlechthin.

Die Sequenzen werden jetzt die Objekte unseres zu erklärenden Kalküls. Wir werden ein System von Axiomen und Regeln angeben, das es uns erlaubt Sequenzen (anstatt früher nur Formeln) abzuleiten.

Die Ableitungen werden allerdings nicht mehr wie beim Hilberttypkalkül in linearer Reihenfolge notiert, sondern etwas komplizierter in Baumform aufgeschrieben werden. Intuitiv stellen wir uns unter der Ableitbarkeit einer Sequenz $\varphi_1, \ldots, \varphi_n \to \psi_1, \ldots, \psi_m$ vor:

Die Prämissen $\varphi_1, \ldots, \varphi_n$ implizieren eines der ψ_j , $1 \leq j \leq m$ (oder auch: $\varphi_1 \wedge \ldots \wedge \varphi_n$ impliziert $\psi_1 \vee \ldots \vee \psi_m$) .

Diese Vorstellung muß sich natürlich in dem Regelsystem niederschlagen. Man kann die einzelnen Regeln so deuten, daß sie den beweistheoretischen Gehalt der einzelnen logischen Zeichen wiederspiegeln; dieser ist im klassischen Falle noch ganz unkonstruktiv.

2. Def.: Der Kalkül LK von Gentzen wird durch folgende Axiome und Regeln erklärt:

      I. Axiome:

      Alle Sequenzen der Gestalt $\varphi \to \varphi$,

      wobei φ eine beliebige Formel ist.

      II. Regeln:

      a) Strukturregeln:

      a_1) Abschwächung links   Abschwächung rechts

$$\frac{\Gamma \to \Delta}{\varphi, \Gamma \to \Delta} \qquad\qquad \frac{\Gamma \to \Delta}{\Gamma \to \Delta, \varphi}$$

a_2) Kontraktion links   Kontraktion rechts

$$\frac{\varphi,\ \varphi,\ \Gamma \to \Delta}{\varphi,\ \Gamma \to \Delta} \qquad \frac{\Gamma \to \Delta,\ \varphi,\ \varphi}{\Gamma \to \Delta,\ \varphi}$$

a_3) Vertauschung links   Vertauschung rechts

$$\frac{\Gamma,\ \varphi,\ \psi,\ \Pi \to \Delta}{\Gamma,\ \psi,\ \varphi,\ \Pi \to \Delta} \qquad \frac{\Gamma \to \Delta,\ \varphi,\ \psi,\ \Pi}{\Gamma \to \Delta,\ \psi,\ \varphi,\ \Pi}$$

b) Schnittregel:

$$\frac{\Gamma \to \Delta,\varphi \quad \to \varphi,\ \Pi \to \Lambda}{\Gamma,\ \Pi \to \Delta,\ \Lambda}$$

c) Logische Regeln:

c_1) $\wedge \to$ -Regeln $\to \wedge$ -Regel

$$\frac{\varphi,\ \Gamma \to \Delta \quad \psi,\ \Gamma \to \Delta}{\varphi\wedge\psi,\Gamma\to \Delta \quad \psi\wedge\varphi,\Gamma\to \Delta} \qquad \frac{\Gamma \to \Delta,\ \varphi \mid \Gamma \to \Delta,\ \psi}{\Gamma \to \Delta,\ \varphi\wedge\psi}$$

c_2) $\vee \to$ -Regel $\vee \to$ -Regeln

$$\frac{\varphi,\Gamma \to \Delta \mid \psi,\Gamma \to \Delta}{\varphi\vee\psi,\ \Gamma \to \Delta} \qquad \frac{\Gamma \to \Delta,\ \varphi}{\Gamma \to \Delta,\varphi\vee\psi} \quad \frac{\Gamma \to \Delta,\ \varphi}{\Gamma \to \Delta,\psi\vee\varphi}$$

c_3) $\supset \to$ -Regel $\to \supset$ -Regel

$$\frac{\Gamma \to \Delta,\varphi \mid \psi,\Pi \to \Lambda}{\varphi\supset\psi,\Gamma,\ \Pi \to \Delta,\ \Lambda} \qquad \frac{\varphi,\ \Gamma \to \Delta,\ \psi}{\Gamma \to \Delta,\ \varphi\supset\psi}$$

c_4) $\neg \to$ -Regel $\to \neg$ -Regel

$$\frac{\Gamma \to \Delta,\ \varphi}{\neg\varphi,\Gamma \to \Delta} \qquad \frac{\varphi,\ \Gamma \to \Delta}{\Gamma \to \Delta,\neg\varphi}$$

c_5) $\forall \to$ -Regel $\to \forall$ -Regel

$$\frac{\mathrm{sub}(\zeta,Y,\varphi),\ \Gamma \to \Delta}{\forall x_k\varphi,\ \Gamma \to \Delta} \qquad \frac{\Gamma \to \Delta,\ \mathrm{sub}(\zeta_{k,1},Y,\varphi)}{\Gamma \to \Delta,\ \forall x_k\varphi}$$

wobei:

$Y \subseteq \mathrm{Var}$, Y endlich; $\zeta =_{x_k} \mathrm{id}$;

$\zeta_{k,1} =_{x_k} \mathrm{id}$, $\zeta_{k,1}(x_k) = x_1$;

$$x_1 \notin \mathrm{fr}(\Gamma) \cup \mathrm{fr}(\Delta) \cup \mathrm{Var}(\forall x_k \varphi)$$

$c_6)$ $\exists \to$ -Regel $\to \exists$ -Regel

$$\frac{\mathrm{sub}(\zeta_{k,1},Y,\varphi),\ \Gamma \to \Delta}{\exists x_k \varphi,\ \Gamma \to \Delta} \qquad \frac{\Gamma \to \Delta,\ \mathrm{sub}(\zeta,Y,\varphi)}{\Gamma \to \Delta,\ \exists x_k \varphi}$$

wobei:

$$Y \subseteq \mathrm{Var},\ Y\ \text{endlich};\quad \zeta =_{x_k} \mathrm{id}\ ;$$

$$\zeta_{k,1} =_{x_k} \mathrm{id}\ ,\quad \zeta_{k,1}(x_k) = x_1\ ;$$

$$x_1 \notin \mathrm{fr}(\Gamma) \cup \mathrm{fr}(\Delta) \cup \mathrm{Var}(\exists x_k \varphi)\quad .$$

Dabei sind φ und ψ beliebige Formeln, Γ, Δ, Π und Λ beliebige Sequenzen sowie $k, 1 \in N$.

Die unter c) genannten logischen Regeln werden auch Einführungsregeln für die logischen Zeichen genannt. Wir halten es jedoch für besser, die $\forall \to$ -Regel und die $\to \exists$ -Regel Termvergeßregel zu nennen, weil doch die Tatsache, daß der Term $t = \zeta(x_k)$ "vergessen" wurde, viel gravierender erscheint als die Einführung der Quantoren.Aber immerhin merkt man sich durch die Quantoreneinführung noch, daß und wo ein Term vergessen wurde.
Etwas drastisch formuliert bedeutet ein Beweisschritt im Sinne der obigen Regeln nichts anderes als "umordnen, zusammenfassen und vergessen". Durch die $\to \wedge$ -Regel faßt man z.B. die Information zusammen, daß man die beiden Prämissen einzeln bewiesen hat, während man sich durch die $\to \vee$ -Regel und die $\exists \to$ -Regel merkt, daß man die Prämisse "ohne Bedingung an x_1 " abgeleitet hat. Wir kommen später noch darauf zu sprechen, mit welchem Recht man diese Regeln "Allregeln" bzw. "Existenzregeln" nennt. Wir haben gerade informell über Ableitungen und Beweise gesprochen, ohne es definiert zu haben. Dies wollen wir nun nachholen.
Zunächst einige Begriffe:

3.Def.: (i) Bei den Regeln $\to \forall$ und $\exists \to$ heißt die Variable x_1 die Eigenvariable, diese Regeln heißen auch kritische Regeln; die Bedingung, daß x_1 in der Konklusion nicht frei vorkommen darf, ist die Eigenvariablenbedingung.

       (ii) Bei den Regeln $\to \exists$ und $\forall \to$ heißt der Term

$t = \zeta(x_k)$ der Substitutionsterm.

(iii) Bei der Schnittregel heißt die Formel φ die Schnittformel.

(iv) Bei einer logischen Regelanwendung werden die
Hauptformeln, Seitenformeln und Nebenformeln wie
folgt erklärt:

a) Die Hauptformel ist die in der Konklusion neu entstandene Formel, also

$$
\begin{array}{lllll}
\varphi \wedge \psi & \text{bei} & \wedge \to & \text{und} & \to \wedge \ , \\
\varphi \vee \psi & \text{bei} & \vee \to & \text{und} & \to \vee \ , \\
\varphi \supset \psi & \text{bei} & \supset \to & \text{und} & \to \supset \ , \\
\neg \varphi & \text{bei} & \neg \to & \text{und} & \to \neg \ , \\
\forall x_k \varphi & \text{bei} & \forall \to & \text{und} & \to \forall \ , \\
\exists x_k \varphi & \text{bei} & \exists \to & \text{und} & \to \exists \ .
\end{array}
$$

b) Die Seitenformel ist die in der (bzw. den) Prämis-
se(n) veränderte Formel, also

φ (bzw. φ und ψ) bei den aussagenlogischen
Regeln,
$sub(\zeta,Y,\varphi)$ bzw. $sub(\zeta_{k,1},Y,\varphi)$ bei den Quantorenregeln.

c) Alle anderen Formeln der Prämisse(n) heißen Nebenformeln.

Wir möchten hier anmerken, daß wir in dieser Definition das Vorkommen der jeweiligen Formel in der entsprechenden Sequenz meinen,
wir hätten ganz präzise also etwa erklären müssen: Die Hauptformel
bei der $\to \wedge$ -Regel ist das letzte Folgenglied des Sukzedenten der
Konklusionssequenz.
Da wir Ableitungen in unserem Kalkül jetzt in Baumform notieren
wollen, benötigen wir die folgende Definition.

4.Def.: $\langle E, \langle \rangle$ heißt endlich verzweigter Baum, wenn gilt:

(i) $\langle E, \langle \rangle$ ist eine Menge mit einer irreflexiven
und transitiven Relation ;

(ii) es existiert genau ein minimales Element (bzgl. $\langle$)
in E, dieses Element e_o heißt die Wurzel des Baumes;

(iii) für alle $e \neq e_o$ ist die Menge $\{e' \varepsilon E \mid e' \langle e \}$
endlich und hat genau ein maximales Element;

(iv) für alle e ϵ E hat die Menge $\{e'\epsilon\ E|\ e < e'\}$
nur endlich viele minimale Elemente.

Die Elemente von E werden auch die Knoten des Baumes genannt.

5.Def.: Wenn für zwei Knoten e und e' eines Baumes e < e' gilt
und wenn kein Knoten e'' mit e < e'' < e' existiert,
dann heißt e unterer Nachbar von e' und e' oberer Nachbar
von e.

Die Bedingungen (iii) und (iv) in der Definition eines endlich
verzweigten Baumes sichern, daß jeder Knoten nur einen unteren
und endlich viele obere Nachbarn hat. Statt "endlich verzweigter
Baum" sagen wir auch kurz <u>Baum</u>. Wir weisen noch darauf hin, daß
Bäume in der Literatur auch auf viele andere Weisen beschrieben
sind.

6.Def.: (i) W $\subseteq$ E heißt ein Weg in $< E, < >$, wenn gilt:
  a) $< \cap W^2$ ist eine Totalordnung auf W ;
  b) Wenn e ϵ E und e' ϵ E und e < e'' < e' ist,
  dann ist auch e'' ϵ E .
(ii) Maximale Wege heißen Zweige (sie enthalten insbesondere die Wurzel).

7.Def.: $\mathscr{B} = <\ < E, < >,\ < f_i\ |\ 0 \leqslant i \leqslant 6 > >$ heißt eine Ablei-
tung oder ein Beweis in LK, wenn gilt:
(i) $< E, < >$ ist ein Baum, im dem jeder Knoten höchstens
zwei obere Nachbarn hat und E endlich ist.
(ii) Die f_i , $0 \leqslant i \leqslant 6$, sind Funktionen ("Begleitfunktionen") mit E als Definitionsbereich und den
folgenden Bedingungen:
  1) f_o: $E \longrightarrow \{\ S\ |\ S$ Sequenz $\}$,
  für maximale Knoten e ist $f_o(S)$ ein Axiom,
  wenn e nicht maximal ist und den oberen Nachbarn e'
  (bzw. die oberen Nachbarn e' und e'') hat, dann folgt
  $f_o(e)$ aus $f_o(e')$ (bzw. aus $f_o(e')$ und $f_o(e'')$)
  vermöge einer Regelanwendung.
  2) Wenn e maximal ist, so ist $f_i(e) = 0$, $1 \leqslant i \leqslant 6$.
  Wenn e nicht maximal ist, so gilt:

3) $f_1(e)$ gibt die Regelanwendung an, durch die $f_0(e)$
entstanden ist.

4) $f_2(e)$ gibt die Hauptformel in $f_0(e)$ an.

5) $f_3(e)$ ordnet der Sequenz am oberen Nachbarn von e
(bzw. an den oberen Nachbarn von e) die Seitenformel(n)
zu.

6) $f_4(e)$ ordnet der Sequenz am oberen Nachbarn von e
(bzw. an den oberen Nachbarn von e) die Nebenformel(n)
zu.

7) $f_5(e)$ ist im Falle einer $\forall\rightarrow$ - oder $\rightarrow\exists$ -Regelan-
wendung der Substitutionsterm.

8) $f_6(e)$ ist im Falle einer $\rightarrow\forall$ - oder $\exists\rightarrow$ -Regelan-
wendung die Eigenvariable.

9) In allen übrigen, für uns uninteressanten Fällen
seien die Funktionswerte der Begleitfunktionen als 0
definiert.

Wenn e_0 die Wurzel von E ist, nennen wir den Beweis $\mathscr{B}$ auch ci-
nen Beweis von $f_0(e_0)$.
Wenn wir später Beweise in LK konstruieren oder Manipulationen
an Beweisen vornehmen, dann werden wir diese Konstruktionen gewöhnlich nur skizzieren und insbesondere die Begleitfunktionen
nicht formal definieren. Die vorliegende Definition soll nur klarmachen, welche Informationen wir uns bei einem gegebenen Beweis
mitgeliefert denken.

8.Def.: Eine Sequenz S heißt pur, wenn $fr(S) \cap bd(S) = \emptyset$ ist.

9.Def.: Ein Beweis $\mathscr{B}$ heißt pur, wenn gilt:

(i) Wenn F_1 die Menge der Eigenvariablen von $\mathscr{B}$ ist,
wenn F_2 die Menge der in Substitutionstermen von
vorkommenden Variablen ist und wenn

$$V_b = \cup(bd(f_0(e)) \mid e \in E)$$

$$V_f = \cup(fr(f_0(e)) \mid e \in E) \cup F_1 \cup F_2 \quad \text{ist,}$$

dann ist $V_b \cap V_f = \emptyset$

(ii) Eine Eigenvariable einer Regelanwendung an einem
Knoten e kommt in Sequenzen oder in Werten von Begleitfunktionen höchstens an Knoten oberhalb von e
vor.

(iii) Es existiert ein $Y \subseteq \text{Var}$, so daß $V_f \subseteq Y$ ist und alle angewandten Quantorenregeln von der Form

$$\frac{\text{sub}(\zeta,Y,\varphi)}{Qx_k\varphi} \qquad \text{bzw.} \qquad \frac{\text{sub}(\zeta_{k,1},Y,\varphi)}{Qx_k\varphi}$$

mit $Q \in \{\forall,\exists\}$ sind.

Die Variablen aus F_1 und F_2 treten eventuell gar nicht in den Sequenzen, sondern nur in den Begleitfunktionen auf. In diesem Falle wirken sich etwaige Ersetzungen dieser Variablen auf die Sequenzen gar nicht aus. Unser erstes Ziel ist es, uns auf pure Beweise zu beschränken. Dabei ist es zweckmäßig, als zu beweisende Sequenzen auch nur pure Beweise zuzulassen. Die Einschränkung auf pure Sequenzen ist jedoch nicht unbedingt erforderlich, weil wir, im Gesatz zu sonst üblichen Formulierungen der Regeln von LK, genügend viele Umbenennungen der gebundenen Variablen bei den Quantorenregeln eingebaut haben. Wir müssen einige Operationen an Beweisen vornehmen und sehen als erstes:

10.Satz: Für jede Formel φ ist die Sequenz $\varphi \to \varphi$ so herzuleiten, daß in den Axiomen nur Atomformeln stehen.

Beweis: Wir gehen induktiv über den Aufbau der Formel φ vor. Für Atomformeln ist die Behauptung klar. Für die aussagenlogischen Operationen führen wir nur den Fall der Implikation vor:

$$\frac{\dfrac{\varphi_1 \to \varphi_1 \quad \Big| \quad \varphi_2 \to \varphi_2}{\varphi_1 \supset \varphi_2, \; \varphi_1 \to \varphi_2}}{\dfrac{\varphi_1, \; \varphi_1 \supset \varphi_2 \to \varphi_2}{\varphi_1 \supset \varphi_2 \to \varphi_1 \supset \varphi_2}}$$

Bei den Quantoren beschränken wir uns auf den Allquantor. Es sei $\varphi = \forall x_k\psi$, x_1 sei eine neue Variable, dann haben wir:

$$\frac{\dfrac{\text{sub}(\zeta_{k,1},Y,\psi) \to \text{sub}(\zeta_{k,1},Y,\psi)}{\forall x_k\psi \to \text{sub}(\zeta_{k,1},Y,\psi)}}{\forall x_k\psi \to \forall x_k\psi}$$

Die oberen Sequenzen sind jeweils nach Induktionsvoraussetzung auf die gewünschte Weise ableitbar, woraus die Behauptung folgt.

11.Def.: (i) Wenn eine Formel φ in einem Beweis in einer Sequenz an einem Knoten e vorkommt (d.h. in $f_0(e)$),dann

erklären wir die direkten Vorgänger von φ (an dem
Vorkommen an dieser Stelle) wie folgt:

1) Wenn φ als Hauptformel entstanden ist, sind die direkten Vorgänger (bzw. der direkte Vorgänger) die
die Seitenformeln an den entsprechenden Stellen in
den Sequenzen an den oberen Nachbarn (bzw. an dem
oberen Nachbarn).

2) Wenn φ durch Abschwächung entstanden ist, hat φ
keine Vorgänger.

3) Wenn $f_1(e)$ eine Kontraktion war, z.B. rechts (entsprechend links):

$$\frac{\Gamma \to \Delta, \ \varphi, \ \varphi}{\Gamma \to \Delta, \ \varphi}$$

sind beide Vorkommen von φ in der oberen Sequenz
direkte Vorgänger des Vorkommens von φ in der unteren Sequenz.

4) Wenn $f_1(e)$ eine Vertauschung war, z.B. rechts (entsprechend links):

$$\frac{\Gamma \to \Delta, \ \varphi, \ \psi, \ \Pi}{\Gamma \to \Delta, \ \psi, \ \varphi, \ \Pi}$$

ist das Vorkommen von φ in der oberen Sequenz ein
direkter Vorgänger des Vorkommens von φ in der unteren Sequenz.

5) In allen anderen Fällen ist der direkte Vorgänger
(bzw sind die direkten Vorgänger) einer Formel in
der Konklusion die Nebenformel(n) an der (den) entsprechenden Stelle in der Prämisse (in den Prämissen).

(ii) Die Vorgängerrelation ist die transitive Hülle der
direkten Vorgängerrelation.

Damit können wir jetzt zeigen:

12.Purifikationssatz: Jede ableitbare pure Sequenz S besitzt einen puren Beweis.

Beweis: Es sei ein Beweis $\mathcal{B}$ von S vorgelegt. Nach Satz 10 können
wir annehmen, daß an den Axiomen nur Atomformeln stehen. Es sei
k der höchste Index einer Variablen, welche in Sequenzen aus
$U(f_0(e) \mid e \in E)$ vorkommt und es sei m die Anzahl derjenigen

Knoten e, so daß $f_1(e)$ eine Quantorenregel ist. Ferner sei
$m = k+m$ und es sei

$$Y = \{x_i \mid i \leqslant n\} \; .$$

Wir erklären jetzt einen neuen Beweis $\mathscr{B}' = \;<<E,<>, <f'_i \mid 0\leqslant i\leqslant 6>>$
von S, wobei der zugrundeliegende Baum derselbe wie beim Beweis $\mathscr{B}$
ist. Dabei beschränken wir uns darauf, die Funktion f'_0 anzugeben.
Wenn $f_0(e)$ die Sequenz $\varphi_1,\ldots,\varphi_r \to \psi_1,\ldots,\psi_1$ ist, soll $f'_0(e)$
von der Form $\varphi'_1,\ldots,\varphi'_r \to \psi'_1,\ldots,\psi'_1$ sein. Dabei sollen die
φ'_i aus den φ_i und die ψ'_i aus den ψ_i durch Umnumerierung der gebundenen Variablen auf folgende Weise entstehen:

1) Wenn e_0 der minimale Knoten des Baumes ist, sei $f'_0(e_0) = f_0(e_0)$.

2) Es sei $f'_0(e)$ bereits erklärt und es sei e_1 (bzw. e_1 und e_2)
der obere Nachbar (bzw. die die oberen Nachbarn) von e.

   a) Wenn $f_1(e)$ weder die Schnittregel noch eine Quantorenregel
      ist, erkläre man $f'_0(e_1)$ (bzw. $f'_0(e_1)$ und $f'_0(e_2)$) da-
      durch, daß $f'_0(e)$ aus $f'_0(e_1)$ (bzw. aus $f'_0(e_1)$ und $f'_0(e_2)$)
      vermöge derselben Regel $f_1(e)$ entsteht und die Vorgän-
      gerrelation erhalten bleibt.

   b) Wenn $f_1(e)$ die Schnittregel ist, erhalte man $f'_0(e_1)$ und
      $f'_0(e_2)$ aus $f_0(e_1)$ und $f_0(e_2)$, indem man zusätzlich zu
      der Bedingung a) noch die Vorkommen der Schnittformel φ
      durch $\mathrm{sub}(\mathrm{id},Y,\varphi)$ ersetzt.

   c) Wenn $f_1(e)$ eine Quantorenregel ist, bestimme man $f'_0(e_1)$
      dadurch, daß man zusätzlich zu a) noch die Seitenformeln
      neu festlegt:
      Wenn etwa

$$\frac{\varphi_1,\ldots,\varphi_r \to \psi_1,\ldots,\psi_{1-1},\mathrm{sub}(\zeta_{i,k},Y',\chi)}{\varphi_1,\ldots,\varphi_r \to \psi_1,\ldots,\psi_{1-1},\forall x_i \chi}$$

die Regelanwendung $f_1(e)$ im Beweis $\mathscr{B}$ war und $\psi'_1 = \forall x_j \chi'$
ist, dan sei $\mathrm{sub}(\zeta_{j,k},Y,\chi')$ die neue Seitenformel.
Bei den anderen Quantorenregeln verfahre man analog.
Weil an den Axiomen nur Atomformeln stehen und nur gebundene
Variable umbenannt werden, erhalten wir so wieder einen Beweis
$\mathscr{B}'$ von S mit im wesentlichen (d.h. bis auf die Substitutionen
und das Y bei den Quantorenregeln) denselben Regelanwendungen wie
in $\mathscr{B}$. In dem neuen Beweis haben die gebundenen Variablen, die
nicht in der Endsequenz vorkommen, eine höhere Nummer als alle
im Beweise und in der Endsequenz S vorkommenden freien Variablen;
alle in Quantorenregeln auftretenden Substitutionen "sub" lassen

sich auch als "rep" schreiben. Nach einer trivialen Änderung der
für die nicht explizit auftretenden Eigenvariablen und Variablen
in den Substitutionstermen genügt dieser Beweis dann der Bedingung
(i) der Purheit.
Es sei nun e ein Knoten mit der Regelanwendung → ∀ (im Falle daß
f_1(e) die ∃ → -Regel ist, verfährt man ganz entsprechend):

$$\frac{\Gamma \rightarrow \Delta, \ \mathrm{sub}(\zeta_{k,j}, Y, \varphi)}{\Gamma \rightarrow \Delta, \ \forall x_k \varphi}$$

Es sei nun x_i die erste neue Variable, nach Definition von Y haben wir x_i ε Y. Wir ersetzen nun überall oberhalb von e die Variable x_j durch x_i vermöge der Substitution $\mathrm{sub}(\zeta_{j,i}, Y, -)$;
dadurch werden bei den gebundenen Variablen keine neuen Umbenen-
nungen vorgenommen und wir erhalten wieder einen Beweis von S,
wodurch man sich durch eine leichte Induktion überzeugt. Durch
Induktion über die Anzahl der Knoten mit kritischer Quantifizi-
rung verschaffen wir uns so einen puren Beweis.
Schließlich benötigen
Schließlich benötigen wir noch den folgenden Satz über die Natur
purer Beweise.

13. Satz: Es sei $\mathscr{B}$ ein purer Beweis einer Sequenz S, in dem alle
Substitutionen mit Hilfe von Y vorgenommen werden. Wenn
t ein Term ist mit Var(t) ⊆ Y so daß Var(t) keine Eigenvariablen enthält und wenn $\zeta =_{x_k} \mathrm{id}$, $\zeta(x_k) = t$ und
wenn schließlich S' aus S durch Ersetzen aller Formeln
φ mit x_k ε fr(φ) durch $\mathrm{sub}(\zeta, Y, \varphi)$ entsteht, dann hat
auch S' einen Beweis $\mathscr{B}'$. Man kann $\mathscr{B}'$ aus $\mathscr{B}$ erhalten,
indem man auf alle Formeln ψ, die in $\mathscr{B}$ auftreten und
x_k frei enthalten, die Substitution $\mathrm{sub}(\zeta, Y, \psi)$ anwendet.
Beweis: Wegen der Voraussetzung über Y werden durch die Substitutionen $\mathrm{sub}(\zeta, Y, -)$ keine gebundenen Variablen im Beweis umbenannt
Man geht nun durch Induktion über die Anzahl der Knoten im Beweisbaum vor. Für Axiome ist die Behauptung trivial. Der Induktionsschritt geschieht durch Inspektion der einzelnen Regeln, indem
man wie beim Beweis des letzten Satzes die Vorgänger, von unten
nach oben vorgehend, entsprechend austauscht. Wegen der Voraussetzungen über Var(t) kann dabei keine Eigenvariablenbedingung
verletzt werden.

Der letzte Satz motiviert ganz gut, daß man etwa die → ∀-Regel
auch "Regel für die Allquantifizierung" nennt: Wenn nämlich die
Prämisse mit der Eigenvariablen herleitbar ist, so ist auch jedes
Substitutionsergebnis, in dem man für die Eigenvariable einen beliebigen Term ersetzt hat, herleitbar. Es ist also nicht nötig,
eine Regel mit unendlich vielen Prämissen (was im Falle der → ∀-
Regel einer unendlichen Konjunktion und im Falle der → ∃ -Regel
einer unendlichen Disjunktion entsprechen würde) einzuführen.
Semantisch gesehen (worauf wir aber erst später zu sprechen kommen) leistet die Eigenvariable aber noch mehr: Man kann sie in
einer Struktur mit einem beliebigen Element belegen, auch mit einem solchen, welches nicht durch einen Term der Sprache bezeichnet wird. Dies ließe sich auch durch eine unendliche Regel nicht
mehr imitieren und rechtfertigt eigentlich erst unsere Quantorenregeln.

4.2 Der Schnitteliminationssatz und Gentzens Hauptsatz

Die Schnittregel von LK hat eine Ähnlichkeit zur Regel des Modus
ponens im Hilberttypkalkül : Beide Regeln "schneiden" gewisse,
im Beweis auftretende Formeln heraus, die man von der Konklusion
her gesehen dann nicht mehr erraten kann. Ziel dieses Abschnittes
ist es, die Schnittregel im Kalkül LK als überflüssig zu erweisen sowie zu zeigen, daß alle Beweise auf eine gewisse Normalform
gebracht werden können.Zu diesem Zwecke führen wir zunächst einen Hilfskalkül ein.

1.Def.: Wenn Π eine Folge von Formeln und φ eine Formel ist,
dann bezeichne $(\Pi)_\varphi$ die Folge, die aus Π durch Streichen aller Folgenglieder φ entsteht.

2.Def.: Die Mischregel ist:

$$\frac{\Gamma \to \Delta \quad | \quad \Pi \to \Lambda}{\Gamma, (\Pi)_\varphi \to (\Delta)_\varphi, \Lambda}$$

falls φ als Folgenglied sowohl in Δ als auch in Π
vorkommt. φ heißt dabei die Mischformel.

3.Def.: Der Kalkül LK* entsteht aus dem Kalkül LK durch Austausch
der Schnittregel gegen die Mischregel.

Die Kalküle LK und LK* sind gleichwertig:

4.Satz: Eine Sequenz S ist in LK genau dann ableitbar, wenn sie
in LK* ableitbar ist.

Beweis: 1) Es sei eine Anwendung der Mischregel gegeben:

$$\frac{\Gamma \to \Delta \mid \Pi \to \Lambda}{\Gamma, (\Pi)_\varphi \to (\Delta)_\varphi, \Lambda}$$

Wir ersetzen dies durch:

$$\frac{\begin{array}{ccc} \Gamma \to \Delta & & \Pi \to \Lambda \\ \vdots & & \vdots \\ \Gamma \to (\Delta)_\varphi, \varphi & \mid & \varphi, (\Pi)_\psi \to \Lambda \end{array}}{\Gamma, (\Pi)_\varphi \to (\Delta)_\varphi, \Lambda}$$

Vertauschungen, Kontraktionen

Schnitt

2) Es sei eine Anwendung der Schnittregel gegeben:

$$\frac{\Gamma \to \Delta, \varphi \mid \varphi, \Pi \to \Lambda}{\Gamma, \Pi \to \Delta, \Lambda}$$

Wir ersetzen dies durch:

$$\frac{\Gamma \to \Delta, \varphi \mid \varphi, \Pi \to \Lambda}{\Gamma, (\Pi)_\varphi \to (\Delta)_\varphi, \Lambda}$$

Mischregel

$$\vdots$$

Abschwächungen, Vertauschungen

$$\Gamma, \Pi \to \Delta, \Lambda$$

5.Satz: Ein Beweis einer puren Sequenz S in LK*, in dem genau
einmal, und zwar an der untersten Stelle, die Mischregel
angewandt wurde, läßt sich durch einen Beweis von S in
LK* ohne die Mischregel ersetzen.

Beweis: Wir können o.B.d.A. annehmen, daß der vorgelegte Beweis $\mathcal{B}$
von S ebenfalls pur ist. Es sei $< E, < >$ der Baum von $\mathcal{B}$ mit dem

minimalen Element e_o ; die oberen Nachbarn von e_o seien e_1 und e_2 . Die Mischformel sei φ und es seien $S_1 = f_o(e_1)$ und $S_2 = f_o(e_2)$ die Sequenzen an e_1 und e_2 ,

$$S_1 = \Gamma \to \Delta , \qquad S_2 = \Pi \to \Lambda .$$

Wir setzen $g = g(\varphi)$,wobei φ gerade aus der g-ten Schicht der Formelalgebra sei; g heißt auch der Grad der Schnittformel. Weiter sei für $i = 1,2$

$$r_i = \max(\ |W| \ | \ W \text{ Weg durch } e_i , \ \varphi \text{ kommt an allen}$$
$$\text{Knoten von W vor)}$$

und es sei

$$r = r_1 + r_2 . \text{ (Damit ist } r > 1+1 = 2).$$

Wir nennen r_1 den linken Rang und r_2 den rechten Rang von $\mathscr{B}$ und setzen schließlich

$$o(\mathscr{B}) = <g,r>.$$

Auf N^2 definieren wir eine Totalordnung durch

$$<n,m> \prec <n',m'> \text{ genau dann, wenn}$$
$$n < n' \text{ oder } n = n' \text{ und } m < m' .$$

Weil $< N^2, \prec >$ keine unendlichen absteigenden Ketten hat, können wir den Beweis durch Induktion längs dieser Ordnung führen (das läßt sich auch als doppelte Induktion über die beiden Parameter g und r auffassen). Wir gehen so vor, daß wir den vorgelegten Beweis $\mathscr{B}$ entweder durch einen schnittfreien Beweis $\mathscr{B}'$ ersetzen oder in der Ordnung $o(\mathscr{B})$ gemäß $\prec$ absteigen. Dabei unterscheiden wir grundsätzlich zwei Fälle:

Fall A : $r = 2$

Fall B : $r > 2$.

Fall A: (i) e_1 ist maximal. Dann ist S_1 ein Axiom und daher ist $S_1 = \varphi \to \varphi$ und wir haben :

$$\vdots$$

$$\frac{\varphi \to \varphi \ | \ \Pi \to \Lambda}{\varphi, \ (\Pi)_\varphi \to \Lambda}$$

Wir eliminieren die Mischregel:

$$\Pi \to \Lambda$$
$$\vdots \qquad\qquad \text{Vertauschungen,}$$
$$\qquad\qquad \text{Kontraktionen}$$
$$\varphi, \ (\Pi)_\varphi \to \Lambda$$

(ii) e_2 ist maximal: Analog zu (ii).

(iii) $f_1(e_1)$ ist eine Strukturregel. Wegen $r_1 = 1$ kann dies
nur die Abschwächungsregel sein:

$$\frac{\dfrac{\Gamma \to \Delta_1}{\Gamma \to \Delta_1,\varphi} \;\Big|\; \Pi \to \Lambda}{\Gamma,(\Pi)_\varphi \to \Delta_1,\Lambda}$$

Dabei tritt φ in Δ_1 wegen $r_1 = 1$ nicht auf. Wir eliminieren
die Schnittregel:

$$\begin{array}{c} \Gamma \to \Delta_1 \\ \vdots \\ \Gamma,(\Pi)_\varphi \to \Delta_1,\Lambda \end{array} \qquad \begin{array}{l} \text{Abschwächungen,} \\ \text{Vertauschungen} \end{array}$$

(iv) $f_1(e_2)$ ist eine Strukturregel: Analog zu (iii).
In den restlichen Fällen werden die Regeln behandelt, in denen
ein logisches Zeichen eingeführt wurde. Wegen $r_1 = r_2 = 1$ muß
die Mischformel dabei die Hauptformel sein, d.h. es ist
$\varphi = f_2(e_1) = f_2(e_2)$.
(v) φ ist eine Konjunktion, $\varphi = \varphi_1 \wedge \varphi_2$:

$$\frac{\dfrac{\Gamma \to \Delta_1,\varphi_1 \;\Big|\; \Gamma \to \Delta_1,\varphi_2}{\Gamma \to \Delta_1,\varphi_1 \wedge \varphi_2} \;\Big|\; \dfrac{\varphi_i,\Pi_1 \to \Lambda}{\varphi_1 \wedge \varphi_2,\Pi_1 \to \Lambda}}{\Gamma,\Pi_1 \to \Delta_1,\Lambda}$$

wobei i = 1 oder i = 2 und weder Δ_1 noch Π_1 die Mischformel φ
enthalten. Wir betrachten den folgenden Beweis:

$$\frac{\Gamma \to \Delta_1,\varphi_i \;\Big|\; \varphi_i,\Pi_1 \to \Lambda}{\Gamma \to (\Pi_1)_{\varphi_i} \to (\Delta_1)_{\varphi_i},\Lambda} \qquad \text{Mischregel}$$

Da die Mischformel φ_i einen kleineren Grad als φ hat, ist die

Mischregel in diesem Beweis nach Induktionsvoraussetzung eliminierbar.

Wir erhalten dann S durch

$$
\begin{array}{c}
\Gamma, (\Pi_1)_{\varphi_i} \to (\Delta_1)_{\varphi_i}, \Lambda \\
\vdots \\
\Gamma, \Pi_1 \to \Delta_1, \Lambda
\end{array}
\qquad\text{Abschwächungen, Vertauschungen}
$$

(vi) φ ist eine Disjunktion, $\varphi = \varphi_1 \lor \varphi_2$:

$$
\cfrac{\cfrac{\Gamma \to \Delta_1, \varphi_i}{\Gamma \to \Delta_1, \varphi_1 \lor \varphi_2}
\quad\Big|\quad
\cfrac{\varphi_1, \Pi_1 \to \Lambda \mid \varphi_2, \Pi_1 \to \Lambda}{\varphi_1 \lor \varphi_2,\ \Pi_1 \to \Lambda}}
{\Gamma, \Pi_1 \to \Delta_1, \Lambda}
$$

wobei $i = 1$ oder $i = 2$ und weder Δ_1 noch Π_1 die Mischformel φ
enthalten. Wir betrachten den folgenden Beweis:

$$
\cfrac{\cfrac{\Gamma \to \Delta_1, \varphi_i \mid \varphi_i, \Pi_1 \to \Lambda}{\Gamma, (\Pi_1)_{\varphi_i} \to (\Delta_1)_{\varphi_i}, \Lambda}}
{\begin{array}{c} \vdots \\ \Gamma, \Pi_1 \to \Delta_1, \Lambda \end{array}}
\qquad
\begin{array}{l}
\text{Mischregel} \\[1em]
\text{Abschwächungen,} \\
\text{Vertauschungen}
\end{array}
$$

Aus dem oberen Teilbeweis läßt sich die Mischregel wieder wegen
des kleineren Grades der Mischformel eliminieren.

(vii) φ ist eine Implikation, $\varphi = \varphi_1 \supset \varphi_2$:

$$
\cfrac{\cfrac{\varphi_1, \Gamma \to \Delta_1, \varphi_2}{\Gamma \to \Delta_1, \varphi_1 \supset \varphi_2}
\quad\Big|\quad
\cfrac{\Pi_1^1 \to \Lambda_1, \varphi_1 \quad \varphi_2, \Pi_1^2 \to \Lambda_2}{\varphi_1 \supset \varphi_2, \Pi_1 \to \Lambda}}
{\Gamma, \Pi_1 \to \Delta_1, \Lambda}
$$

wobei weder Δ_1 noch Π_1 die Mischformel φ enthalten,

$$\Lambda = \Lambda_1, \Lambda_2 \quad , \quad \Pi_1 = \Pi_1^1, \Pi_1^2 \ .$$

Wir betrachten:

$$\frac{\dfrac{\vdots}{\Pi_1^1 \to \Lambda_1, \varphi_1} \ \Big| \ \dfrac{\vdots}{\varphi_1, \Gamma \to \Delta_1, \varphi_2} \qquad \vdots}{\dfrac{\Pi_1^1, (\Gamma)_{\varphi_1} \to (\Lambda_1)_{\varphi_1}, \Delta_1, \varphi_2 \ \Big| \ \varphi_2, \Pi_1^2 \to \Lambda_2}{\Pi_1^1, (\Gamma)_{\varphi_1}, (\Pi_1^2)_{\varphi_2} \to ((\Lambda_1)_{\varphi_1})_{\varphi_2}, (\Delta_1)_{\varphi_2}, \Lambda_2}}$$

$$\vdots$$
$$\Gamma, \Pi_1^1, \Pi_1^2 \to \Delta_1, \Lambda_1, \Lambda_2$$

Nach Induktionsvoraussetzung lassen sich der Reihe nach die erste und die zweite Anwendung der Mischregel eliminieren.

(viii) φ ist eine Negation, $\varphi = \neg\psi$:

$$\frac{\dfrac{\vdots}{\psi, \Gamma \to \Delta_1} \qquad \dfrac{\vdots}{\Pi_1 \to \Lambda, \psi}}{\dfrac{\Gamma \to \Delta_1, \neg\psi \ \Big| \ \neg\psi, \Pi_1 \to \Lambda}{\Gamma, \Pi_1 \to \Delta_1, \Lambda}}$$

wobei $\neg\psi$ weder in Δ_1 noch Π_1 vorkommt. Wir betrachten wieder:

$$\frac{\dfrac{\vdots}{\Pi_1 \to \Lambda, \psi} \ \Big| \ \dfrac{\vdots}{\psi, \Gamma \to \Delta_1}}{\Pi_1, (\Gamma)_\psi \to (\Lambda)_\psi, \Delta_1}$$
$$\vdots$$
$$\Gamma, \Pi_1 \to \Delta_1, \Lambda$$

Wie oben schließen wir auf die Behauptung.

(ix) φ ist eine $\forall$-Formel, $\varphi = \forall x_k \psi$:

$$\frac{\dfrac{\vdots}{\Gamma \to \Delta_1, \mathrm{sub}(\zeta_{k,1}, Y, \psi)} \qquad \dfrac{\vdots}{\mathrm{sub}(\zeta, Y, \psi), \Pi_1 \to \Lambda}}{\dfrac{\Gamma \to \Delta_1, \forall x_k \psi \ \Big| \ \forall x_k \psi, \Pi_1 \to \Lambda}{\Gamma, \Pi_1 \to \Delta_1, \Lambda}}$$

Dabei ist wieder φ weder in Δ_1 noch Π_1 . Aus der Bedingung über die Eigenvariable und der Purheit folgt dann, daß x_1 höchsten in $\text{sub}(\zeta_{k,1},Y,\psi)$ vorkommt und daß keine Variable in $\zeta(x_k)$ in $\text{sub}(\zeta_{k,1},Y,\psi)$ gebunden ist. Dadurch sieht man ein:

$$\text{sub}(\zeta',Y,\text{sub}(\zeta_{k,1},Y,\psi)) = \text{sub}(\zeta,Y,\psi)$$

mit

$$\zeta'(x_i) = \begin{cases} \zeta(x_k) & \text{für } i = 1 \\ x_i & \text{sonst} \end{cases}$$

Die zweite Substitution nimmt keine Umbenennung der gebundenen Variablen vor. Wir erhalten also, indem wir oberhalb dieser Stelle auf alle Formeln, die x_1 enthalten, die Substitution $\text{sub}(\zeta',Y,-)$ anwenden einen Beweis von

$$\Gamma \to \Delta_1,\text{sub}(\zeta,Y,\psi)$$

und betrachten

$$\frac{\Gamma \to \Delta_1,\text{sub}(\zeta,Y,\psi) \quad \bigm| \quad \text{sub}(\zeta,Y,\psi),\Pi_1 \to \Lambda}{\Gamma,(\Pi_1)_\chi \to (\Delta_1)_\chi,\Lambda}$$

$$\Gamma,\Pi_1 \to \Delta_1,\Lambda$$

mit $\chi = \text{sub}(\zeta,Y,\psi)$. Da die Mischformel χ wieder einen kleineren Grad als φ hat, läßt sich die Mischregel eliminieren.

(x) φ ist eine $\exists$-Formel, $\varphi = \exists x_k \psi$: Analog zu (ix).

Fall B : $r > 2$.

Wir behandeln nur den Unterfall $r_1 > 1$, da man im Falle $r_2 > 2$ ganz analog vorgeht (diese beiden Fälle sind natürlich nicht disjunkt).

(i) Die Folge Λ enthält die Mischformel φ :

$$\Gamma \to (\Delta)_\varphi,\varphi$$
Vertauschungen,
Kontraktionen

$$\Gamma,(\Pi)_\varphi \to (\Delta)_\varphi,\Lambda$$
Vertauschungen,
Abschwächungen

ist dann ein Beweis von S ohne die Mischregel.

(ii) Γ enthält die Mischformel φ :

$$
\begin{array}{c}
\vdots \\
\Gamma \to \Delta \\
\vdots \\
\varphi, (\Pi)_\varphi \to \Lambda \\
\vdots \\
\Gamma, (\Pi)_\varphi \to (\Delta)_\varphi, \Lambda
\end{array}
\qquad
\begin{array}{l}
\text{Vertauschungen,} \\
\text{Kontraktionen} \\[1em]
\text{Vertauschungen,} \\
\text{Abschwächungen}
\end{array}
$$

ist wieder ein Beweis von S ohne die Mischregel.

(iii) $\varphi \neq f_2(e_1)$, d.h. φ ist nicht die Hauptformel der Regelanwendung:

$$
\begin{array}{c}
\vdots \\
\Gamma' \to \Delta' \\
\hline
\Gamma \to \Delta \quad | \quad \Pi \to \Lambda \\
\hline
\Gamma, (\Pi)_\varphi \to (\Delta)_\varphi, \Lambda
\end{array}
$$

wobei φ in Δ_1 vorkommt. Wir ersetzen diesen Beweis durch:

$$
\begin{array}{c}
\vdots \qquad\qquad \vdots \\
\Gamma' \to \Delta' \quad | \quad \Pi \to \Lambda \\
\hline
\Gamma', (\Pi)_\varphi \to (\Delta')_\varphi, \Lambda \\
\vdots \\
(\Pi)_\varphi, \Gamma' \to (\Delta')_\varphi, \Lambda \\
\hline
(\Pi)_\varphi, \Gamma \to (\Delta)_\varphi, \Lambda \\
\vdots \\
\Gamma, (\Pi)_\varphi \to (\Delta)_\varphi, \Lambda
\end{array}
\qquad
\begin{array}{l}
\text{Mischregel} \\[1.5em]
\text{Vertauschungen} \\[2em]
\text{Vertauschungen}
\end{array}
$$

In dem oberen Teil des Beweises läßt sich die Mischregel eliminieren, da dieser Teilbeweis einen kleineren Rang als der ursprüngliche Beweis hat.

In allen jetzt noch zu behandelnden Fällen ist $\varphi = f_2(e_1)$ und φ kommt weder in Γ noch in Λ vor.

(iv) φ ist eine Konjunktion, $\varphi = \varphi_1 \wedge \varphi_2$:

$$\dfrac{\begin{matrix}\vdots & & \vdots\\ \Gamma\to\Delta_1,\varphi_1 & \mid & \Gamma\to\Delta_1,\varphi_2\end{matrix}}{\Gamma\to\Delta_1,\varphi_1\wedge\varphi_2} \qquad \begin{matrix}\vdots\\ \Pi\to\Lambda\end{matrix}$$

$$\Gamma,(\Pi)_\varphi\to(\Delta_1)_\varphi,\Lambda$$

Wir betrachten den folgenden Beweis:

$$\dfrac{\begin{matrix}\vdots & & \vdots\\ \Gamma\to\Delta_1,\varphi_1 & \mid & \Pi\to\Lambda\end{matrix}}{\Gamma,(\Pi)_\varphi\to(\Delta_1)_\varphi,\varphi_1,\Lambda} \qquad \dfrac{\begin{matrix}\vdots & & \vdots\\ \Gamma\to\Delta_1,\varphi_2 & \mid & \Pi\to\Lambda\end{matrix}}{\Gamma,(\Pi)_\varphi\to(\Delta_1)_\varphi,\varphi_2,\Lambda}$$

$$\vdots \qquad\qquad\qquad \vdots$$

$$\dfrac{\dfrac{\Gamma,(\Pi)_\varphi\to(\Delta_1)_\varphi,\Lambda,\varphi_1 \mid \Gamma,(\Pi)_\varphi\to(\Delta_1)_\varphi,\Lambda,\varphi_2}{\Gamma,(\Pi)_\varphi\to(\Delta_1)_\varphi,\Lambda,\varphi_1\wedge\varphi_2} \quad \mid \quad \begin{matrix}\vdots\\ \Pi\to\Lambda\end{matrix}}{\Gamma,(\Pi)_\varphi,(\Pi)_\varphi\to(\Delta_1)_\varphi,\Lambda,\Lambda}$$

$$\vdots$$

$$\Gamma,(\Pi)_\varphi\to(\Delta_1)_\varphi,\Lambda$$

Man beachte, daß Δ_1 die Formel φ enthalten muß. Die oberen beiden Anwendungen der Mischregel können eliminiert werden, da die beiden Teilbeweise einen kleineren Rang als der Ausgangsbeweis haben. Die zweite Anwendung der Mischregel ist eliminierbar, da bei gleichem rechten Rang der linke Rang 1 ist, also kleiner als r_1.

(v) φ ist eine Disjunktion, $\varphi = \varphi_1 \vee \varphi_2$: Man verfahre wie in (iv).

(vi) φ ist eine Implikation, $\varphi = \varphi_1 \supset \varphi_2$:

$$\dfrac{\dfrac{\begin{matrix}\vdots\\ \varphi_1,\Gamma\to\Delta_1,\varphi_2\end{matrix}}{\Gamma\to\Delta_1,\varphi_1\supset\varphi_2} \quad \mid \quad \begin{matrix}\vdots\\ \Pi\to\Lambda\end{matrix}}{\Gamma,(\Pi)_\varphi\to(\Delta_1)_\varphi,\Lambda}$$

Wir betrachten den folgenden Beweis von S, in dem sich die Anwendungen der Mischregel eliminieren lassen, da die entsprechenden Teilbeweise jeweils einen kleineren Rang als der Ausgangsbeweis haben:

$$\frac{\varphi_1,\Gamma \to \Delta_1,\varphi_2 \quad\Big|\quad \Pi \to \Lambda}{\varphi_1,\Gamma,(\Pi)_\varphi \to (\Delta_1)_\varphi,\varphi_2,\Lambda}$$

$$\frac{\varphi_1,\Gamma,(\Pi)_\varphi \to (\Delta_1)_\varphi,\Lambda,\varphi_2}{\dfrac{\Gamma,(\Pi)_\varphi \to (\Delta_1)_\varphi,\Lambda,\varphi_1\supset\varphi_2 \quad\Big|\quad \Pi \to \Lambda}{\Gamma,(\Pi)_\varphi,(\Pi)_\varphi \to (\Delta_1)_\varphi,\Lambda,\Lambda}}$$

$$\Gamma,(\Pi)_\varphi \to (\Delta_1)_\varphi,\Lambda$$

(vii) φ ist eine Negation, $\varphi = \neg\psi$:

$$\frac{\dfrac{\psi,\Gamma \to \Delta_1}{\Gamma \to \Delta_1,\neg\psi} \quad\Big|\quad \Pi \to \Lambda}{\Gamma,(\Pi)_\varphi \to (\Delta_1)_\varphi,\Lambda}$$

Wir gehen wie oben vor:

$$\frac{\dfrac{\psi,\Gamma \to \Delta_1 \quad\Big|\quad \Pi \to \Lambda}{\dfrac{\psi,\Gamma,(\Pi)_\varphi \to (\Delta_1)_\varphi,\Lambda}{\Gamma,(\Pi)_\varphi \to (\Delta_1)_\varphi,\Lambda,\neg\psi \quad\Big|\quad \Pi \to \Lambda}}}{\Gamma,(\Pi)_\varphi,(\Pi)_\varphi \to (\Delta_1)_\varphi,\Lambda,\Lambda}$$

$$\Gamma,(\Pi)_\varphi \to (\Delta_1)_\varphi,\Lambda$$

Mit Hilfe der Induktionsvoraussetzung verschaffen wir uns daraus wieder einen Beweis ohne die Mischregel.

(viii) φ ist eine $\forall$-Formel, $\varphi = \forall x_k\psi$:

$$\Gamma \to \Delta_1,\mathrm{sub}(\zeta_{k,1},Y,\psi)$$

$$\frac{\Gamma \to \Delta_1, \forall x_k \psi \quad \Big| \quad \Pi \overset{\cdot}{\to} \Lambda}{\Gamma, (\Pi)_\varphi \to (\Delta_1)_\varphi, \Lambda}$$

Wir betrachten zunächst:

$$\frac{\Gamma \to \Delta_1, \mathrm{sub}(\zeta_{k,1}, Y, \psi) \quad \Big| \quad \Pi \to \Lambda}{\Gamma, (\Pi)_\varphi \to (\Delta_1)_\varphi, \mathrm{sub}(\zeta_{k,1}, Y, \psi), \Lambda}$$

$$\frac{\Gamma, (\Pi)_\varphi \to (\Delta_1)_\varphi, \Lambda, \mathrm{sub}(\zeta_{k,1}, Y, \psi)}{\dfrac{\Gamma, (\Pi)_\varphi \to (\Delta_1)_\varphi, \Lambda, \forall x_k \psi \quad \Big| \quad \Pi \overset{\cdot}{\to} \Lambda}{\dfrac{\Gamma, (\Pi)_\varphi, (\Pi)_\varphi \to (\Delta_1)_\varphi, \Lambda, \Lambda}{\Gamma, (\Pi)_\varphi \to (\Delta_1)_\varphi, \Lambda}}}$$

Da der ursprüngliche Beweis pur war, ist auch dies wieder ein Beweis, denn wir haben die Eigenvariablenbedingung nicht verletzt. Die Entfernung der Mischregel erfolgt dann wie oben.

(ix) φ ist eine $\exists$-Formel, $\varphi = \exists x_k \psi$:

$$\frac{\dfrac{\Gamma \to \Delta_1, \mathrm{sub}(\zeta, Y, \psi)}{\Gamma \to \Delta_1, \exists x_k \psi \quad \Big| \quad \Pi \to \Lambda}}{\Gamma, (\Pi)_\varphi \to (\Delta_1)_\varphi, \Lambda}$$

Wir betrachten wieder:

$$\frac{\Gamma \to \Delta_1, \mathrm{sub}(\zeta, Y, \psi) \quad \Big| \quad \Pi \to \Lambda}{\dfrac{\Gamma, (\Pi)_\varphi \to (\Delta_1)_\varphi, \mathrm{sub}(\zeta, Y, \psi), \Lambda}{\dfrac{\Gamma, (\Pi)_\varphi \to (\Delta_1)_\varphi, \Lambda, \exists x_k \psi \quad \Big| \quad \Pi \to \Lambda}{\Gamma, (\Pi)_\varphi, (\Pi)_\varphi \to (\Delta_1)_\varphi, \Lambda, \Lambda}}}$$

$$\Gamma, (\Pi)_\varphi \to (\Delta_1)_\varphi, \Lambda$$

Aus diesem Beweis eliminieren wir wieder die Mischregel.

Damit ist der Satz bewiesen. Wir vermerken noch, daß der Beweis
uns nicht nur die Existenz einer mischfreien Ableitung sichert,
sondern uns ein konstruktives Verfahren liefert, welches uns erlaubt, eine vorgegebene Ableitung effektiv in eine mischfreie Ableitung umzuformren.

Durch eine leichte Induktion erhalten wir jetzt als wichtiges
Ergebnis:

6. Gentzens Schnitteliminationssatz: Jede in LK herleitbare pure
   besitzt einen schnittfreien Beweis; dieser läßt sich
   effektiv aus einem vorgelegten Beweis konstruieren.

Die Voraussetzung über die Purheit der Sequenz haben wir aus
technischen Gründen gemacht, um den Beweis des Satzes nicht unnötig kompliziert zu machen. Wir werden später einen anderen,
nicht konstruktiven Beweis des Schnitteliminationssatzes erhalten,
der die Voraussetzung der Purheit der Sequenz nicht benötigt.
Aus dem konstruktiven Beweis wird jedoch die Rolle der Schnitte
in einer Ableitung ein wenig aufgehellt: Die Schnitte halfen,
beim Beweis Wiederholungen zu vermeiden. Umgekehrt haben wir ihre
Elimination dadurch bezahlt, daß unsere Beweise länger wurden,
wir mußten nämlich ganze Teilbäume kopieren. Man verschafft sich
jedoch leicht eine obere Schranke für die Länge des schnittfrei
gemachten Beweises: Wenn der ursprüngliche Beweisbaum n Knoten
hatte, so hat der schnittfreie Beweis höchstens $\underbrace{2^{2^{\cdot^{\cdot^{2}}}}}_{n\text{-mal}}$
viele Knoten.
Wir wollen den letzten Satz noch etwas verschärfen.

7. Def.: (i) Eine Formel heißt <u>pränex</u>, wenn die Formel die Gestalt
   $Q^1 x_{i_1} \ldots Q^n x_{i_n} \psi$, $Q^j \in \{\forall, \exists\}$ für $1 \leq j \leq n$, ψ eine
   offene Formel, hat.
   Die Zeichenreihe $Q^1 x_{i_1} \ldots Q^n x_{i_n}$ heißt das Präfix der
   Formel.
   (ii) Eine Sequenz S heißt pränex, wenn S nur pränexe Formeln enthält.

Damit erhalten wir nun einen Normalformensatz:

8. Gentzens Hauptsatz: Jede in LK ableitbare pränexe und pure Sequenz besitzt einen Beweis, in dem ein Knoten e existiert, so daß gilt:

(i) $f_0(e)$ ist eine offene Formel;

(ii) für alle $e' < e$ ist $f_1(e')$ eine Strukturregel oder eine Quantorenregel.

(Es ist dann klar, daß für alle $e' > e$ $f_1(e')$ eine Strukturregel oder eine aussagenlogische Regel sein muß und daß für alle $e' \in E$ entweder $e' < e$, $e' = e$ oder $e' > e$ gilt. Wenn e_0 der unterste Knoten ist, für den (i) und (ii) gilt, dann heißt $f_0(e_0)$ auch Gentzens Mittelsequenz (des Beweises $\mathscr{B}$).

Beweis: Wir verschaffen uns zunächst einen puren und schnittfreien Beweis der gegebenen Sequenz S, so daß an den Axiomen nur Atomformeln stehen. Der Baum dieses Beweises sei $< E, < >$. Dann setzen wir:

$$E' = \{e \in E \mid f_1(e) \text{ ist Quantorenregel}\} ,$$

für $e \in E'$ sei :

$$n(e) = |\{e' < e \mid f_1(e) \text{ aussagenlogische Regel}\}|$$

und $\qquad d(\mathscr{B}) = \sum_{e \in E'} n(e) \qquad$ (Der Defekt von $\mathscr{B}$).

Der Defekt von $\mathscr{B}$ ist also die Anzahl der aussagenlogischen Regeln die unterhalb von Quantorenregeln angewandt werden. Wir gehen induktiv über $d(\mathscr{B})$ vor.

a) $d(\mathscr{B}) = 0$: Falls keine aussagenlogische Regel angewandt wurde, existiert genau ein maximaler Knoten e und dieser leistet das Gewünschte. Andernfalls existiert das minimale e, so daß $f_1(e)$ aussagenlogisch ist. Wenn in Formeln von $f_0(e)$ Quantoren vorkommen, können solche Formeln nur durch Abschwächung eingeführt sein. Da S pränex und $\mathscr{B}$ schnittfrei ist, kann eine solche Formel auch immer nur Nebenformel und niemals Seitenformel einer Regelanwendung gewesen sein. Wir ändern den Beweis wie folgt ab: Wir streichen die Einführungen von Formeln mit Quantoren sowie die auf diese etwa angewandten Strukturregeln. Dann fügen wir diese Schritte unterhalb von e in derselben Reihenfolge wieder ein.

b) $d(\mathscr{B}) > 0$: Dann existieren zwei Knoten e und e' mit $e < e'$ so daß $f_1(e)$ eine aussagenlogische Regel und $f_1(e')$ eine Quantorenregel ist und das ferner für alle e" mit $e < e" < e'$ $f_1(e")$ eine Strukturregel ist. Wir untersuchen $f_1(e')$ und beschränken uns auf den Fall $\to \forall$:

$$\vdots$$

$$\frac{\Gamma \to \Delta, \mathrm{sub}(\zeta_{k,1}, Y, \psi)}{\Gamma \to \Delta, \forall x_k \psi}$$
$$\vdots \qquad\qquad\qquad \text{Strukturregeln}$$
$$\frac{\Gamma_1 \to \Delta_1}{\Gamma_2 \to \Delta_2} \qquad\qquad \text{Aussagenlogik}$$

Diesen Beweis ersetzen ersetzen wir durch:

$$\vdots$$

$$\frac{\Gamma \to \Delta, \mathrm{sub}(\zeta_{k,1}, Y, \psi)}{\Gamma \to \Delta, \mathrm{sub}(\zeta_{k,1}, Y, \psi), \forall x_k \psi} \qquad \text{Abschwächung}$$
$$\vdots \qquad\qquad\qquad \text{Vertauschungen}$$
$$\Gamma \to \mathrm{sub}(\zeta_{k,1}, Y, \psi), \Delta, \forall x_k \psi$$
$$\vdots \qquad\qquad\qquad \text{Strukturregeln,}$$
$$\qquad\qquad\qquad\qquad \text{Aussagenlogik}$$
$$\Gamma_2 \to \mathrm{sub}(\zeta_{k,1}, Y, \psi), \Delta_2$$
$$\vdots \qquad\qquad\qquad \text{Vertauschungen}$$
$$\frac{\Gamma_2 \to \Delta_2, \mathrm{sub}(\zeta_{k,1}, Y, \psi)}{\Gamma_2 \to \Delta_2, \forall x_k \psi}$$
$$\vdots \qquad\qquad\qquad \text{Strukturregeln}$$
$$\Gamma_2 \to \Delta_2$$

Da der ursprüngliche Beweis pur war, ist auch hier die Eigenvariablenbedingung nicht verletzt und der neue Beweis ebenfalls pur. Auf diese Weise haben wir den Defekt um 1 erniedrigt.

Wir vermerken noch zwei Spezialfälle des letzten Satzes.

9.Satz (Herbrand): Wenn φ eine offene Formel ist, dann existieren endlich viele Substitutionen $\zeta_1, \ldots, \zeta_n$ mit $\zeta_i(x) =_{x_j} \mathrm{id}$ für $1 \leqslant i \leqslant n$ und alle $x_j \varepsilon \mathrm{fr}(\varphi)$ $(= \{x_{i_1}, \ldots, x_{i_k}\})^j$ so daß gilt:

114

(i) Wenn $\quad \to \exists x_{i_1} \ldots \exists x_{i_k} \varphi$ ableitbar ist, dann ist auch

$\quad \to \mathrm{sub}(\zeta_1 | \varphi), \ldots, \mathrm{sub}(\zeta_n | \varphi)$ ableitbar.

(ii) Wenn $\quad \forall x_{i_1} \ldots \forall x_{i_k} \varphi \to \quad$ ableitbar ist, dann ist auch

$\mathrm{sub}(\zeta_1 | \varphi), \ldots, \mathrm{sub}(\zeta_n | \varphi) \to \quad$ ableitbar.

Dies bedeutet: Wenn man eine Existenzformel ableiten kann, so
existieren endlich viele "Beispielsubstitutionen", die eine aussagenlogisch ableitbare Sequenz ergeben. Etwas vage kann man sagen: "Der Existenzquantor läßt sich endlich aussagenlogisch appro-
ximieren". Im übrigen ist dies wieder eine Stelle, an dem der Zusammenhang zwischen dem $\exists$-Quantor und dem aussagenlogischen Zeichen $\vee$ (bzw. dem $\forall$-Quantor und dem $\wedge$-Zeichen) hervortritt.

Für den Mathematiker hat der Satz von Herbrand noch eine andere,
grundsätzliche Bedeutung. Häufig kommt er in die Verlegenheit,
aus einer $\exists$-Formel $\exists x\varphi$ etwas zu erschließen (bzw. eine $\forall$-Formel
zu erschließen), von der er weiß, daß sie ableitbar ist. Er be-
trachtet dann oft beliebige Strukturen $\mathscr{A}$, in der die Formel
$\exists x\varphi$ ja gilt und wählt sich ein Element a in jedem $\mathscr{A}$ aus, welches
die Formel erfüllt, und arbeitet mit diesem Element weiter. Dies
sieht so aus, als ob er dazu in irgendeiner Form ein mengentheoretisches Prinzip oder überhaupt Mengenlehre benötigen würde.
Würde weiter im Kalkül geschlossen, brauchte man bloß eine Eigenvariable zu wählen und hätte die Problematik vermieden. Aber
selbst bei der "naiven" Schlußweise kann der Mathematiker die Sache etwas vereinfachen: Er hat nämlich nur die Interpretationen
der endlich vielen Terme auszuprobieren, die durch den Satz von
Herbrand geliefert werden. Für eine genauere Diskussion dieses
Sachverhaltes vergleiche man W.Felscher [Fe3].

4.3 Einige Anwendungen des Schnitteliminationssatzes

Der Beweis des Schnitteliminationssatzes beruhte wesentlich auf
der Tatsache, daß die Axiome eine ganz spezielle Gestalt hatten
und damit unter der Anwendung von Schnitten abgeschlossen waren.
Läßt man andere Sequenzen als nichtlogische Axiome zu und betrachtet Ableitungen daraus, so wird der Schnitteliminationssatz
falsch, da diese Axiome nicht unter der Schnittregel abgeschlos-

sen zu sein brauchen.

Um Ableitungen aus einer Formelmenge Σ zu erklären, gibt es zwei Möglichkeiten:

1. Def.: Man erkläre den Kalkül LK_Σ dadurch, daß man zusätzlich zu LK noch Sequenzen der Form
$$\to \Delta,$$
wobei alle Formeln aus Δ in Σ sind, als Axiome zuläßt.

2. Def.: Eine Sequenz $\Gamma \to \Pi$ heißt ableitbar aus Σ, falls eine Folge Δ von Formeln aus Σ existiert, so daß $\Delta, \Gamma \to \Pi$ in LK ableitbar ist.

Für Sätze sind diese beiden Möglichkeiten im wesentlichen gleichwertig:

3. Satz:
(i)   Wenn $\Gamma \to \Pi$ in LK aus Σ ableitbar ist, dann ist $\Gamma \to \Pi$ in LK_Σ ableitbar.
(ii) Wenn Σ nur Sätze hat und $\Gamma \to \Pi$ in LK_Σ ableitbar ist, dann ist $\Gamma \to \Pi$ in LK aus Σ ableitbar.

Beweis: (i) folgt sofort durch Anwenden der Schnittregel. Um (ii) einzusehen, ersetzt man jedes Axiom der Gestalt $\to\Delta$ durch $\Delta \to \Delta$ und erhält so einen Beweis in LK (mit zusätzlichen Nebenformeln), da keine Eigenvariablenbedingung verletzt sein kann, denn die Formeln in Σ enthalten keine freien Variablen.

Dies ist das Analogon im Sequenzenkalkül zum Deduktionstheorem.

4. Def.: Eine Menge Σ heißt konsistent, wenn für keine Formel φ in LK_Σ sowohl $\to\varphi$ als auch $\to\neg\varphi$ ableitbar sind.

Der Begriff "konsistent" wurde schon im Hilberttypkalkül vergeben. Diese Definition hier wird sich zu der früheren als äquivalent erweisen.

5. Satz: Wenn Σ eine Satzmenge ist, so sind gleichwertig:
$\quad$ (i) Σ ist inkonsistent;
$\quad$ (ii) die leere Sequenz $\to$ ist aus Σ ableitbar;

(iii) alle Sequenzen sind aus Σ ableitbar.

Beweis: (i) $\Rightarrow$ (ii): Aus $\rightarrow\varphi$ und $\rightarrow\neg\varphi$ erhalten wir

$$
\frac{
\begin{array}{cc}
\vdots & \vdots \\
\vdots & \vdots \\
\vdots & \rightarrow \varphi \\
\hline
\end{array}
\qquad \rightarrow\neg\varphi \mid \neg\varphi\rightarrow
}{\rightarrow} \quad \text{Schnitt.}
$$

(ii) $\Rightarrow$ (iii): Man benutze die Abschwächungsregeln.

(iii) $\Rightarrow$ (i) : Trivial.

Wir erhalten jetzt:

6. Satz: Die leere Menge $\emptyset$ ist konsistent. (Dies wird auch die
"Konsistenz von LK" genannt.)

Beweis: Es ist $LK_\emptyset$ = LK. Wenn die leere Sequenz $\rightarrow$ in LK ableitbar wäre, gäbe es auch einen schnittfreien Beweis dafür, was un-
möglich ist.

Wir vermerken hier, daß die Möglichkeit, auf diese Weise Konsi-
stenzbeweise zu führen, das Hauptmotiv für Gentzen war, sich mit
Sequenzenkalkülen zu beschäftigen. Schon Gentzen beschäftigte
sich in diesem Zusammenhang bereits mit wesentlich ausdrucksfähi-
geren Sprachen und Kalkülen.

Wir wenden uns jetzt den sog. Interpolationsfragen zu. Hierbei
geht es allgemein darum, zu einer ableitbaren Sequenz $\Gamma \rightarrow \Delta$ ein Π
mit gewissen vorgegebenen Eigenschaften zu finden, so daß $\Gamma \rightarrow \Pi$
und $\Pi \rightarrow \Delta$ ableitbar sind.

7. Satz: Es sei pure Sequenz $S = \Gamma \rightarrow \Delta$ ableitbar mit
$\Gamma = \Gamma_1, \Gamma_2; \Delta = \Delta_1, \Delta_2$.
Dann tritt mindestens einer der beiden folgenden Fälle
ein:
(i) $\Gamma_1 \rightarrow \Delta_1$ oder $\Gamma_2 \rightarrow \Delta_2$ ist ableitbar;
(ii) es existiert eine Formel φ, so daß $\Gamma_1 \rightarrow \Delta_1, \varphi$ und
$\varphi, \Gamma_2 \rightarrow \Delta_2$ beide ableitbar sind und alle freien
Variablen und Prädikate von φ sowohl in Γ_1, Δ_1 als
auch in Γ_2, Δ_2 vorkommen.

φ heißt auch ein Interpolant von Γ_1, Δ_1 und Γ_2, Δ_2.

Beweis: Wir können uns auf schnittfreie und pure Beweise beschränken. Dabei gehen wir induktiv über die Anzahl der benutzten logischen Regeln im Beweisbaum vor, denn bei Strukturregeln kann man sich auf denselben Fall wie in der Prämisse zurückziehen.

a) S ist ein Axiom $\psi \to \psi$: Hier gibt es vier Fälle zu betrachten; zweimal tritt (i) ein, einmal nehme man ψ und einmal $\neg\psi$ als Interpolanten.

b) Es ist $S = f_0(e)$, $S_1 = f_0(e_1)$, $S_2 = f_0(e_2)$ seien die Prämissen von S an dem (bzw. den) oberen Nachbarn von e, für die die Behauptung schon gelte.

  1) Bei den Regeln $\wedge \to$ und $\to \vee$ ziehe man sich auf die entsprechenden Fälle in den Prämissen zurück.

  2) Es ist die $\to \wedge$ -Regel angewandt:

$$\frac{\Gamma \to \Delta, \psi_1 \mid \Gamma \to \Delta, \psi_2}{\Gamma \to \Delta, \psi_1 \wedge \psi_2}$$

Es sei $\Gamma = \Gamma_1, \Gamma_2$ und $\Delta, \psi_1 \wedge \psi_2 = \Delta_1, \Delta_2$ sowie $\Delta_2 = \Delta_2', \psi_1 \wedge \psi_2$ die gegebene Aufspaltung.

Wir betrachten nur den Fall, daß die Prämissen Interpolanten haben:

$$\Gamma_1 \to \Delta_1, \varphi_1; \varphi_1, \Gamma_2 \to \Delta_2', \psi_1$$

und

$$\Gamma_1 \to \Delta_1, \varphi_2; \varphi_2, \Gamma_2 \to \Delta_2', \psi_2$$

sind dann ableitbar. Daraus erhalten wir aber die Ableitbarkein von $\Gamma_1 \to \Delta_1, \varphi_1 \wedge \varphi_2; \varphi_1 \wedge \varphi_2, \Gamma_2 \to \Delta_2$, d.h. $\varphi_1 \wedge \varphi_2$ ist ein Interpolant.

Wenn $\Delta_2 = \emptyset$ ist, haben wir mit $\Delta_1 = \Delta, \psi_1 \wedge \psi_2$:

$$\Gamma_1 \to \Delta, \psi_1, \varphi_1; \varphi_1, \Gamma_2 \to$$

und

$$\Gamma_1 \to \Delta, \psi_2, \varphi_2; \varphi_2, \Gamma_2 \to$$

wodurch man einsieht, daß $\varphi_1 \vee \varphi_2$ ein Interpolant ist.

  3) Es ist die $\vee \to$ -Regel angewandt: Man verfahre wie in 2).

  4) Es ist die $\supset \to$ -Regel angewandt:

$$\frac{\Gamma \to \Delta, \psi_1 \mid \psi_2, \Pi \to \Lambda}{\psi_1 \supset \psi_2, \Gamma, \Pi \to \Delta, \Lambda}$$

Wir untersuchen zuerst die Aufspaltungen von Γ, Δ, Π und Λ:

$$\Gamma = \Gamma_1, \Gamma_2; \Delta = \Delta_1, \Delta_2; \Pi = \Pi_1, \Pi_2; \Lambda = \Lambda_1, \Lambda_2.$$

Dann existieren Interpolanten φ_1 und φ_2, so daß ableitbar sind:

$$\Gamma_1 \rightarrow \Delta_1, \ \varphi_1$$
$$\varphi_1, \Gamma_2 \rightarrow \Delta_2, \ \psi_1$$
$$\psi_2, \Pi_1 \rightarrow \Lambda_1, \ \varphi_2$$
$$\varphi_2, \Pi_2 \rightarrow \Lambda_2,$$

Daraus erhalten wir

$$\psi_1 \supset \psi_2, \ \Gamma_2, \ \Pi_1 \rightarrow \Lambda_1, \ \Lambda_2, \ \varphi_1 \supset \varphi_2$$

sowie

$$\varphi_1 \supset \varphi_2, \ \Gamma_1, \ \Pi_2 \rightarrow \Delta_1, \ \Lambda_2$$

Damit verifizieren wir $\varphi_1 \supset \varphi_2$ als den gesuchten Interpolanten. Wenn nämlich eine Aufspaltung Γ_1', Γ_2' des Antezendenten von S und Δ_1', Δ_2' des Sukzedenten von S gegeben ist, so wählen wir:

Γ_1 (bzw. Π_2) als den Anteil von Γ (bzw. Π) in Γ_2'

Γ_2 (bzw. Π_1) als den Anteil von Γ (bzw. Π) in Γ_1'

Δ_1 (bzw. Λ_2) als den Anteil von Δ (bzw. Λ) in Δ_2'

Δ_2 (bzw. Λ_1) als den Anteil von Δ (bzw. Λ) in Δ_1'.

Da die Induktionsvoraussetzung auch für die so permutierten Sequenzen zutrifft, folgt die Behauptung.

5) Es ist die $\neg \rightarrow$ -Regel angewandt:

$$\frac{\Gamma \rightarrow \Delta, \ \psi}{\neg \psi, \ \Gamma \rightarrow \Delta}$$

Die Induktionsvoraussetzung trifft dann auch auf

$$\Gamma \rightarrow \psi, \ \Delta$$

zu, d.h. wir haben einen Interpolanten φ mit

$$\Gamma_1 \rightarrow \psi, \ \Delta_1, \varphi \text{ und } \varphi, \ \Gamma_2 \rightarrow \Delta_2,$$

woraus wir wieder auf φ als Interpolanten für die Konklusion schließen.

6) Entsprechend verfahre man für die Regeln $\rightarrow \supset$ und $\rightarrow \neg$.

7) Es ist die $\forall \rightarrow$ -Regel angewandt:

$$\frac{\mathrm{sub}(\zeta, \ Y, \ \psi), \ \Gamma \rightarrow \Delta}{\forall x_k \psi, \ \Gamma \rightarrow \Delta}$$

Es sei $\Gamma = \Gamma_1, \ \Gamma_2$ und $\Delta = \Delta_1, \ \Delta_2$, ferner sei $\chi = \mathrm{sub}(\zeta, Y, \psi)$. Die Prämisse habe einen Interpolanten φ:

$$\chi, \ \Gamma_1 \rightarrow \Delta_1, \ \varphi \ ; \ \varphi, \ \Gamma_2 \rightarrow \Delta_2$$

φ ist möglicherweise noch kein Interpolant für die Konklusion, da einige der freien Variablen im Substitutionsterm

$\zeta(x_k)$ eventuell noch in φ, aber nicht mehr in $\forall x_k \psi$, $\Gamma_1 \to \Delta_1$ frei vorkommen. In diesem Fall seien $x_{i_1}, \ldots, x_{i_n}$ diese Variablen; wir nehmen dann

$$\forall x_{m+1} \cdots \forall x_{m+n} \operatorname{rep}(\zeta' \mid \psi)$$

mit $m = \max(j \mid x_j \varepsilon Y \text{ oder } x_j \varepsilon \operatorname{bd}(\psi))$,

$$\zeta'(x_j) = \begin{cases} x_{m+j} & \text{für } j = i_j;\ 1 \le j \le n \\[2ex] x_j & \text{sonst} \end{cases}$$

als neuen Interpolanten. Die Eigenvariablenbedingung ist dann links nicht verletzt; rechts ist die Quantifikation unkritisch und wegen der Purheit ist die Quantifizierung ein erlaubter Ableitungsschritt. Es sei hier aber angemerkt, daß bei diesem Vorgehen der Interpolant durchaus noch Funktionssymbole enthalten kann, welche nicht in $\forall x_k \psi$, $\Gamma_1 \to \Delta_1$ vorkommen.

8) Die Regel $\to \forall$ ist angewandt worden:

$\Gamma \to \Delta, \operatorname{suh}(\zeta_{k,1}, Y, \psi)$

$\Gamma \to \Delta, \forall x_k \psi$

Die Aufspaltung sei wie oben vorgenommen und φ sei wieder der Interpolant für die Prämisse. Wegen der Eigenvariablenbedingung kann φ dann x_1 nicht frei enthalten, so daß φ diesmal bereits als Interpolant genommen werden kann.

9) Die Fälle $\exists \to$ und $\to \exists$ behandelt man analog zu 7) und 8). Damit ist der Satz bewiesen.

Als Spezialfall vermerken wir:

8. Craig'scher Interpolationssatz:

>Wenn eine Sequenz $\Gamma \to \Delta$ ableitbar ist, dann ist $\Gamma \to$ oder $\to \Delta$ ableitbar oder es existiert eine Interpolationsformel φ, deren freie Variable und Prädikate sowohl in Γ als auch in Δ vorkommen, so daß $\Gamma \to \varphi$ und $\varphi \to \Delta$ ableitbar ist. Die Beweise von $\Gamma \to \varphi$ und $\varphi \to \Delta$ lassen sich aus dem Beweis von $\Gamma \to \Delta$ effektiv konstruieren.

Der obige Satz läßt sich durch eine genauere Analyse dahingehend verschärfen, daß auch alle Funktionszeichen im Interpolanten so-

wohl im Antezedenten als auch im Sukzedenten vorkommen, vgl.
W.Felscher [Fe2] und J.Schulte Mönting [SchM2]. Der Interpolationssatz wird häufig auch semantisch mit Hilfe des Kompaktheitssatzes bewiesen; die syntaktische Version ist jedoch insofern
weittragender, als die Beweise der Interpolationssequenzen sich
tatsächlich aus den vorgelegten Beweisen konstruieren lassen.
Die hier vorgeführte Beweismethode stammt von Maehara, vgl.[Mae]
und [Ta].
Der Interpolationssatz läßt sich auf Definierbarkeitsfragen anwenden. Bei einer "Definition" wird traditionell der zu definierende
Begriff durch bereits bekannte Begriffe ausgedrückt. Gelegentlich
werden in der Mathematik auch "implizite" Definitionen benutzt,
von denen man dann jeweils zeigt, "daß durch diese Definition etwas definiert wird". Wir wollen dies präzisieren.

Seien L_1 und L_2 zwei Spracherweiterungen unserer Sprache L, so
daß in L_1 gerade ein zusätzliches Prädikat P und in L_2 ein zusätzliches Prädikat P' auftritt; P und P' mögen die gleiche Stellenzahl k haben.

9. Def.: Wenn φ eine L_1-Formel und ψ eine L-Formel ist, dann wird
P durch φ und ψ explizit definiert, wenn
$$\varphi \rightarrow \forall x_1 \ldots \forall x_k (P(x_1,\ldots,x_n) \leftrightarrow \psi)$$
ableitbar ist.

(Intuitiv: Unter der Voraussetzung φ ist P äquivalent zu einem
L-Ausdruck, d.h. kann P in L definiert werden).

10. Def.: Es sei φ eine L_1-Formel, φ' eine L_2-Formel, so daß φ'
aus φ durch Ersetzen aller Vorkommen von P durch P' ent-
steht. Dann soll φ das Prädikat P implizit definieren,
wenn
$$\varphi \wedge \varphi' \rightarrow \forall x_1 \ldots \forall x_k (P(x_1,\ldots,x_k) \leftrightarrow P'(x_1,\ldots,x_k))$$
ableitbar ist.

(Intuitiv: P ist durch φ eindeutig festgelegt)

Wir zeigen nun:
11. Beth'scher Definierbarkeitssatz:
Jedes implizit definierte Prädikat läßt sich auch
explizit definieren.

Beweis: Es sei P durch φ implizit definiert. Es seien o.B.d.A. $x_1,\ldots,x_k \notin \mathrm{Var}(\varphi)$, dann ist

$$\varphi \wedge \varphi' \to ((P(x_1,\ldots,x_k) \supset P'(x_1,\ldots,x_k)) \wedge (P'(x_1,\ldots,x_k) \supset P(x_1,\ldots,x_k)))$$

ableitbar, denn die Formel im Sukzedenten der Definition kann nur durch $\to \forall$ -Regeln oder Abschwächungen eingeführt worden sein. Entsprechende Argumente führen dazu, daß wir die folgenden Sequenzen ableiten können (wir erwähnen die Variablen nicht extra):

$$\varphi \wedge \varphi' \to P \supset P'$$
$$\varphi, \varphi' \to P \supset P'$$
$$\varphi, \varphi', \ P \to P'$$
$$\varphi, P \ \to \varphi' \supset P'$$

Nach dem Interpolationssatz existiert dann eine L-Formel ψ, so daß wir ableiten können:

$$\varphi, P \to \psi \text{ und } \psi \to \varphi' \supset P'.$$

Daraus erhalten wir, daß

$$\varphi \to P \supset \psi$$

sowie $\qquad\qquad\qquad \psi, \varphi' \to P'$

und damit $\varphi' \to \psi \supset P'$ ableitbar sind.

Ein Beweis dieser Sequenz geht aber in einen Beweis von $\varphi \to \psi \supset P$ über, wenn wir überall P' durch P ersetzen. Nachdem wir noch in

$$\varphi \to (\psi \supset P) \wedge (P \supset \psi)$$

die Variablen $x_1,\ldots,x_k$ quantifizieren (wir können alle vorangegangenen Betrachtungen so einrichten, daß dies möglich ist), erhalten wir das gewünschte Ergebnis.

Wir wenden uns jetzt noch einer Methode zu, der man in der Mathematik häufig begegnet (etwa beim Satz von Löwenheim-Skolem, Satz 10 aus 3.4). Wenn man weiß, daß in einer gewissen Struktur $\mathscr{A}$ ein Satz der Form $\forall x \exists y \psi$ wahr (bzw. falsch) ist, "bezeichnet" man so ein existierendes y auch durch Einführen einer neuen Funktion: $y = f(x)$. Dies macht man in der Regel selbst dann, wenn y durch x gar nicht eindeutig bestimmt ist, man "wählt sich eben ein Element aus". Wir wollen diese Vorgehensweise legitimieren, und zwar rein syntaktisch, ohne irgendwelche semantischen Auswahlverfahren. Es sei ein Satz der Form $\varphi = \forall x_1 \ldots \forall x_n \exists y \psi$ gegeben, $n \geq 0$; weiter sei f ein neues, n-stelliges Funktionszeichen, welches nicht zu L gehört. Wir betrachten

122

$$\widetilde{\psi} = \forall x_1 \ldots \forall x_n (\mathrm{rep}(\xi \mid \psi))$$

mit
$$\xi =_y \mathrm{id}, \ \xi(y) = f(x_1, \ldots, x_n).$$

Dabei soll n = O bedeuten, daß $\varphi = \exists y \psi$ ist, f ist in diesem Fall
ein Konstantensymbol; f heißt die Skolemfunktion zu φ ; $f(x_1 \ldots x_n)$
der zu φ gehörige Skolemterm). Wir wollen einsehen, daß die Einführung der Skolemfunktionen an der Ableitbarkeit in gewissem
Sinne nichts ändert. Zunächst der einfachere Teil:

12. Satz: Seien Γ und Δ endliche Folgen von Formeln in L.
        Wenn die pure Sequenz $\varphi, \Gamma \to \Delta$ ableitbar ist, so ist
        auch $\widetilde{\varphi}, \Gamma \to \Delta$ ableitbar.

Beweis: Es sei ein purer Beweis von $\varphi, \Gamma \to \Delta$ vorgelegt. Wenn φ nicht
durch n Quantifizierungen vermöge $\forall \to$ und eine $\exists \to$ Quantifizierung
eingeführt wurde, dann ist φ bzw. der entsprechende Vorgänger von
φ durch Abschwächung entstanden. In diesem Falle schwächt man anders ab und führt $\widetilde{\varphi}$ direkt ein. Andernfalls haben wir als Vorgänger von φ:

$$\exists y \psi' = \mathrm{sub}(\xi', Y, \exists y \psi)$$

mit
$$\xi' =_{x_i} \mathrm{id}, \ 1 \leq i \leq n.$$

Diese Formel ist durch eine kritische Quantifizierung $\exists \to$ an einem
Knoten e entstanden:

$$\frac{\mathrm{sub}(\xi_{k,1}, \ Y, \ \psi')}{\exists y \psi'}$$

wobei wir $y = x_k$ angenommen haben.
Wir erklären ξ'' durch

$$\xi'' =_{x_1} \mathrm{id}, \ \xi''(x_1) = f(x_1, \ldots, x_n).$$

Dann ersetzen wir alle Vorgänger χ von $\exists y \psi'$ durch
$$\mathrm{rep}(\xi'' \mid \chi)$$

und lassen die Quantifizierung am Knoten e aus. Wegen der Purheit
des ursprünglichen Beweises erhält man so einen Beweis von
$$\varphi, \Gamma \to \Delta.$$

Die Umkehrung des letzten Satzes ist deswegen nicht trivial, weil
bei einer Ableitung von $\widetilde{\varphi}, \Gamma \to \Delta$ das neue Funktionssymbol f im Beweise verschiedentlich, und zwar in Substitutionstermen, benutzt
sein kann (und i.A. auch benutzt wird). Die Hauptarbeit wird sein,
diese Vorkommen von f sukzessiv, und zwar in der richtigen Reihen-

folge, zu eliminieren. Beim Beweis folgen wir Maehara [Mae] bzw.
Takeuti [Ta].

13. Satz   über Skolemfunktionen:
$\qquad$ Wenn die pure Sequenz $\widetilde{\varphi}$, $\Gamma \rightarrow \Delta$ herleitbar ist, so ist
$\qquad$ auch φ, $\Gamma \rightarrow \Delta$ herleitbar (in der Sprache L).

<u>Beweis:</u> Wir betrachten der Einfachheit halber nur den Fall $n = 1$
und nehmen weiter an, daß y tatsächlich in ψ vorkommt. Es sei ein
purer, schnittfreier Beweis $\mathscr{B}$ von $\widetilde{\varphi}$, $\Gamma \rightarrow \Delta$ mit hinreichend großem
Y gegeben. Zunächst inspizieren wir diejenigen Terme, die in For-
meln von $\mathscr{B}$ vorkommen und mit dem Symbol f anfangen. So ein Term
kommt etwa in φ vor, nämlich $f(x_1)$, und er enthält die gebundene
Variable x_1. Eine $\forall$-Quantifizierung (falls φ nicht durch Abschwächung eingeführt wurde) von φ sah so aus (es kann evtl. mehrere
mit späterer Kontraktion gegeben haben):

$$\frac{\text{sub}(\xi, Y, \widetilde{\psi}), \; \Gamma_1 \rightarrow \Delta_1}{\forall x_1 \widetilde{\psi}, \; \Gamma_1 \rightarrow \Delta_1} \qquad \widetilde{\psi} = \text{rep}(\xi \mid \psi)$$

Es sei E die Menge der Knoten, an denen solche Quantifizierungen
stattfanden. Daher enthalten alle Terme in der Prämisse, die mit
f anfangen, nur freie Variablen (beachten wir, daß solche Terme
in Γ und Δ gar nicht vorkommen). Wo können solche Terme in $\mathscr{B}$ noch
vorkommen? Höchstens in Substitutionstermen von $\forall \rightarrow -$ und $\rightarrow \exists$ -Re-
gelanwendungen, und auch da können diese Terme keine gebundenen
Variablen enthalten. Nach dieser Übersicht kommen wir zur Elimination von f. Wir betrachten alle Terme t der Gestalt $t = f(s)$, die
in Formeln von $\mathscr{B}$ vorkommen und an ihrem Vorkommen keine gebundenen
Variablen enthalten (wegen der Purheit hängt dies nicht davon ab,
wo die Terme vorkommen). Diese Terme seien

$$t_1, \ldots, t_n$$

und die Numerierung sei so, daß für $i < j$ der Term t_i kein Subterm
von t_j ist. Es seien $x_{i_1}, \ldots, x_{i_n}$ neue Variable;
o.B.d.A. sei Y so groß gewählt, daß $\{x_{i_1}, \ldots, x_{i_n}\} \subseteq Y$ ist.

Wir führen folgenden Ersetzungsprozeß mit $\mathscr{B}$ durch:

1) Es sei $\mathscr{B}_1 = \mathscr{B}$;

2) $\mathscr{B}_{k+1}$ entstehe aus $\mathscr{B}_k$ durch ersetzen von t_k durch x_{i_k}, $1 \leq k \leq n$;

124

3) $\mathscr{B}' = \mathscr{B}_{n+1}$.

Nach der obigen Überlegung kann f nur noch in φ vorkommen. Wir
überlegen uns jetzt, warum $\mathscr{B}'$ eventuell kein Beweisbaum ist. An
Knoten mit aussagenlogischen Regelanwendungen oder Strukturregeln
kann es kein Unglück gegeben haben. An Knoten mit kritischen Quan-
torenregelanwendungen kann die Variablenbedingung nicht verletzt
sein, denn es sind beim Übergang von $\mathscr{B}$ zu $\mathscr{B}'$ nur neue Variablen
hinzugekommen; die Eigenvariable kann auch nicht verschwunden
sein. Bei der unkritischen Regelanwendung an einem der Knoten
$e \in E$ jedoch kann der Substitutionsterm $s = \xi(x_1)$ mehrfach in der
Prämisse vorgekommen sein:

$$\widetilde{\psi}(s, f(s)).$$

Die modifizierte Prämisse in $\mathscr{B}'$ ist dann von der Form

$$\widetilde{\psi}(s', x_j),$$

(denn auch in s kann f vorkommen).

Dies ergibt jedenfalls keine gültige $\forall \to$ -Regelanwendung. An den
anderen unkritischen Regelanwendungen kann ein solcher Unfall
nicht passiert sein, denn für keines der t_i, $1 \leq i \leq n$, kann ein
Subterm Substitutionsterm gewesen sein (wegen unserer Überlegung
über das Nichtvorkommen gebundener Variabler in den t_i), und weil
nach Konstruktion kein Subterm eines der t_i beim Übergang von $\mathscr{B}$
zu $\mathscr{B}'$ ersetzt wurde.

Wenn wir nun in $\mathscr{B}'$ an einem Knoten $e \in E$ stattdessen die folgenden Quantifizierungen einschieben würden, die unser eigentliches
Ziel sind:

$$\frac{\dfrac{\widetilde{\psi}(s', x_{i_j}), \ \Gamma_1 \to \Delta_1}{\exists y\widetilde{\psi}(s', y), \ \Gamma_1 \to \Delta_1}}{\forall x\exists y\psi(x,y), \ \Gamma_1 \to \Delta_1}$$

$\exists \to$ -Regel

$\forall \to$ -Regel

so ist die kritische Regelanwendung $\exists \to$ nicht unbedingt erlaubt.
Denn da E mehrere Knoten enthalten kann, kommt eventuell eine
Formel der Gestalt $\widetilde{\psi}(s'', x_{i_k})$ in Γ_1 vor, für die x_{i_j} in s'' vor-
kommt, ein Verstoß gegen die Eigenvariablenbedingung.
Verschieben wir aber diese Quantifizierungen auf einen späteren
Zeitpunkt, so kann dies zu einem Verstoß gegen Eigenvariablenbe-
dingungen bei anderen kritischen Quantifizierungen in $\mathscr{B}'$ führen.

Wir ersetzen jetzt in $\mathcal{B}'$ alle Quantifizierungen, die zu φ führen durch die gerade angegebenen; der so entstandene Baum sei $\mathcal{B}''$. Von $\mathcal{B}''$ sei $\mathcal{B}'''$ der grösste Teilbaum, welcher uns einen korrekten Beweis liefert. Dies bedeutet, daß wir in $\mathcal{B}''$ unmittelbar vor jeweils nicht erlaubten kritischen Quantifizierungen abbrechen. Die restlichen Quantifizierungen gilt es nun in einer solchen Reihenfolge durchzuführen, daß keine Eigenvariablenbedingungen verletzt werden. Dies geschieht durch eine Ordnung auf den Eigenvariablen. Neben den nun eingeführten Eigenvariablen $x_{i_1},\ldots,x_{i_n}$ seien $x_{j_1},\ldots,x_{j_m}$ die restlichen Eigenvariablen. Für $1 \leq k \leq m$ habe im ursprünglichen Baum $\mathcal{B}$ am Knoten e_k die Quantifizierung mit der Eigenvariablen x_{j_k} und der Seitenformel ψ_k stattgefunden. Auf der Menge $\{x_{i_1},\ldots,x_{i_n},\ x_{j_1},\ldots,x_{j_m}\}$ erklären wir zunächst eine Relation "$\prec$" durch

$$x_{i_k} \prec x_{i_1} \qquad \text{g.d.w. } t_1 \text{ Subterm von } t_k \text{ ist;}$$

$$x_{i_k} \prec x_{j_1} \qquad \text{g.d.w. } x_{j_1} \in \mathrm{Var}(t_k);$$

$$x_{j_1} \prec x_{i_k} \qquad \text{g.d.w. } t_k \text{ in } \psi_1 \text{ vorkommt;}$$

$$x_{j_k} \prec x_{j_1} \qquad \text{g.d.w. } j \neq 1 \text{ und } x_{j_1} \in \mathrm{fr}(\psi_k) \text{ ist.}$$

Die transitive Hülle von "$\prec$" nennen wir "$\prec\!\!\prec$". Wir weisen zunächst nach, daß "$\prec\!\!\prec$" irreflexiv ist.

Dazu bemerken wir als erstes:

Wenn x_{j_k} in t_1 vorkommt, dann kommt t_1 nicht in ψ_k vor, denn t_1 fängt mit f an und es käme in $\mathcal{B}'$ eine gebundene Variable in einem mit f anfangenden Term vor.

Weiter zeigen wir:

a) Aus $x_{j_k} \prec\!\!\prec x_{j_1}$ folgt e_k oberhalb von e_1 (im Baum $\mathcal{B}$). Denn

$$x_{j_k} \prec\!\!\prec x_{j_1} \quad \text{bedeutet die Existenz einer endlichen Kette}$$

$$x_{j_k} \prec x_{i_\nu} \prec \ldots x_{i_\mu} \prec x_{j_{k'}} \prec \ldots \prec x_{j_{k''}} \prec \ldots \prec x_{j_1}.$$

Wenn zwischen x_{j_k} und $x_{j_{k'}}$ keine neue Variable x_{i_ν} vorkommt, so kommt $x_{j_{k'}}$ in ψ_k frei vor und die Behauptung folgt aus der Eigenvariablenbedingung. Wenn zwischen x_{j_k} und $x_{j_{k'}}$ nur neue Variablen vorkommen, so folgt aus der Definition von $\prec$, daß $x_{j_k'}$ in t_ν und t_ν in ψ_k vorkommt. Wir haben aber bemerkt, daß dies $k \neq k'$ impliziert, woraus die Behauptung wieder aus der Eigenvariablenbedingung folgt. Die restliche Behauptung folgt sofort durch Induktion.

b) Aus $x_{i_k} \prec\!\!\prec x_{i_l}$ folgt, daß t_k kein Subterm von t_1 ist. Denn

$$x_{i_k} \prec\!\!\prec x_{i_l}$$ bedeutet wieder die Existenz einer endlichen Kette

$$x_{i_k} \prec x_{j_\nu} \prec \ldots x_{j_\mu} \prec x_{i_{k'}} \prec \ldots \prec x_{i_{k''}} \prec \ldots \prec x_{i_l} .$$

Wenn zwischen x_{i_k} und $x_{i_{k'}}$ keine alte Variable x_{j_ν} vorkommt, liefert die Definition von "$\prec$" die Behauptung.

Kommt nur eine alte Variable x_{j_ν} zwischen x_{i_k} und $x_{i_{k'}}$ vor, so folgt die Behauptung aus unserer obigen Bemerkung; andernfalls haben wir $x_{j_\nu} \in \mathrm{Var}(t_k)$, $t_{k'}$ kommt in ψ_μ vor und e_μ ist unterhalb von e_ν in $\mathcal{B}$, so daß t_k wegen der Eigenvariablenbedingung kein Subterm von $t_{k'}$ sein kann. Der Rest der Behauptung folgt durch Induktion.

Insbesondere zeigen a) und b), daß "$\prec\!\!\prec$" irreflexiv ist und der Ordnung der Knoten $e_1, \ldots, e_m$ in $\mathcal{B}$ nicht widerspricht. Wir können daher "$\prec\!\!\prec$" zu einer Totalordnung ausdehnen (die wir wieder mit "$\prec\!\!\prec$" bezeichnen) und in der die x_{j_k} wie die e_k, $1 \leq k \leq m$ geordnet sind (d.h. $x_{j_1} \prec\!\!\prec x_{j_2}$, falls $e_1 > e_2$ in $\mathcal{B}$).

Wir gehen nun vom Beweisbaum $\mathcal{B}'''$ aus und ergänzen ihn zu einem Beweis $\widetilde{\mathcal{B}}$ von $\varphi, \Gamma \to \Delta$ in dem wir die kritischen Quantifizierungen in der Reihenfolge anhängen, wie es die Ordnung "$\prec\!\!\prec$" angibt; die unkritischen Quantifizierungen und die restlichen Regeln werden an der ersten möglichen Stelle eingeschoben. Ein Blick auf die Ordnung $\prec$ lehrt uns, daß jetzt keine Eigenvariablenbedingungen mehr verletzt sind. Abschließend bemerken wir noch, daß dieser Beweis konstruktiv ist, denn wir haben effektiv aus einem Beweis von $\widetilde{\varphi}, \Gamma \to \Delta$ einen Beweis von $\varphi, \Gamma \to \Delta$ hergestellt.

Es sei darauf hingewiesen, daß die angegebene Transformation die Beweise verlängert, weil einige Zwischenschritte eingeschoben

werden müssen (aber es kann natürlich noch andere, kürzere Beweise von φ, $\Gamma \to \Delta$ geben).

Es sei nun F_n für jedes $n \in N$ eine Menge, die für jede Stellenzahl
abzählbare viele neue Funktionssymbole enthält, für $n \neq m$ sei
$F_n \cap F_m = \emptyset$. Zu unserer Sprache L erklären wir eine Folge von
Sprachen L_n, $n \in N$, und eine Zuordnung h_n, die jeder Formel
$\forall x_1, \ldots, \forall x_n \exists y \psi$ in L_n eine Formel in L_{n+1} zuordnet.

14. Def.: Es sei $L_o = L$, L_n sei die Sprache, die zusätzlich zu
den Symbolen von L noch die Zeichen aus $\cup$ ($F_m \mid n \leqslant m$)
enthält; h_n ordne jedem $\varphi = \forall x_1 \ldots \forall x_n \exists y \psi$ die Formel φ
zu, die durch Ersetzen von y durch einen neuen Skolem-
term entsteht.
Es sei $L = \cup$ ($L_n \mid n \in N$) und $h = \cup$ ($h_n \mid n \in n$). Die
Formel $h(\varphi)$ heißt die Skolemisierung von φ.

Wir haben dann eine Abbildung der Menge der Formeln in pränexer
Normalform in sich, $h(\varphi)$ hat dann höchstens Allquantoren und es
gilt:

$$\varphi, \Gamma \to \Delta \text{ ist ein L genau dann ableitbar, wenn}$$
$$h(\varphi), \Gamma \to \Delta \text{ in L ableitbar ist.}$$

Insbesondere vermerken wir:

15. Satz von Herbrand: Zu jeder Formel φ in pränexer Normalform
läßt sich effektiv eine Folge $\langle \varphi_n \mid n \in N \rangle$
aussagenlogischer Formeln konstruieren, so
daß φ genau dann inkonsistent ist, wenn
ein n_o existiert, für das $\{\varphi_n \mid n < n\}$
aussagenlogisch inkonsistent ist.
Beweis: Wir vermerken zuerst, daß φ dann genau inkonsistent ist,
wenn $\varphi \to$ ableitbar ist. Im übrigen wende man Satz 9 aus 4.2 auf
die Formel $h(\varphi)$ an.

Wir merken noch an, daß man auf wortwörtliche Weise zu den entsprechenden dualen Ergebnissen kommt, wenn man $\forall$-quantifizierte
Variablen durch Skolemfunktionen eliminiert und Formeln im Suk-

zedenten betrachtet. Eine pränexe Formel φ ist dann genau dann ableitbar, wenn die skolemisierte (Existenz-)Formel φ ableitbar ist. Wir werden dies später mehrfach benutzen.

4.4 Semantische Betrachtungen, Vollständigkeit

Im Sinne unserer intuitiven Motivierung legen wir jetzt die Semantik für die Sequenzen fest.

Es sei $\mathscr{A}$ eine Struktur und v eine Belegung der Variablen in $\mathscr{A}$.

1. Def.: (i)   v erfüllt eine Sequenz $\varphi_1,\ldots,\varphi_n \to \psi_1,\ldots,\psi_m$ genau dann, wenn v die Formel $(\varphi_1 \wedge\ldots\wedge \varphi_n) \supset (\psi_1 \vee\ldots\vee\psi_m)$ erfüllt.

       (ii)   Eine Sequenz S ist wahr in $\mathscr{A}$, wenn S von jeder Belegung in $\mathscr{A}$ erfüllt wird.

       (iii) Eine Sequenz S heißt tautologisch, wenn S in allen Strukturen wahr ist.

Durch eine leichte Induktion erhält man sofort die erwartete Korrektheit des Kalküls LK:

2. Satz: Wenn Σ eine Menge von Sätzen ist, so sind alle in LK_Σ ableitbaren Sequenzen in allen Modellen von Σ wahr, insbesondere sind alle in LK ableitbaren Sequenzen tautologisch.

Für die Umkehrung dieses Satzes, also für einen Vollständigkeitssatz für den Sequenzenkalkül, geben wir zwei Beweise an. Beim ersten dieser Beweise beziehen wir uns auf die Vollständigkeit des Ableitungsoperators "⊢" im Hilberttypkalkül. Zunächst zeigen wir:

3. Satz: Wenn φ gilt, so ist die Sequenz $\to \varphi$ ableitbar.
Beweis: Wir führen den Beweis durch Induktion über die Länge der Ableitung im Hilberttypkalkül:
(i) φ ist ein Axiom: Wir werden nicht alle Fälle durchgehen, sondern uns aufs Exemplarische beschränken; auch werden

die Ableitungen gelegentlich nur angedeutet:

(A1):
$$\frac{\alpha \to \alpha}{\to \alpha \supset \alpha}$$

(A3):
$$\frac{\beta \to \beta \mid \gamma \to \gamma}{\dfrac{\alpha \to \alpha \mid \beta \supset \gamma, \ \beta \to \gamma}{\dfrac{\alpha \supset \beta, \ \beta \supset \gamma, \ \alpha \to \gamma}{\alpha \supset \beta, \ \beta \supset \gamma \to \alpha \supset \gamma}}}$$
$$\vdots$$
$$\to (\alpha \supset \beta) \supset ((\beta \supset \gamma) \supset (\alpha \supset \gamma))$$

(A12):
$$\frac{\alpha \to \alpha}{\dfrac{\neg\alpha \ , \alpha \to}{\dfrac{\alpha \wedge \neg\alpha \ , \ \alpha \to}{\dfrac{\alpha \wedge \neg\alpha, \ \alpha \wedge \neg\alpha \to}{\dfrac{\alpha \wedge \neg\alpha \to}{\dfrac{\alpha \wedge \neg\alpha \to \beta}{\to (\alpha \wedge \neg\alpha) \supset \beta}}}}}}$$

(A13):
$$\frac{\alpha \to \alpha}{\dfrac{\to \alpha, \ \neg\alpha}{\dfrac{\to \alpha \vee \neg\alpha, \ \neg\alpha}{\dfrac{\to \alpha \vee \neg\alpha, \ \alpha \vee \neg\alpha}{\dfrac{\to \alpha \vee \neg\alpha}{\dfrac{\beta \to \alpha \vee \neg\alpha}{\to \beta \supset (\alpha \vee \neg\alpha)}}}}}}$$

130

(A15): Es sei x_1 eine Variable, die in φ nicht vorkommt.

a) $\mathrm{sub}(\xi_{k,1} \mid \varphi) \to \mathrm{sub}(\xi_{k,1} \mid \varphi)$

$\mathrm{sub}(\xi_{k,1} \mid \neg\varphi),\ \mathrm{sub}(\xi_{k,1} \mid \varphi) \to$

$\forall x_k \neg\varphi,\ \mathrm{sub}(\xi_{k,1} \mid \varphi) \to$

$\qquad \mathrm{sub}(\xi_{k,1} \mid \varphi) \to \neg\forall x_k \neg\varphi$

$\qquad \exists x_k \varphi \to \neg\forall x_k \neg\varphi$

$\qquad\qquad \to \exists x_k \varphi \supset \neg\forall x_k \neg\varphi$

b) $\mathrm{sub}(\xi_{k,1} \mid \varphi) \to \mathrm{sub}(\xi_{k,1} \mid \varphi)$

$\qquad \to \mathrm{sub}(\xi_{k,1} \mid \varphi),\ \mathrm{sub}(\xi_{k,1} \mid \neg\varphi)$

$\qquad \to \mathrm{sub}(\xi_{k,1} \mid \varphi),\ \forall x_k \neg\varphi$

$\neg\forall x_k \neg\varphi \to \mathrm{sub}(\xi_{k,1} \mid \varphi)$

$\neg\forall x_k \neg\varphi \to \exists x_k \varphi$

$\qquad \to \neg\forall x_k \neg\varphi \supset \exists x_k \varphi$

(A16): Es genügt, die Ableitbarkeit von

$$\mathrm{sub}(\mathrm{id} \mid \varphi) \to \varphi$$

für jedes φ zu zeigen. Dies geschieht durch Induktion
über den Aufbau der Formel φ. Dabei zeigt man zweck-
mäßigerweise die etwas stärkere Behauptung, daß auch
$\varphi \to \mathrm{sub}(\mathrm{id} \mid \varphi)$ ableitbar ist. Für die Atomformeln
ist die Behauptung klar.

Bei den aussagenlogischen Verknüpfungen betrachten wir etwa
den Fall $\varphi = \varphi_1 \supset \varphi_2$:
Dann folgt aus

$$\varphi_1 \to \mathrm{sub}(\mathrm{id} \mid \varphi_1) \text{ und } \mathrm{sub}(\mathrm{id} \mid \varphi_2) \to \varphi_2$$

auch

$$\mathrm{sub}(\mathrm{id} \mid \varphi_1 \supset \varphi_2),\ \varphi_1 \to \varphi_2$$

und

$$\mathrm{sub}(\mathrm{id} \mid \varphi_1 \supset \varphi_2) \to \varphi_1 \supset \varphi_2;$$

aus

$$\text{sub}(\text{id} \mid \varphi_1) \to \varphi_1 \text{ und } \varphi_2 \to \text{sub}(\text{id} \mid \varphi_2)$$

folgt

$$\varphi_1 \supset \varphi_2 \to \text{sub}(\text{id} \mid \varphi_1 \supset \varphi_2).$$

Es sei nun $\varphi = Qx_k\psi$, $Q \varepsilon \{\forall, \exists\}$ und die Behauptung sei für ψ schon richtig. Dann ist $\text{sub}(\text{id} \mid \varphi)$ von der Form

$$Qx_j \text{ sub}(\text{id} \mid \psi).$$

Wir wählen eine neue Variable x_1, dann gilt

$$\text{sub}(\xi_{k,1} \mid \psi) = \text{sub}(\xi_{j,1} \mid \text{sub}(\text{id} \mid \psi)).$$

Somit haben wir

$$\text{sub}(\xi_{k,1} \mid \psi) \to \text{sub}(\xi_{j,1} \mid \text{sub}(\text{id} \mid \psi))$$

$$\vdots$$

$$Qx_k\psi \to Q_j(\text{sub}(\text{id} \mid \psi)),$$

wobei die kritische der beiden Quantifizierungen wegen der Eigenvariablenbedingungen zuletzt vorzunehmen ist.

(ii) Induktionsschritt:

a) Modus ponens:

Wenn $\to \varphi$ und $\to \varphi \supset \psi$ ableitbar sind, so muß auch $\varphi \to \psi$ und mit Schnitt auch $\to \psi$ ableitbar sein.

b) $\forall$-Einführungsregel:

Bei dieser Quantifizierung ist die Eigenvariablenbedingung erfüllt.

c) Wenn $\to \varphi$ ableitbar ist, so ist nach bisherigem auch $\to \text{sub}(\text{id} \mid \varphi)$ ableitbar; letzteres ist eine pure Sequenz und hat damit einen puren Beweis. O.B.d.A. sei Y so groß gewählt, daß

$$\text{Var}(\zeta(x)) \subseteq Y$$

f.a. $x \varepsilon \text{fr}(\varphi)$.

Satz 12 aus 4.1 verhilft uns dann auch zu einem Beweis

von $\rightarrow$ sub$(\zeta \mid \varphi)$, da sub$(\zeta \mid \varphi)$ = sub$(\zeta \mid$ sub$(id \mid \varphi))$ ist.

Als Konsequenz aus diesem Satz erhalten wir sofort:

Korollar: Wenn $\vdash \varphi \supset \psi$ ist, so ist $\varphi \rightarrow \psi$ in LK ableitbar.

Schließlich erhalten wir den Vollständigkeitssatz:

4. Satz: Es sei Σ eine Menge von Sätzen und S eine Sequenz, die in allen Modellen von Σ wahr ist. Dann ist S in LK_Σ ableitbar.

Beweis: Es sei S = $\varphi_1, \ldots, \varphi_n \rightarrow \psi_1, \ldots, \psi_m$. Dann gilt $\Sigma \vdash (\varphi_1 \wedge \ldots \wedge \varphi_n) \supset (\psi_1 \vee \ldots \vee \psi_m)$ und wegen des Kompaktheitssatzes existiert eine endliche Teilmenge $\Sigma_0 \subseteq \Sigma$, so daß $\Sigma_0 \vdash (\varphi_1 \wedge \ldots \wedge \varphi_n) \supset (\psi_1 \vee \ldots \vee \psi_m)$.

Nennen wir χ die Konjunktion aller Sätze aus Σ_0, so ist nach dem Deduktionstheorem

$$\pi = \chi \supset ((\varphi_1 \wedge \ldots \wedge \varphi_n) \supset (\psi_1 \vee \ldots \vee \psi_m))$$

eine Tautologie, was die Ableitbarkeit von $\rightarrow \pi$ impliziert. Damit erkennt man aber, daß S in LK_Σ ableitbar ist.

In diesen Beweis des Vollständigkeitssatzes geht die Abzählbarkeitsvoraussetzung über die Sprache nur insoweit ein, als sie beim Beweis des Vollständigkeitssatzes für das Hilberttypsystem gebraucht wurde und wir haben angemerkt, daß sie dort im Prinzip vermeidbar ist. Der zweite Beweis des Vollständigkeitssatzes, den wir jetzt angeben und der sich nicht auf frühere Kalküle stützt, benutzt die Abzählbarkeitsvoraussetzung hingegen wesentlich. Dieser Beweis ist für uns von mehrfachem Interesse: Einmal ist er direkter, zum anderen führt er sogleich auf den schnittfreien Kalkül und zum dritten wird er uns eine neue Perspektive bei der intuitiven Interpretation der Gentzenregeln eröffnen.

5. Satz: Für jede Sequenz S existiert entweder ein schnittfreier Beweis oder eine Struktur $\mathscr{A}$ in der S nicht wahr ist.

Beweis: Es sei $\langle t_n \mid n \in \mathbb{N}\rangle$ eine Aufzählung aller Terme. Wir ordnen nun jedem S einen möglicherweise unendlichen Baum $(E, <)$ (auch Tableau) genannt) und Funktionen g_0, g_1, g_2 zu mit

(i) $\quad g_0 \colon E \to \{T \mid T \text{ Sequenz}\}$;

(ii) $\quad \text{def}(g_1) = E$, $g_1(e) \colon Q(e) \to \mathbb{N}$, $g_1(e)$ injektiv, mit
$Q(e) = \{\varphi \mid \varphi \text{ kommt in } g_0(e) \text{ vor und fängt mit einem}$
Quantor an $\}$ (def(g) bezeichnet den Definitionsbereich
einer Funktion g);

(iii) $\text{def}(g_2) = E$, $g_2(e) \colon Q(e) \to \mathscr{P}_e(\text{Term})$, wobei $\mathscr{P}_e(\text{Term})$ die
Menge der endlichen Teilmengen von Term sein soll.

(iv) $\quad$ wenn $e \in E$ nicht maximal ist, so existieren e_1, $e_2 > e$,
so daß $g_0(e)$ aus $g_0(e_1)$ und $g_0(e_2)$ (oder aus $g_0(e_1)$ alleine)
in LK gefolgert werden kann.

Die Idee ist, den Baum auf systematische Weise so erklären, daß man einen etwa vorhandenen Beweis von S dabei findet. Schlägt dies fehl, so werden wir sehen, wie wir mit Hilfe dieses Baumes dann eine Struktur erklären, in der S nicht wahr ist. Bei der Suche nach möglichen Vorgängern einer Sequenz müssen insbesondere bei den quantifizierten Formeln die eventuellen Substitutionsterme durchprobiert werden; die Funktionen g_1 und g_2 werden dafür sorgen, daß dies auf systematische Weise geschieht.

Zur Definition des Baumes erklären wir induktiv eine Folge von Bäumen $(E_n, <)$ und Funktionen g_k^n mit $E_n \subseteq E_{n+1}$ und $g_k^n \subseteq g_k^{n+1}$ für alle $n \in \mathbb{N}$ und $k = 0, 1, 2$.

Wir setzen
$E_0 = \{e_0\}$ einelementig, $g_0^0(e_0) = S$, $g_1(e_0)$ sei injektiv, aber sonst beliebig, $g_2(e)$ habe überall den Wert $\emptyset$.

Nun seien E_n, g_0^n, g_1^n und g_2^n bereits erklärt. E_{n+1} entsteht aus E_n dadurch, daß oberhalb der maximalen Knoten in E_n noch eventuell neue obere Nachbarn erklärt werden. Es sei e so ein maximaler Knoten.

a) Falls eine Formel φ sowohl im Antezedenten als auch im Sukzedenten von $g_0^n(e)$ vorkommt, bleibe e in E_{n+1} maximal, denn dann sind wir schon bei einer ableitbaren Sequenz.

134

b) Falls in $g_o^n(e)$ nur Atomformeln vorkommen, bleibe e in E_{n+1} ebenfalls maximal, denn dann kann die Sequenz nicht abgeleitet sein, jedenfalls nicht durch logische Regeln.

In den restlichen Fällen trete weder a) noch b) ein.

c) In $g_o^n(e)$ komme eine Formel vor, die eine aussagenlogische Verknüpfung ist und sei φ die linkeste solcher Formeln. Je nach der Gestalt von φ und ob φ im Antezedenten oder im Sukzedenten vorkommt, erhält e einen oberen Nachbarn e_1 oder zwei obere Nachbarn e_1 und e_2. Die Funktion g_o^{n+1} erklären wir als Fortsetzung von g_o^n auf e_1 bzw. e_1 und e_2 wie folgt:

1) $\varphi = \neg\psi$ im Antezedenten:

$$e_1: \quad \Gamma_1, \Gamma_2 \to \Delta, \psi$$
$$e \ : \quad \Gamma_1, \neg\psi, \Gamma_2 \to \Delta$$

2) $\varphi = \neg\psi$ im Sukzedenten:

$$e_1: \quad \psi, \Gamma \to \Delta_1, \Delta_2$$
$$e \ : \quad \Gamma \to \Delta_1, \neg\psi, \Delta_2$$

3) $\varphi = \varphi_1 \wedge \varphi_2$ im Antezedenten:

$$e_1: \quad \Gamma_1, \varphi_1, \varphi_2, \Gamma_2 \to \Delta$$
$$e \ : \quad \Gamma_1, \varphi_1 \wedge \varphi_2, \Gamma_2 \to \Delta$$

4) $\varphi = \varphi_1 \wedge \varphi_2$ im Sukzedenten:

$$e_1: \Gamma \to \Delta_1, \varphi_1, \Delta_2 \qquad e_2: \Gamma \to \Delta_1, \varphi_2, \Delta_2$$
$$e : \Gamma \to \Delta_1, \varphi_1 \wedge \varphi_2, \Delta_2$$

5) $\varphi = \varphi_1 \vee \varphi_2$ im Antezedenten:

$$e_1: \Gamma_1, \varphi_1, \Gamma_2 \to \Delta \qquad e_2: \Gamma_1, \varphi_2, \Gamma_2 \to \Delta$$
$$e : \Gamma_1, \varphi_1 \vee \varphi_2, \Gamma_2 \to \Delta$$

6) $\varphi = \varphi_1 \vee \varphi_2$ im Sukzedenten:

$$e_1: \Gamma \to \Delta_1, \varphi_1, \varphi_2, \Delta_2$$
$$|$$
$$e : \Gamma \to \Delta_1, \varphi_1 \vee \varphi_2, \Delta_2$$

7) $\varphi = \varphi_1 \supset \varphi_2$ im Antezedenten:

$$e_1: \Gamma_1, \Gamma_2 \to \Delta_1, \varphi_1 \qquad e_2: \varphi_2, \Gamma_1, \Gamma_2 \to \Delta$$
$$e : \Gamma_1, \varphi_1 \supset \varphi_2, \Gamma_2 \to \Delta$$

8) $\psi = \varphi_1 \supset \varphi_2$ im Sukzedenten:

$$e_1: \varphi_1, \Gamma \to \Delta_1, \varphi_2, \Delta_2$$
$$|$$
$$e : \Gamma \to \Delta_1, \varphi_1 \supset \varphi_2, \Delta_2$$

Die Funktionen $g_1^{n+1}(e_1)$ und $g_2^{n+1}(e_1)$ haben auf den Quantorenformeln, die schon in $g_0^n(e)$ vorkommen, denselben Wert wie g_1^n;
wenn eine Quantorenformel ψ durch den Abbau neu entsteht, erhalte sie unter $g_1^{n+1}(e_1)$ einen größeren Wert als alle bisherigen Quantorenformeln und sei $g_2^{n+1}(e_1)(\psi) = \emptyset$; analog für e_2.

d) Es komme keine aussagenlogische Verknüpfung in $g_0^n(e)$ vor. Es
sei dann φ diejenige Formel in $g_0^n(e)$ mit dem kleinsten g_1^n-Wert.
Man beachte, daß φ nicht gleichzeitig im Antezedenten und im
Sukzedenten von $g_0^n(e)$ vorkommen kann.

Wir erweitern den Baum auf folgende Weise:

1) $\varphi = \forall x_k \psi$ im Antezedenten:

$$e_1: \Gamma_1, \forall x_k \psi, \mathrm{sub}(\xi \mid \psi), \Gamma_2 \to \Delta$$
$$|$$
$$e : \Gamma_1, \forall x_k \psi, \Gamma_2 \to \Delta$$

mit $\xi =_{x_k} \mathrm{id}$

und $\xi(x_k) = t_n$, wobei $n = \min(\nu \mid t_\nu \notin g_2^n(e)(\forall x_k \psi))$;

wir setzen weiter

$$g_1^{n+1}(e_1)(\mathrm{sub}(\xi \mid \psi)) = \max_\chi (g_1^n(e)(\chi)) + 1,$$

$$g_2^{n+1}(e_1)\ (sub(\xi \mid \psi)) = \emptyset,$$

falls $sub(\xi \mid \psi)$ mit einem Quantor anfängt;

$$g_1^{n+1}(e_1)\ (\forall x_k \psi) = \max_{\chi}(g_1^n(e)\ (\chi) + 2,$$

$$g_2^{n+1}(e_1)\ (\forall x_k \psi) = g_2^n(e)\ (\forall x_k \psi) \cup \{t_n\}$$

Für alle anderen Formeln χ seien die $g_i^{n+1}(e_1)\ (\chi) = g_i^n(e)\ (\chi)$, $i = 1, 2$.

2) $\varphi = \exists x_k \psi$ im Antezedenten:

$$e_1:\ \Gamma_1,\ sub(\xi_{k,1} \mid \psi),\ \Gamma_2 \to \Delta$$
$$\mid$$
$$e\ :\ \Gamma_1,\ \exists x_k \psi,\ \Gamma_2 \to \Delta$$

wobei x_1 die erste für $g_o^n(e)$ neue Variable ist.

Die Funktionen g_1^{n+1} und g_2^{n+1} seien wie unter 1) erklärt.

3) $\varphi = \exists x_k \psi$ im Sukzedenten:

Man verfahre wie in 1).

4) $\varphi = \forall x_k \psi$ im Sukzedenten:

Man verfahre wie in 2).

Wir setzen nun $E = \cup\ (E_n \mid n \in N)$.

Ein Zweig in E kann aus zwei Gründen endlich sein: weil er wegen a) nicht verlängert wurde oder weil er wegen b) nicht verlängert wurde. Ein endlicher Zweig,auf den a) zutrifft, bei dem also am maximalen Knoten eine Formel sowohl im Antezedenten als auch im Sukzedenten vorkommt, nennen wir geschlossen. Wir nennen E geschlossen, wenn alle Zweige geschlossen sind. Es ist klar, daß man sich einen Beweis für S verschaffen kann, wenn E geschlossen ist. Falls E nicht geschlossen ist, sei $Z \subseteq E$ ein nicht geschlossener Zweig, es sei $Z = \{e_n \mid n \in N\}$ (bzw. $Z = \{e_n \mid n \leq n_o\}$ falls Z endlich ist) mit

$$e_n < e_{n+1} \quad \text{für } n \in N.$$

Weiter setzen wir

$$S_n = g_0^n(e_n) = \Gamma_n \to \Delta_n \quad \text{(also } S = S_0\text{)}.$$

Für eine Folge $\Delta = \varphi_1,\ldots,\varphi_n$ sei $\overline{\Delta} = \{\varphi_1,\ldots,\varphi_n\}$;
es sei dann

$$X = U(\overline{\Gamma}_n \mid n \in N)$$

$$Y = U(\overline{\Delta}_n \mid n \in N).$$

Wir erklären damit eine Struktur $\mathscr{A}$ wie folgt:
Der algebraische Anteil von $\mathscr{A}$ sei die Termalgebra $Term$ (also insbesondere sei A = Term); die Relationen werden dadurch erklärt,
daß

$$R_j^A(t_1,\ldots,t_n) \text{ genau dann gelte, wenn } P_j(t_1,\ldots,t_n) \in X \text{ ist.}$$

Für diese Struktur können wir nun zeigen, daß die identische De-
legung alle Formeln aus X und keine Formel aus Y erfüllt. Dies
geschieht durch Induktion über den Aufbau der Formel φ.

1) φ ist atomar:
Wenn $\varphi \in X$ ist, so folgt die Behauptung aus der Definition von $\mathscr{A}$,
wenn $\varphi \in Y$ ist, so kann φ nur von der identischen Belegung erfüllt
werden, wenn auch $\varphi \in X$ gilt. Dies ist aber nicht der Fall, weil
unser Zweig nicht geschlossen ist.

2) φ ist eine aussagenlogische Verknüpfung:
Es komme etwa φ in S_n vor. Nach Konstruktion von E existiert ein
$e > e_n$, $e \in Z$, an dem φ abgebaut wurde. Die einzelnen Fälle, bei
diesem Induktionsschritt entsprechen genau den Fällen 1) - 8) unter c) in der Konstruktion von E.

3) $\varphi = \exists x_k \psi \in X$:
Es existiert ein n mit $\exists x_k \psi \in \overline{\Gamma}_n$ und nach Konstruktion sorgt die
Begleitfunktion g_1 dafür, daß $\exists x_k \psi$ abgebaut wurde, daß also für
ein neues x_1 die Formel $\mathrm{sub}(\xi_{x,1}, \psi) \in X$ ist und demnach von der
identischen Belegung erfüllt wird, was die Behauptung beweist.

4) $\varphi = \exists x_k \psi \ \varepsilon \ Y$:

Es sei $n = \min(\nu \mid \exists x_k \psi \ \varepsilon \ \overline{\Delta}_\nu)$.

Nach Induktionsvoraussetzung erfüllt die identische Belegung keine der Formeln $\mathrm{sub}(\xi \mid \psi)$ mit $\xi =_{x_k} \mathrm{id}$, denn die Funktionen g_1 und g_2 sorgen dafür, daß alle diese Formeln in geeigneten $\overline{\Delta}_m$, $m > n$, auftreten. Damit wird aber auch φ nicht erfüllt. Die beiden restlichen Fälle mit dem Allquantor behandelt man analog zu 3) und 4). Insbesondere ist also die Sequenz S in der Struktur $\mathscr{A}$ nicht wahr, was zu zeigen war.

Da die Schnittregel eine semantisch zulässige Regel ist, liefert der letzte Satz auch gleich einen Schnitteliminationssatz mit. (Besser: einen "Schnittfreiheitssatz", denn man hat ja keinen Eliminationsprozeß, sondern sieht nur die Vollständigkeit der Axiome und Regeln ohne den Schnitt ein). Semantisch läßt sich die Schnittregel auch noch anders beleuchten. Wegen der anderen Strukturregeln können wir den vereinfachten Fall

$$\frac{\Gamma \to \Delta, \ \varphi \mid \varphi, \ \Gamma \to \Delta}{\Gamma \to \Delta}$$

betrachten. Interpretieren wir die Regel semantisch in der Lindenbaumalgebra, so bedeutet sie dann: Aus $a \leqslant b \sqcup c$ und $c \sqcap a \leqslant b$ folgt $a \leqslant b$. Diese Implikation ist nun aber in Verbänden gleichwertig zum Distributivgesetz. Die Eliminierbarkeit der Schnittregel folgt dann daraus, daß die Ableitbarkeit von $\varphi \supset \psi$ gleichbedeutend zu $\| \varphi \supset \psi \| = 1$ in der Lindenbaumalgebra ist. Weil wir nur die Distributivität brauchen, ist die Schnittelimination auch z.B. für die intuitionistische Logik möglich; wir kommen später noch darauf zu sprechen. Für eine eingehende Diskussion dieses Sachverhaltes vgl. Schulte Mönting [SchM1] und Lorenzen [Lo]. Wir weisen nur darauf hin, daß ein Schnitteliminationssatz bei einem etwaigem Sequenzenkalkül für die Quantenlogik nicht gelten könnte. Unser früherer Beweis des Schnitteliminationssatzes war insofern weitergehender als ein semantischer Beweis, als er gleich ein Verfahren mitlieferte, einen gegebenen Beweis in einen schnittfreien Beweis Schritt für Schritt umzuwandeln. Dieses Verfahren liefert mehr Einsichten in die Natur der Schnittregel und erlaubt u.a. relative Längenabschätzungen für die erhaltenen schnittfreien Beweise. Der letzte Satz läßt einem nur eine Möglichkeit, einen Beweis schnitt-

frei zu machen: Man zähle alle schnittfreien Beweise rekursiv auf
und warte, bis der gewünschte Beweis erscheint.

Das Kernstück des letzten Beweises war die Konstruktion des Baumes
E. Diese Konstruktion war von dem Wunsche diktiert, entweder einen
Beweis für S zu finden oder sich systematisch für S ein "Gegenbeispiel" zu konstruieren. Dies führt uns dazu, die Regeln von LK neu
zu interpretieren: Liest man sie "von unten nach oben", so dienen
sie dazu, eine systematische Suchprozedur nach einem Gegenbeispiel
für S zu definieren, oder anders ausgedrückt, S daraufhin zu testen, ob es tautologisch ist. Der Zusammenhang zwischen deduktiven
Kalkülen und Testsystemen wird uns später noch mehr beschäftigen.
Für den Moment sei hier nur angemerkt, daß die Schnittregel in
diesem Zusammenhang sehr unerwünscht wäre: Würde man sie nämlich
(invertiert) als Testregel benutzen wollen, so hätte man große
Mühe, die Schnittformel und damit die Vorgänger zu erraten. Man
müßte also, wie beim unkritischen Quantorenschritt für die Terme,
eine neue systematische Suche nach der Schnittformel ansetzen. Da
die Schnittformel außerdem beliebig kompliziert sein könnte, würden dann beim Testen der Schnittformel wieder entsprechende Probleme auftauchen.

4.5 Die Logik mit Gleichheit

In diesem Abschnitt erweitern wir den Kalkül LK zu einem Kalkül
$LK^=$, um die klassische Logik mit Gleichheit behandeln zu können.
Das Gleichheitsprädikat bezeichnen wir wie früher mit "=". Kalküle dieser Art findet man bei Kanger [Ka] und Lifschitz [Li].

Zuerst führen wir eine abkürzende Schreibweise ein:

1. Def.: Für $\Gamma = \varphi_1,\ldots,\varphi_n$, eine Substitution ξ und eine endliche
   Variablenmenge Y bezeichne $sub(\xi,Y,\Gamma)$ die Folge
   $sub(\xi,Y,\varphi_1),\ldots,sub(\xi,Y,\varphi_n)$.

Der Kalkül $LK^=$ für die klassische Logik mit Gleichheit wird nun
folgendermaßen erklärt:

2. Def.: $LK^=$ entsteht aus LK durch Hinzunahme folgender Axiome
und Regeln:

I. Gleichheitsaxiome:

$\rightarrow t \equiv t$ für jeden Term t.

II. Gleichheitsregeln:

$$\frac{\text{sub}(\xi_{k,r},\ Y,\ \Gamma) \rightarrow \text{sub}(\xi_{k,r},\ Y,\ \Delta)}{r \equiv s,\ \text{sub}(\xi_{k,s},\ Y,\ \Gamma) \rightarrow \text{sub}(\xi_{k,s},\ Y,\ \Delta)} (E_1)$$

$$\frac{\text{sub}(\xi_{k,r},\ Y,\ \Gamma) \rightarrow \text{sub}(\xi_{k,r},\ Y,\ \Delta)}{s \equiv r,\ \text{sub}(\xi_{k,s},\ Y,\ \Gamma) \rightarrow \text{sub}(\xi_{k,s},\ Y,\ \Delta)} (E_2)$$

wobei $\xi_{k,r} =_{x_k} \xi_{k,s} =_{x_k} \text{id}$,

$\xi_{k,r}(x_k) = r,\ \xi_{k,s}(x_k) = s.$

Ein Beispiel:

$$\frac{P(f(x_1),\ f(x_1),\ f(f(x_1))) \rightarrow P(f(x_1),\ x_2,\ x_3)}{f(x_1) \equiv x_2,\ P(x_2,\ f(x_1),\ f(x_2)) \rightarrow P(x_2,\ x_2,\ x_3)} (E_1)$$

da $P(f(x_1),\ (f(x_1),\ f(f(x_1))) =$

$\text{sub}(\xi_{4,r} \mid P(x_4,\ f(x_1),\ f(x_4)))$

und $P(f(x_1),\ x_2,\ x_3) = \text{sub}(\xi_{4,r} \mid P(x_4,\ x_2,\ x_3))$

für $r = f(x_1).$

Die Gleichheitsregeln erlauben also unter Hinzunahme der Gleichung
$r \equiv s$ im Antezedenten einen Term r (ohne gebundene Variable) an beliebig vielen Stellen in der Sequenz durch einen Term s (ebenfalls
ohne gebundene Variable) zu ersetzen. Man überlegt sich leicht, daß
jede der beiden Gleichheitsregeln durch die andere zusammen mit

der Konstraktionsregel eliminierbar ist. Um spätere Normalformensätze zeigen zu können, benötigen wir jedoch beide Regeln. Im Ge-
gensatz zu den Hilberttypkalkülen, wo wir beim Übergang zur
Gleichheitslogik nur neue Axiome hinzugenommen haben, hat $LK^=$
auch neue Regeln. Dieses Vorgehen ist von dem Wunsche diktiert
(der später bei der Betrachtung der Testsysteme verständlich wird),
die Anzahl der Axiome möglichst gering zu halten. Es ist nämlich
hier jedes Gleichheitsaxiom ein Substitutionsergebnis der Sequenz
$\rightarrow x = x$.

Wenn der Zusammenhang klar ist oder wenn es auf die Variable x_k
und die Variablenmenge Y nicht ankommt, schreiben wir auch

$$\varphi_r \quad \text{für} \quad \mathrm{sub}(\xi_{k,r},\, Y,\, \varphi),$$

entsprechend auch t_r für Terme t und Γ_r für Folgen Γ.

Den Begriff des Beweises etc. erklären wir wie früher; dazu erklären wir als die Hauptformel einer solchen Regelanwendung die
eingeführte Gleichung und die Formel der Konklusion, in denen
ein Term ersetzt wurde; die Seitenformeln in der Prämisse seien
diejenigen Formeln, in denen der Term r ersetzt wird; die Variable
x_k nennen wir auch Eigenvariable. Wie früher beweist man auch
hier, daß jede ableitbare pure Sequenz einen puren Beweis hat
(wobei zu beachten ist, daß wir den Eigenvariablenbegriff erweitert haben). Wir verlangen hier für die Purheit zusätzlich,
daß die Eigenvariablen der Gleichheitsregeln im Beweis nicht auftreten. Analog zu früheren Betrachtungen möchten wir auch in $LK^=$
die Beweise in gewisse Normalformen bringen.

3. Def.: Ein Beweis $\mathscr{B}$ in $LK^=$ heißt regulär genau dann, wenn gilt:

    (i) $\mathscr{B}$ ist pur und an den Axiomen kommen nur Atomfor-
           meln vor;

    (ii)   keine Quantorenregel wird oberhalb einer aussagen-
           logischen Regel angewandt;

    (iii) keine Quantorenregel, aussagenlogische oder Ab-
           schwächungsregel wird oberhalb einer Gleichheits-
           regel angewandt.

Dazu beweisen wir zunächst:

4. Satz: Jede in $\mathrm{LK}^=$ schnittfrei herleitbare pure Sequenz S besitzt einen Beweis, der (i) und (iii) der Definition von
regulär erfüllt. Ist S zusätzlich pränex, so hat S einen
regulären Beweis.

Beweis: Wir können annehmen, daß alle vorgelegten schnittfreien
Beweise bereits pur sind und an den Axiomen nur Atomformeln haben. Als erstes zeigen wir, daß solch ein Beweis so transformiert
werden kann, daß (iii) erfüllt wird. Dies geschieht durch Induktion über die maximale Länge eines Zweiges im Beweisbaum.
Der Induktionsanfang ist klar. Es sei nun diese maximale Länge
$1 = n+1$ und die letzte angewandte Regel sei eine Gleichheitsregel, o.B.d.A. (E_1) am Knoten e. Wir vernachlässigen die Strukturregeln und machen eine Fallunterscheidung nach der letzten oberhalb e angewandten logischen Regel.

a) Eine aussagenlogische Regel wurde angewandt: Wir beschränken
uns auf die $\rightarrow \wedge$ -Regel, da die anderen Fälle ganz analog behandelt werden:

$$\frac{\dfrac{\vdots}{\Gamma_r \stackrel{.}{\rightarrow} \Delta_r,\ \mathrm{sub}(\xi_{k,r},Y,\varphi)} \qquad \dfrac{\vdots}{\Gamma_r \stackrel{.}{\rightarrow} \Delta_r,\ \mathrm{sub}(\xi_{k,r},Y,\psi)}}{\dfrac{\Gamma_r \rightarrow \Delta_r,\ \mathrm{sub}(\xi_{k,r},Y,\ \varphi \wedge \psi)}{r = s,\ \Gamma_s \rightarrow \Delta_s,\ \mathrm{sub}(\xi_{k,s},\ \varphi \wedge \psi)}}$$

Die beiden obigen Beweisschritte ersetzen wir durch

$$\frac{\dfrac{\dfrac{\vdots}{\Gamma_r \stackrel{.}{\rightarrow} \Delta_r,\ \mathrm{sub}(\xi_{k,r},Y,\varphi)}}{r = s,\ \Gamma_s \rightarrow \Delta_s,\ \mathrm{sub}(\xi_{k,s},Y,\varphi)} \qquad \dfrac{\dfrac{\vdots}{\Gamma_r \stackrel{.}{\rightarrow} \Delta_r,\ \mathrm{sub}(\xi_{k,r},Y,\psi)}}{r = s,\ \Gamma_s \rightarrow \Delta_s,\ \mathrm{sub}(\xi_{k,s},Y,\varphi)}}{r = s,\ \Gamma_s \rightarrow \Delta_s,\ \mathrm{sub}(\xi_{k,s},Y,\ \varphi \wedge \psi)}$$

und ziehen uns auf die Induktionsannahme zurück, weil beide
Zweige oberhalb der Knoten, an denen jetzt die Gleichheitsregeln angewandt wurden, eine kürzere Länge als 1 haben.

b) Die $\rightarrow \forall$ -Regel wurde angewandt:

$$\frac{\begin{array}{c} \vdots \\ \Gamma_r \overset{\cdot}{\rightarrow} \Delta_r, \ \mathrm{sub}(\xi_{1,i}, \ Y', \ \varphi) \\ \hline \Gamma_r \rightarrow \Delta_r, \ \mathrm{sub}(\xi_{k,r}, \ Y, \ \psi) \end{array}}{r \equiv s, \ \Gamma_s \rightarrow \Delta_s, \ \mathrm{sub}(\xi_{k,s}, \ Y, \ \psi)}$$

mit

$$\mathrm{sub}(\xi_{k,r}, \ Y, \ \psi) = \forall x_1 \varphi$$

und

$$\Gamma_r, \ \Gamma_s, \ \Delta_r, \ \Delta_s \ \text{wie oben.}$$

Wegen der Purheit des Beweises kann die Eigenvariable x_i nicht in r oder in s vorkommen, weiter können wir für ein geeignetes φ' schreiben: $\mathrm{sub}(\xi_{1,i}, \ Y', \ \varphi) = \mathrm{sub}(\xi_{k,r}, \ Y', \ \varphi')$.

Wir ersetzen nun die obige Ableitung durch

$$\frac{\dfrac{\begin{array}{c} \vdots \\ \Gamma_r \overset{\cdot}{\rightarrow} \Delta_r, \ \mathrm{sub}(\xi_{k,r}, \ Y', \ \varphi') \end{array}}{r \equiv s, \ \Gamma_s \rightarrow \Delta_s, \ \mathrm{sub}(\xi_{k,s}, \ Y', \ \varphi')}}{r \equiv s, \ \Gamma_s \rightarrow \Delta_s, \ \mathrm{sub}(\xi_{k,s}, \ Y, \ \psi)} \quad \begin{array}{l}(E_1) \\[1em] (\rightarrow \forall)\end{array}$$

wobei x_i weiterhin die Eigenvariable in der $\rightarrow \forall$ -Regelanwendung ist. Wir können uns dann wieder auf die Induktionsannahme zurückziehen.

c) Die $\rightarrow \exists$ -Regel wurde angewandt:

$$\frac{\dfrac{\begin{array}{c} \vdots \\ \Gamma_r \overset{\cdot}{\rightarrow} \Delta_r, \ \mathrm{sub}(\xi_{1,t}, \ Y', \ \varphi) \end{array}}{\Gamma_r \rightarrow \Delta_r, \ \mathrm{sub}(\xi_{k,r}, \ Y, \ \psi)}}{r \equiv s, \ \Gamma_s \rightarrow \Delta_s, \ \mathrm{sub}(\xi_{k,s}, \ Y, \ \psi)}$$

mit $\mathrm{sub}(\xi_{k,r}, \ Y, \ \psi) = \exists x_1 \varphi$

und $\Gamma_r, \ \Gamma_s, \ \Delta_r, \ \Delta_s$ wie oben.

Wegen der Purheit kann die Variable x_k nicht in t sein, außerdem können wir wieder für ein geeignetes φ' schreiben:

$$\mathrm{sub}(\xi_{1,t}, \ Y', \ \varphi) = \mathrm{sub}(\xi_{k,r}, \ Y', \ \varphi')$$

und wir ersetzen die obige Ableitung durch

$$\frac{\begin{array}{c}\vdots\\[2pt]\Gamma_r \stackrel{.}{\rightarrow} \Delta_r, \ \mathrm{sub}(\xi_{k,r}, \ Y', \ \varphi')\end{array}}{r \equiv s, \ \Gamma_s \rightarrow \Delta_s, \ \mathrm{sub}(\xi_{k,s}, \ Y', \ \varphi')} \quad (E_1)$$

$$\frac{r \equiv s, \ \Gamma_s \rightarrow \Delta_s, \ \mathrm{sub}(\xi_{k,s}, \ Y', \ \varphi')}{r \equiv s, \ \Gamma_s \rightarrow \Delta_s, \ \mathrm{sub}(\xi_{k,s}, \ Y, \ \psi)} \quad (\rightarrow \exists)$$

wobei t weiterhin der Substitutionsterm der $\rightarrow \exists$ -Regelanwendung ist und wir uns auf die Induktionsannahme berufen können.

Die restlichen Quantorenfälle sind analog zu b) und c) zu behandeln. Nachdem wir uns so einen Beweis verschafft haben, der (iii) erfüllt, bewerkstelligen wir für pränexe Sequenzen die restliche Transformation in einen regulären Beweis (also die Vertauschung von aussagenlogischen und Quantorenregeln), genauso wie beim Beweis des Gentzen'schen Hauptsatzes.

Als nächstes entzerren wir die Anwendung der Gleichheitsregeln.

5. Def.: Eine Anwendung der Regeln E_1 oder E_2 heißt einfach, wenn die Variable x_k einmal in $\Gamma \rightarrow \Delta$ vorkommt (also einmal der Term r durch den Term s ersetzt wird).

Wir bemerken noch, daß Anwendungen von E_1 oder E_2, bei denen x_k gar nicht in $\Gamma \rightarrow \Delta$ vorkommt, als Anwendung der Abschwächungsregel aufgefaßt werden können.

6. Satz: Jede durch einen schnittfreien, regulären Beweis herleitbare Sequenz besitzt einen einfachen, regulären Beweis.
Beweis: Sei ein regulärer, schnittfreier Beweis $\mathcal{B}$ gegeben. Die Gleichheitsregeln werden dann nur auf Atomformeln angewandt, so daß wir immer $Y = \emptyset$ wählen können.
Wir betrachten eine Anwendung der Gleichheitsregeln:

$$\frac{\text{sub}(\xi_{k,r},\ \Gamma) \rightarrow \text{sub}(\xi_{k,r},\ \Delta)}{r \equiv s,\ \text{sub}(\xi_{k,s},\ \Gamma) \rightarrow \text{sub}(\xi_{k,s},\ \Delta)}$$

Sei $n \geq 1$ die Anzahl der Vorkommen von x_k in $\Gamma \rightarrow \Delta$; wir führen n neue Variable $x_{i_1}, \ldots, x_{i_n}$ ein. Dann existiert eine Sequenz $\Gamma' \rightarrow \Delta'$, in der jedes x_{i_ν}, $1 \leq \nu \leq n$, genau einmal vorkommt und für die gilt

$$\Gamma = \text{sub}(\xi, \Gamma')$$
$$\Delta = \text{sub}(\xi, \Delta'),$$

$$\xi(x_\nu) = \begin{cases} x_k & \text{für } \nu \in \{i_1, \ldots, i_n\} \\ x_\nu & \text{sonst.} \end{cases}$$

Durch n-malige Anwendung der Gleichheitsregeln und n anschließende Kontraktionen erhalten wir so dieselbe Konklusion durch einfache Regelanwendungen:

$$\frac{\text{sub}(\xi_{i_1,r}, \ldots \text{sub}(\xi_{i_n,r}, \Delta') \ldots) \rightarrow \text{sub}(\xi_{i_1,r}, \text{sub}(\ldots \text{sub}(\xi_{i_n,r}, \Delta') \ldots)}{\begin{matrix} \text{sub}(\xi_{i_1,s}, \text{sub}(\xi_{i_2,r}, \ldots)) \rightarrow \text{sub}(\xi_{i_1,s}, \ldots) \ldots, \Delta') \ldots) \\ \vdots \\ \text{sub}(\xi_{i_1,s}, \text{sub}(\xi_{i_2,s}, \ldots, \vdots)) \rightarrow \text{sub}(\ldots, \text{sub}(\xi_{i_n,s}, \Delta') \ldots) \end{matrix}}$$

Durch Induktion über die Anzahl der nicht einfachen Anwendungen der Gleichheitsregeln beweisen wir so die Behauptung.

Wir merken noch an, daß die Transformationen in einen regulären und einfachen Beweis nicht von der Gestalt unserer Axiome abhängen und daß sie auch in jedem Teilbeweis durchgeführt werden können.

Um die Beweise in der Gleichheitslogik noch weiter strukturieren zu können, benötigen wir Ordnungen auf Termen.

7. Def.: Eine Termordnung ist eine irreflexive, transitive Halbordnung "$\prec$" auf Termen, welche mit den Ersetzungen verträglich ist, d.h. für die gilt: Aus $r \prec s$ und $\xi =_{x_k} \zeta =_{x_k} \text{id}, \xi(x_k) = r, \zeta(x_k) = s$, x_k einmal in r und s, folgt

$$\text{rep}(\xi \mid t) \preceq \text{rep}(\zeta \mid t) \text{ für alle } t.$$

Ein Beispiel für eine Termordnung ist die lexikographische Ordnung: Man gebe sich zuerst eine beliebige totale und fundierte Ordnung aller Variablen und Funktionszeichen vor, wobei die Variablen allen anderen Zeichen vorangehen sollen. Dann erkläre man $r \preceq s$ durch: Entweder ist r kürzer als s oder r und s sind gleichlang und an der ersten Stelle, an der sich r und s unterscheiden, steht bei r ein Zeichen mit kleinerer Nummer als bei s. Diese Halbordnung ist zudem eine Totalordnung. Nachtragen müssen wir jetzt:

8. Def.: Eine Halbordnung heißt fundiert, wenn es keine unendlichen absteigenden Ketten in dieser Halbordnung gibt.

Es gibt fundierte Termordnungen, z.B. die lexikographische Termordnung ist eine solche.

Es sei nun "$\preceq$" eine Termordnung.

9. Def.: (i) Eine Regelanwendung von E_1 (bzw. E_2) heißt normal (eigentlich: $\preceq$ -normal), wenn nicht $s \preceq r$ gilt.

(ii) Ein Beweis $\mathscr{B}$ in $LK^=$ heißt normal, wenn er nur normale Anwendungen der Gleichheitsregeln enthält.

10. Satz: Jeder reguläre, einfache schnittfreie Beweis läßt sich in einen normalen, regulären, einfachen und schnittfreien Beweis transformieren.

Beweis: Wir gehen induktiv über die Länge des Beweises vor. Der Induktionsanfang ist trivial. Beim Induktionsschritt betrachten wir die oberste, nicht normale Anwendung an einem Knoten e (o.B.d.A. eine Anwendung von (E_1)) und unterscheiden unter Vernachlässigung der Strukturregeln zwei Fälle:

a) An dem oberen Nachbarn von e steht ein Axiom;

b) die Sequenz am oberen Nachbarn von e wurde durch (E_1) oder (E_2) gewonnen.

Zu a):

1. Das Axiom ist ein Axiom von LK:

Wir nehmen an, daß die Ersetzung des Termes im Antezedenten
stattgefunden hat (der andere Fall wird ganz gleich behandelt);
dann haben wir die folgende Situation vorliegen:

$$\frac{\text{sub}(\xi_{k,r} \mid \varphi) \to \text{sub}(\xi_{1,r} \mid \varphi')}{r \equiv s \ , \text{sub}(\xi_{k,s} \mid \varphi) \to \text{sub}(\xi_{1,r} \mid \varphi')} \qquad (E_1)$$

mit $\varphi = \text{sub}(\xi_{k,1}, \varphi')$ und $r \doteq s$.

Dies ersetzen wir durch

$$\frac{\text{sub}(\xi_{k,s} \mid \varphi) \to \text{sub}(\xi_{1,s} \mid \varphi')}{r \equiv s, \ \text{sub}(\xi_{k,s} \mid \varphi) \to \text{sub}(\xi_{1,r} \mid \varphi')} \qquad (E_2)$$

und erhalten eine einfache und normale Ableitung.

2. Das Axiom ist ein Gleichheitsaxiom:
$$\to t \equiv t$$
Wir verfahren analog zum Fall 1.

Zu b): Wir haben zwei einfache Anwendungen:

$$
\begin{array}{l}
e'' \\
\mid \qquad \dfrac{\Gamma_t \to \Delta_t}{t \equiv w, \ \Gamma_w \to \Delta_w} \quad (E_1) \text{ (oder entsprechend auch für } (E_2)\text{)}\\
e' \\
\mid \qquad \dfrac{}{r \equiv s, \ t' \equiv w', \ \Gamma' \to \Delta'} \quad (E_2)\\
e
\end{array}
$$

wobei wir annehmen, daß der letzte Schritt nicht normal ist und
unterscheiden die folgenden Fälle:

1. r wurde durch s in $t \equiv w$ und zwar in w ersetzt:

$$\frac{t \equiv w, \ \Gamma_w \to \Delta_w}{t \equiv w', \ \Gamma_w \to \Delta_w} \qquad (E_1)$$

Dann betrachten wir die Ableitung

$$\frac{\dfrac{\Gamma_t \to \Delta_t}{t \equiv w', \ \Gamma_{w'} \to \Delta_{w'}} \quad (E_1)}{r \equiv s, \ t \equiv w', \ \Gamma_w \to \Delta_w} \qquad (E_2)$$

Der letzte Schritt ist normal, auf den ersten können wir die Induktionsvoraussetzung anwenden.

2. r wurde durch s in $t \equiv w$, und zwar in t ersetzt:

$$\frac{t \equiv w, \; \Gamma_w \to \Delta_w}{r \equiv s, \; t' \equiv w, \; \Gamma_w \to \Delta_w}$$

Wir nehmen als neue Ableitung

$$\frac{\Gamma_t \to \Delta_t}{r \equiv s, \; \Gamma_{t'} \to \Delta_{t'}} \quad (E1)$$

$$\frac{}{t' \equiv w, \; r \equiv s, \; \Gamma_w \to \Delta_w} \quad (E_2)$$

Auf den oberen Schritt wenden wir die Induktionsvoraussetzung an, der untere Schritt ist normal, denn sonst folgt aus $w \lessdot t'$ und der Annahme $s \lessdot r$ auch $t' \lessdot t$ und somit der Widerspruch $w \lessdot t$.

3. Es ist $r = w$ oder r ein Unterterm von w und r wurde durch s am Knoten e' an der Stelle ersetzt, an der w gerade eingeführt wurde:

$$\frac{t \equiv w, \; \Gamma_w \to \Delta_w}{r \equiv s, \; t \equiv w, \; \Gamma_w \to \Delta_w} \quad ;$$

wir nehmen statt dessen

$$\frac{\Gamma_t \to \Delta_t}{t \equiv w', \; \Gamma_w \to \Delta_w} \quad (E_1)$$

$$\frac{}{r \equiv s, \; t \equiv w, \; \Gamma_{w'} \to \Delta_{w'}} \quad (E_2)$$

und wenden auf die obere Anwendung die Induktionsvoraussetzung an.

4. Es ist r ein Oberterm von w und r wurde durch s am Knoten e' an der Stelle ersetzt, an der w gerade eingeführt wurde:

$$\frac{t \equiv w, \; \Gamma_w \to \Delta_w}{r \equiv s, \; t \equiv w, \; \Gamma_s \to \Delta_s}$$

Es sei r_t der Term, der aus r durch Ersetzen von w durch t an der fraglichen Stelle entsteht. Wir betrachten dann die neue Ableitung

$$\frac{\Gamma_t \to \Gamma_t}{r_t \equiv s, \; \Gamma_s \to \Delta_s} \quad (E_1)$$

$$\frac{}{t \equiv w, \; r \equiv s, \; \Gamma_s \to \Delta_s} \quad (E_2) \qquad ,$$

woraus uns die Induktionsannahme wieder einen normalen Beweis verschafft.

5. In allen übrigen Fällen lassen sich die letzten beiden Ableitungsschritte ohne weiteres vertauschen.

Schließlich bemerken wir noch, daß man Anwendungen der Gleichheitsregel mit $t \equiv t$ als eingeführte Gleichung vermeiden kann, indem man stattdessen die Abschwächungsregel nimmt. Damit ist der Satz bewiesen. Für diesen Satz haben wir beide Gleichheitsregeln, E_1 und E_2, gebraucht!

Wir sind nun in der Lage, auch für $LK^=$ den Schnitteliminationssatz zu beweisen.

11. Satz: Jede in $LK^=$ ableitbare pure Sequenz besitzt einen schnittfreien Beweis.

Beweis: (vgl. Lifschitz [Li]): Es sei "$\prec$" eine fundierte totale Termordnung. Wir können von einem regulären, einfachen und normalen Beweis ausgehen. Der Schnitteliminationssatz für LK erlaubt uns, die Schnitte über die logischen Regeln hinweg "hochzuschieben". Es genügt daher (durch Induktion über die Anzahl der Schnitte) aus Ableitungen $\mathscr{B}$ der folgenden Art die Schnitte zu eliminieren: Die Schnittregel wird genau einmal in $\mathscr{B}$ angewandt, und zwar am untersten Knoten e; oberhalb von e werden höchstens Gleichheitsregeln, Kontraktionen oder Permutationen angewandt.

Die beiden letzten Regelanwendungen werden wir hier grundsätzlich überschlagen. Die Situation sieht dann so aus:

$$e' \qquad \frac{\Gamma \to \Delta, \varphi \mid \varphi, \Pi \to \Lambda}{\Gamma, \Pi \to \Delta, \Lambda} \qquad\qquad e''$$

Wir führen den Beweis durch Induktion über die Anzahl der Anwendungen der Gleichheitsregeln oberhalb des Knotens e'.

a) Induktionsanfang: An e' steht ein Axiom.

   1) An e' steht ein Axiom aus LK: Dieser Fall ist trivial.

   2) An e' steht ein Gleichheitsaxiom $\to t \equiv t$:

     In diesem Unterfall führen wir wieder eine Induktion durch, und zwar über zwei Parameter:

     1. Über die Ordnung des Termes t (in der Ordnung $\prec$).

     2. Bei gleichem t über die Anzahl der Gleichheitsregeln, die oberhalb von e'' angewandt wurden.

Wenn an e'' ein Axiom steht (Induktionsanfang), sind wir wieder fertig. Im übrigen unterscheiden wir drei Fälle:

α) Die Schnittformel ist nicht Hauptformel an e'':

   In diesem Fall führen wir den Schnitt mit der Sequenz am Vorgänger von e'' durch.

β) Die Schnittformel ist die an e'' eingeführte Gleichung $t \equiv t$:

   In diesem Fall hat keine echte Anwendung der Gleichheitsregel vorgelegen (sondern eine Abschwächung):

$$\frac{\to t \equiv t \mid \dfrac{\Pi \to \Lambda}{t \equiv t, \Pi \to \Lambda}}{\Pi \to \Lambda}$$

und wir können ohne den Schnitt auskommen.

γ) Die Schnittformel ist Hauptformel an e'', aber nicht die eingeführte Gleichung:

$$\frac{\to t \equiv t \mid \dfrac{t'_r \equiv t, \Pi \to \Lambda}{t \equiv t, r \equiv s, \Pi \to \Lambda}}{r \equiv s, \Pi \to \Lambda} \qquad (E_1)$$

mir $r \equiv s$ und $t = t'_s$. (Man beachte, daß wir Permutationen unterschlagen). Dies ersetzen wir durch

$$\frac{\dfrac{t'_r \equiv t,\ \Pi \to \Lambda}{\to t'_r \equiv t'_r \ \bigg|\ t'_r \equiv t'_r,\ r \equiv s,\ \Pi \to \Lambda}}{r \equiv s,\ \Pi \to \Lambda} \qquad (E_2)$$

und erhalten das Ergebnis wegen $t_r \prec t_s = t$.

b) Oberhalb von e' wurden Gleichheitsregeln angewandt.

    1) Die Schnittformel ist keine Hauptformel: In diesem Falle läßt sich der Schnitt um eine Stelle nach oben verlagern.

    2) Die Schnittformel ist Hauptformel an e': In diesem Unterfall führen wir eine Induktion über die Anzahl der Gleichheitsregeln, die oberhalb e" angewandt wurden, durch. Wenn an e" ein Axiom steht (dies kann dann nur ein Axiom aus LK sein), ist die Behauptung klar. Im übrigen unterscheiden wir wie oben wieder drei Fälle:

    α) Die Schnittformel ist nicht Hauptformel an e": Wir verlagern den Schnitt nach oben und verkürzen die Länge des Zweiges über e".

    β) Die Schnittformel ist die an e" eingeführte Gleichung:

$$\frac{\Gamma \to \Delta,\ r \equiv s'_u \qquad \qquad \Gamma_r \to \Lambda_r}{\dfrac{u \equiv v,\ \Gamma \to \Delta,\ r \equiv s'_v \ \Big|\ r \equiv s,\ \Pi_s \to \Lambda_s}{u \equiv v,\ \Gamma,\ \Pi_s \to \Delta,\ \Lambda_s}}$$

mit $s'_v = s$.

Wir ersetzen dies durch

$$\frac{\dfrac{\Gamma \to \Delta,\ r \equiv s'_u \ \Big|\ \dfrac{\Pi_r \to \Lambda_r}{r \equiv s'_u,\ \Pi_{s_u} \to \Lambda_{s_u}}}{\Gamma,\ \Pi_{s_u} \to \Delta,\ \Lambda_{s_u}}}{u \equiv v,\ \Pi_{s_v} \to \Delta,\ \Lambda_{s_v}}$$

was die Länge des linken Zweiges um eins vermindert.

    γ) Die Schnittformel ist Hauptformel an e", aber nicht die eingeführte Gleichung:

$$\frac{\Gamma \rightarrow \Delta, \varphi_t \qquad \varphi_s, \Pi \rightarrow \Lambda}{\begin{array}{c} s \equiv t, \ \Gamma \rightarrow \Delta, \ \varphi_s \ \mid \ \varphi_s, \ r \equiv s, \ \Pi \rightarrow \Lambda \\ \hline s \equiv t, \ \Gamma, \ r \equiv s, \ \Pi \rightarrow \Delta, \Lambda \end{array}}$$

Wir ersetzen dies durch

$$\frac{\varphi_r, \ \Pi \rightarrow \Lambda}{\begin{array}{c} \Gamma \rightarrow \Delta, \ \varphi_t \ \mid \ \varphi_t, \ r \equiv t, \ \Pi \rightarrow \Lambda \\ \hline \Gamma, \ r \equiv t, \ \Pi \rightarrow \Delta, \ \Lambda \\ \hline s \equiv t, \ \Gamma, \ r \equiv s, \ \Pi \rightarrow \Delta, \ \Lambda \end{array}}$$

und haben wieder die Länge des linken Zweiges verkürzt. Damit ist der Beweis des Schnitteliminationssatzes beendet.

Zusammenfassend können wir nun sagen, daß sich insbesondere für pränexe, pure Sequenzen die Beweise in einer Normalform führen lassen, bei welcher der Beweis in drei Teile zerfällt:

(I)   Gleichheitsregeln werden (normal) angewandt;

(II) aussagenlogische Regeln werden angewandt;

(III) Quantorenregeln werden angewandt.

Dabei sind in (II) und (III) noch Strukturregeln und in (I) noch Permutationen und Abschwächungen zugelassen.
Im Bild:

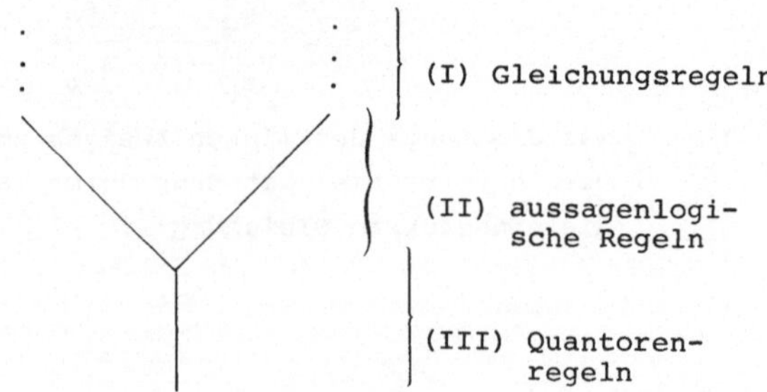

Die Rolle von Gentzen's Mittelsequenz spielt jetzt die letzte Sequenz im Teil II des Beweises. Wir haben somit eine Erweiterung von Gentzen's Hauptsatz auf die Logik mit Gleichheit erreicht.

Wir versuchen jetzt, die Konsequenzen, die wir in 4.3 aus dem Schnitteliminationssatz gezogen haben, auf den Gleichheitskalkül $LK^=$ auszudehnen.

Als erstes haben wir ohne Arbeit (vgl. Satz 6 aus 4.3):

12. Satz: Der Kalkül $LK^=$ ist konsistent.

Der Interpolationssatz gilt jedoch nicht uneingeschränkt, weil das Gleichheitszeichen bei der Interpolation eine Sonderrolle spielt.

13. Satz: Der Craiq'sche Interpolationssatz gilt für $LK^=$ mit der Einschränkung, daß die Interpolationsformel das Gleichheitsprädikat "$\equiv$" enthalten darf.

Beweis: Wir beziehen uns auf die Terminologie und den Beweis des Interpolationssatzes in 4.3. Weiter können wir uns auf reguläre, einfache, pure und schnittfreie Beweise zurückziehen. Wie wir sehen, haben wir nur noch die Gleichheitsaxiome und beim Induktionsschritt die Gleichheitsregeln zu betrachten; dabei ist der Fall der Gleichheitsaxiome offensichtlich trivial. Die Gleichheitsaxiome werden in unserem Falle wie folgt angewandt:

$$\frac{\Gamma_r \to \Delta_r}{r \equiv s,\ \Gamma_s \to \Delta_s} \quad (E_1), \text{ analog für } (E_2);$$

dabei wird genau ein r (in einer Atomformel) durch ein s ersetzt. Es sei

$$r \equiv s,\ \Gamma_s = \Gamma_1,\ \Gamma_2$$

und

$$\Delta_s = \Delta_1,\ \Delta_2.$$

Dies induziert uns eine Zerlegung der Prämisse:

$$\Gamma_r = \Gamma_1',\ \Gamma_2'$$
$$\Delta_1 = \Delta_1',\ \Delta_2'.$$

a) $\Gamma_1 = \emptyset$:

   1) $\rightarrow \Delta_1'$ ist ableitbar:

      Wir nehmen $\varphi = \neg r \equiv s$ als Interpolationsformel; es sind dann
      $\rightarrow \Delta_1, \neg r \equiv s$ und $\neg r \equiv s, r \equiv s, \Gamma_s \rightarrow \Delta_2$
      ableitbar.

   2) $\Gamma_r \rightarrow \Delta_2'$ ist ableitbar:
      Dann ist auch

$$r \equiv s, \Gamma_s \rightarrow \Delta_2$$

      ableitbar.

   3) Es existiert ein Interpolant φ für die Prämisse, d.h.:
      $\rightarrow \Delta_1', \varphi$ und $\varphi, \Gamma_r \rightarrow \Delta_2'$ sind ableitbar:
      Wir nehmen $\varphi \vee r \equiv s$ als Interpolanten.

b) $\Gamma_1 \neq \emptyset$ (uns interessiert dabei, daß $r \equiv s$ in Γ_1 ist):

   1) $\Gamma_1' \rightarrow \Delta_1'$ ist ableitbar:
      Dann ist auch

$$\Gamma_1 \rightarrow \Delta_1$$

      ableitbar.

   2) $\Gamma_2' \rightarrow \Delta_2'$ ist ableitbar:

      Wir nehmen $\varphi = r \equiv s$ als interpolierende Formel; es sind
      dann $\Gamma_1 \rightarrow \Delta_1, r \equiv s$ und $r \equiv s, \Gamma_2 \rightarrow \Delta_2$ ableitbar.

   3) Es existiert ein Interpolant φ für die Prämisse, d.h.
      $\Gamma_1' \rightarrow \Delta_1', \varphi$ und $\varphi, \Gamma_2' \rightarrow \Delta_2'$ sind ableitbar.

Wir können dann $\varphi \wedge r \equiv s$ als Interpolanten nehmen.

Auch dieser Interpolationssatz läßt sich auf verschiedene Weisen
verschärfen. Man kann etwa Aussagen über die Anzahl des Antezendenten der Gleichheitsprädikaten im Interpolanten machen
(vgl. [Ob]).
Ganz ensprechend wie in LK haben wir:

14. Satz: In $\mathrm{LK}^=$ gilt der Beth'sche Definierbarkeitssatz außer
        für das Gleichheitsprädikat.
Beweis: Wie in LK zieht man sich auf den Interpolationssatz zurück.

Schließlich haben wir noch:

15. Satz: Der Satz über Skolemfunktionen gilt auch für den
        Kalkül $LK^=$.

Beweis: Wir beziehen uns auf die Bezeichnungen beim Beweis des
Satzes für LK (Satz 12 aus 4.3). Es genügt zu zeigen, daß beim
Übergang vom Beweisbaum $\mathscr{B}$ zum Baum $\mathscr{B}'$ (der eben kein Beweis war)
durch die Gleichheitsaxiome und Gleichheitsregeln keine neuen Re-
gelwidrigkeiten auftreten können. Dies ist aber klar, wenn man zusätzlich verlangt, daß der vorgelegte Beweis $\mathscr{B}$ regulär ist.

Zusammenfassend erhält man auch eine Modifikation des Satzes von
Herbrand, wenn man zu den aussagenlogischen Regeln auch noch die
Gleichheitsregeln mit hinzunimmt.

Bei den semantischen Betrachtungen in $LK^=$ gehen wir wie in LK vor.
Bei der Erklärung des Wahrheits- und Erfüllbarkeitsbegriffes in
Gleichheitsstrukturen ist dies klar. Ebenso erklären wir für eine
Satzmenge Σ ganz analog zum Kalkül LK_Σ den Kalkül $LK_\Sigma^=$, der für die
Gleichheitslogik die Ableitbarkeit aus Σ beschreibt. Eine leichte
Induktion liefert wieder die Korrektheit von $LK_\Sigma^=$:

16. Satz: Alle in $LK_\Sigma^=$ ableitbaren Sequenzen sind in allen Gleich-
        heitsmodellen von Σ wahr.

Auch den Vollständigkeitsbeweis führen wir wie bei LK_Σ auf zwei
verschiedene Weisen. Wir beschränken uns auf die Betrachtung der
tautologischen Sequenzen, denn die restlichen Überlegungen lassen
sich ganz genau wie in LK_Σ anstellen.
Der erste Vollständigkeitsbeweis geschieht wieder durch Zurückführung auf den Hilberttypkalkül, der zweite mittels eines Tableau's.

17. Satz: Wenn in der Logik mit Gleichheit $\vdash \varphi$ gilt, dann ist die
        Sequenz $\rightarrow \varphi$ in $LK_\Sigma^=$ ableitbar.
Beweis: Es genügt, die Behauptung für die Gleichheitsaxiome zu
zeigen. Wir schauen nur I2 an:

$$\rightarrow f_i(t_1,\ldots,t_{n_i}) \equiv f_i(t_1,\ldots,t_{n_i})$$

$$t_1 \equiv t_1' \rightarrow f_i(t_1,\ldots,t_{n_i}) \equiv f_i(t_1',t_2,\ldots,t_{n_i})$$
$$\vdots$$
$$t_1 \equiv t_1' \wedge\ldots\wedge t_{n_i} \equiv t_{n_i}' \rightarrow f_i(t_1,\ldots,t_{n_i}) \equiv f_i(t_1',\ldots,t_{n_i}')$$
$$\vdots$$
$$\rightarrow (t_1 \equiv t_1' \wedge\ldots\wedge t_{n_i}) \supset (f_i(t_1,\ldots,t_{n_i})$$
$$\equiv f_i(t_1',\ldots,t_n') .$$

Beim zweiten Beweis haben wir die "vollständige Suchmethode nach einem Gegenbeispiel" zu verfeinern.

18. Satz: Jede Sequenz S ist entweder in $LK^=$ schnittfrei herleitbar oder ist in einem Gleichheitsmodell nicht wahr.

Beweis: Wir modifizieren den entsprechenden Beweis für LK (vgl. Satz 5 aus 4.4). Zuerst wird die Konstruktion des Tableau's abgeändert. Statt der Funktion g_1 wird jetzt eine Funktion $\mathring{g}_1$ gesucht mit

$$\text{def}(\mathring{g}_1) = \{\varphi \mid \varphi \text{ kommt in } g_o(e) \text{ vor und fängt mit einem Quantor an}\}$$
$$\cup \{\varphi \mid \varphi \text{ kommt im Antezedenten von } g_o(e) \text{ vor und ist eine}$$
$$\text{Gleichung}\}.$$

Die induktive Definition der E_n, g_o^n, g_1^n, $\mathring{g}_2^n$ erhält nun folgende Änderungen bzw. Zusätze:

1) $\mathring{g}_1^o(e_o)$ sei injektiv, aber sonst beliebig.

2) Falls eine Reflexivgleichung $t \equiv t$ im Sukzedenten von $g_o^n(e)$ ist, bleibe e in E_{n+1} maximal.

3) Falls beim aussagenlogischen Abbau eine Gleichung neu im Antezendenten entsteht, erhalte sie unter $\mathring{g}_1^{n+1}$ einen größeren Wert als die bisherigen Argumente von $\mathring{g}_1^n$.

4) Wenn keine aussagenlogische Verknüpfung in $g_o^n(e)$ vorkommt, betrachten wir die Formel φ mit dem kleinsten $\mathring{g}_1^n$-Wert. Falls φ eine quantorenlogische Formel ist, verfahre man wie früher. Falls aber φ eine Gleichung ist, d.h. an e eine Sequenz der Form

$$\Gamma_1, s \equiv t, \Gamma_2 \rightarrow \Delta$$

steht, erweitere man den Baum durch e_1;

an e_1: Γ_1, $s \equiv t$, Γ_2, $\Gamma' \rightarrow \Delta$, Δ'.

Dabei soll Γ' (bzw. Δ') die Folge derjenigen Atomformeln sein, die man erhält, wenn man in der Folge aller Atomformeln von Γ_1, $s \equiv t$, Γ_2 (bzw. von Δ) alle möglichen Ersetzungen von s durch t und von t durch s vornimmt. Neu entstandene Gleichungen sollen einen größeren Wert unter ϑ_1^{n+1} als die bisherigen Argumente, einen noch größeren Wert soll die Gleichung $s \equiv t$ selbst erhalten.

Nach Fertigstellung des Baumes nenne man auch solche Zweige geschlossen, die im Sukzedenten eine Reflexivgleichung $t \equiv t$ enthalten; falls alle Zweige geschlossen sind, verschafft man sich einen Beweis für die Sequenz S in $LK^=$. Wenn ein nicht geschlossener Zweig Z existiert, erklärt man zuerst wieder das frühere Modell $\mathscr{A}$. Sodann wird eine binäre Relation auf A-Term definiert:

$t \sim s$ genau dann, wenn $t \equiv s \in X$ oder $t = s$.

Aus der Konstruktion des Baumes folgt sofort, daß "$\sim$" eine Kongruenzrelation in $\mathscr{A}$ ist; wir setzen $\mathscr{D} = \mathscr{A}/_\sim$; $\mathscr{D}$ ist dann ein Gleichheitsmodell. Weiter schauen wir uns die Belegung $u = \Pi \circ \mathrm{id}$ an, wobei $\Pi : A \rightarrow A/_\sim$ die Restklassenabbildung ist:

1) Die Belegung u erfüllt alle Atomformeln aus X, denn dies hat unsere Konstruktion gerade bewirkt.

2) Die Belegung u erfüllt keine Atomformeln aus Y, denn sei φ eine Atomformel:

   a) φ kann keine Reflexivgleichung $t \equiv t$ sein, da der Zweig Z nicht geschlossen ist.

   b) wenn φ eine Gleichung $s \equiv t$ ist, die von u erfüllt wird, so bedeutet dies $[s]_\sim = [t]_\sim$, daher ist dann $s \equiv t \in X$, der Zweig Z müßte also wieder geschlossen sein.

   c) Wenn φ eine sonstige Atomformel ist, argumentiere man wie unter b).

Entsprechend wie im Fall von LK zeigt man dann weiter, daß u alle Formeln aus X und keine Formeln aus Y erfüllt, mithin die ursprüngliche Sequenz S in $\mathscr{D}$ also nicht wahr ist.

4.6 Der intuitionistische Gentzenkalkül LJ

Wie wir schon bei der Diskussion der Hilberttypkalküle bemerkt ha-

ben, kommt die Motivation für die intuitionistische Logik, stärker
als in der klassischen Logik, aus mit dem Beweisbarkeitsbegriff zu-
sammenhängenden Fragen. Der intuitionistische Sequenzenkalkül soll
so erklärt werden, daß die Ableitbarkeit einer Sequenz

$$\varphi_1, \ldots, \varphi_n \to \psi_1, \ldots, \psi_m$$

inhaltlich bedeutet: Ist ein direkter, konstruktiver Beweis aller
φ_i, $1 \leq i \leq n$, gegeben, so läßt sich daraus ein direkter, konstruktiver Beweis für eines der ψ_j, $1 \leq j \leq m$, herleiten. Dabei ist der
Begriff "direkter, konstruktiver Beweis" natürlich nicht exakt definiert, jedoch will man bei einer Formulierung der Regeln der intuitiven Bedeutung dieses Begriffes möglichst nahe kommen. Dies
erfordert eine Revision der beweistheoretischen Interpretation der
logischen Zeichen, die wir für die klassische Logik gegeben haben.
Am wenigsten dürfte ein Konstruktivist die Regel $\to \neg$ akzeptieren:
Die Zulässigkeit dieser Regel kann einzig mit Hilfe des Wahrheitsbegriffes, und zwar des "Tertium non datur" motiviert werden. Was
sollten wir uns aber beweistheoretisch unter der Gültigkeit oder
Ableitbarkeit einer Formel $\neg\varphi$ vorstellen? Die geläufigste Vorstellung ist: Man kann aus φ einen "offensichtlichen Widerspruch",
eine "Absurdität" (z.B. die leere Folge im Sequenzenkalkül) herleiten.

Im einzelnen stellt man sich nun intuitionistisch folgendes vor:

Ein Beweis von $\varphi \wedge \psi$ besteht aus einem Beweis von φ oder einem
Beweis von ψ;

ein Beweis von $\varphi \vee \psi$ besteht aus einem Beweis von φ oder einem
Beweis von ψ;

ein Beweis von $\varphi \supset \psi$ besteht aus einer Konstruktion, welche einen
gegebenen Beweis φ in einen Beweis von ψ überführt und in einem
Beweis dieser Tatsache;

ein Beweis von $\neg\varphi$ besteht aus einem Beweis eines offensichtlichen
Widerspruches aus φ;

ein Beweis von $\exists x_k \varphi$ besteht aus der Konstruktion eines Termes t
(und eines Y) sowie eines Beweises von $\mathrm{sub}(\xi, Y, \varphi)$, $\xi =_{x_k} \mathrm{id}$,
$\xi(x_k) = t$;

ein Beweis von $\forall x_k \varphi$ besteht aus einer Konstruktion, welche jedem
ξ, $\xi =_{x_k} \mathrm{id}$, ein Y und einen Beweis von $\mathrm{sub}(\xi, Y, \varphi)$ zuordnet und in

einem Beweis dieser Tatsache.

Wir schränken jetzt den klassischen Kalkül soweit ein, daß wir im
Sinne dieser Motivierung sicherlich nur zulässige Schlüsse machen.
Es sieht auf den ersten Blick so aus, als ob unsere Einschränkun-
gen unnötig drastisch wären. Man kann sich jedoch überlegen, daß
eine etwas größere Liberalität (die man sich schon gestatten könnte) im Sinne der Interpretation der Sequenzen keine wesentliche
Erweiterung bedeuten würde.

1. Def.: Der intuitionistische Gentzenkalkül LJ entsteht aus dem
         Kalkül LK dadurch, daß nur Sequenzen S zugelassen sind,
         die im Sukzedenten höchstens eine Formel haben.

Eine äquivalente Beschreibung von LJ ist, daß man die Regelanwendungen in LK wie folgt einschränkt:
Die Abschwächung links, die Schnittregel, die Einführungsregeln
für "$\supset$" und die $\to \neg$ -Regel sind nur für $\Delta = \emptyset$ erlaubt. Eine Inspektion des Schnitteliminationssatzes und des Gentzen'schen Haupt-
satzes ergibt, daß beide Sätze auch für LJ gelten. Weiter vermerken wir, daß auch Craig's Interpolationssatz für LJ gilt, allerdings muß hier der Beweis etwas verschärft werden.
Aus der Definition von LJ und dem Schnitteliminationssatz folgt
sofort, daß eine Sequenz $\to \varphi \vee \psi$ genau dann intuitionistisch ableitbar ist, wenn $\to \varphi$ oder $\to \psi$ ableitbar ist und daß $\to \exists x_k \varphi$ genau
dann ableitbar ist, wenn ein Term t und ein Y existieren, so daß
$\mathrm{sub}(\xi, Y, \varphi)$ mit $\xi =_{x_k} \mathrm{id}$ und $\xi(x_k) = t$ ableitbar ist.
Der Kalkül LJ ist für die intuitionistische Logik korrekt:

2. Satz: Wenn eine Sequenz $\varphi_1, \ldots, \varphi_n \to \psi$ (bzw. $\varphi_1, \ldots, \varphi_n \to$) in LJ
         ableitbar ist und u eine Belegung der Variablen in einer
         $\mathscr{H}$-wertigen Struktur $\mathscr{A}$ ($\mathscr{H}$ eine vollständige Heytingalge-
         bra) ist, dann ist $v_u(\varphi_1 \wedge \ldots \wedge \varphi_n \supset \psi) = 1$
         (bzw. $v_u(\varphi_1 \wedge \ldots \wedge \varphi_n) = 0$).

Beweis: Man geht induktiv über die Beweislänge vor. Für die Axiome
und die Strukturregeln ist die Behauptung klar. Bei den restlichen
Regeln erinnern wir daran, daß in einer Heytingalgebra $a \to b = 1$
gleichbedeutend mit $a \leq b$ ist.

1) Schnittregel: Aus

$$v_u(\varphi_1 \wedge \ldots \wedge \varphi_n) \leq v_u(\varphi) \quad \text{und} \quad v_u(\psi_1, \ldots, \psi_{1_n}) \leq v_u(\psi)$$

folgt

$$v_u(\varphi_1 \wedge \ldots \wedge \varphi_n \wedge \psi_1 \wedge \ldots \wedge \psi_m) \leq v_u(\psi).$$

2) Für die $\wedge$ -Regeln und die $\vee$ -Regeln ist die Behauptung trivial.

3) Die $\supset \rightarrow$ -Regel:

Wenn $v_u(\varphi_1 \wedge \ldots \wedge \varphi_n) \leq v_u(\varphi)$, so ist

$$v_u(\varphi_1 \wedge \ldots \wedge \varphi_n \wedge (\varphi \supset \psi)) \leq v_u(\varphi \wedge (\varphi \supset \psi)) = v_u(\varphi \wedge \psi).$$

Wenn außerdem $v_u(\psi \wedge \psi_1 \wedge \ldots \wedge \psi_m) \leq v_u(\chi)$, so folgt die Behauptung aus der Transitivität von "$\leq$".

4) Die Behauptung für die $\rightarrow \supset$ -Regel folgt sofort aus der Definition des relativen Pseudokomplementes.

5) Für die $\neg \rightarrow$ -Regel ist die Behauptung klar, für die $\rightarrow \neg$ -Regel benutze man die Definition des Pseudokomplementes.

6) Für die Quantorenregeln ist die Behauptung wieder klar.

Analog zum klassischen Fall beweisen wir auch die Vollständigkeit von LJ. Dabei verzichten wir auf einen Beweis mit der Tableaumethode, weil wir sonst neue, hier nicht behandelte Begriffsbildungen und Techniken einführen müßten.

3. Satz: Wenn φ eine intuitionistische Tautologie ist, dann ist $\rightarrow \varphi$ in LJ ableitbar.

Beweis: Wir gehen induktiv über die Länge des Beweises im Hilberttypkalkül vor. Wie man sich durch Inspektion überzeugt, stimmt die Behauptung für die Axiome (A1) bis (A12), (A14) und (A16).

Axiom (H1):

$$\frac{\dfrac{\alpha \rightarrow \alpha \mid \beta \rightarrow \beta}{\alpha, \ \alpha \supset \beta \rightarrow \beta}}{\dfrac{\alpha \wedge (\alpha \supset \beta) \rightarrow \beta}{\rightarrow (\alpha \wedge (\alpha \supset \beta)) \supset \beta}}$$

Axiom (H2):

$$
\frac{\begin{array}{c}\alpha \to \alpha \mid \gamma \to \gamma\end{array}}{\begin{array}{c}\alpha, \gamma \to \alpha \land \gamma \mid \beta \to \beta\end{array}}
$$

$$(\alpha \land \gamma) \supset \beta, \alpha, \gamma \to \beta$$
$$\vdots$$
$$\to ((\alpha \land \gamma) \supset \beta) \supset (\gamma \supset (\alpha \supset \beta))$$

Für das Axiom (A17) benutze man die $\to \exists$ -Regel und die $\to \supset$ -Regel.

Bei den Regeln ist nur noch die $\exists$-Einführungsregel zu behandeln: man verfahre analog zur $\forall$-Einführungsregel.

Wie die nächsten Überlegungen zeigen, ist der Kalkül LJ "nicht weniger informativ" als der klassische Kalkül LK. Wir spiegeln die klassische Logik durch die "$\neg\neg$-Interpretation" in der intuitionistischen Logik wider (vgl. Satz 6 aus 2.3):

4. Def.: Für jede Formel φ sei φ^* induktiv über den Aufbau der Formel erklärt:

    (i)   für atomares φ sei $\varphi^* = \neg\neg\varphi$

    (ii) $(\neg\varphi)^* = \neg(\varphi^*)$

                $(\varphi \land \psi)^* = \varphi^* \land \psi^*$

                $(\varphi \lor \psi)^* = \neg(\neg\varphi^* \land \neg\psi^*)$

                $(\varphi \supset \psi)^* = \varphi^* \supset \psi^*$

    (iii) $(\forall x_k \varphi)^* = \forall x_k \varphi^*$

                $(\exists x_k \varphi)^* = \neg\forall x_k \neg\varphi^*$

5. Def.: Für eine Sequenz $S = \varphi_1, \ldots, \varphi_n \to \psi_1, \ldots, \psi_m$ sei
$S^* = \varphi_1^*, \ldots, \varphi_n^*, \neg\psi_1^*, \ldots, \neg\psi_m^* \to$

Dann gilt:

6. Satz: Eine Sequenz S ist in LK genau dann ableitbar, wenn S^* in LK ableitbar ist.

Beweis: Durch eine leichte Induktion über den Formelaufbau beweist man zunächst für jedes φ die Ableitbarkeit von $\varphi \to \varphi^*$ und $\varphi^* \to \varphi$ in LK. Mit Hilfe der Schnittregel sieht man dann ein, daß die Ableitbarkeit von $\varphi_1, \ldots, \varphi_n \to \psi_1, \ldots, \psi_m$ gleichbedeutend mit der Ableitbarkeit von $\varphi_1^*, \ldots, \varphi_n^* \to \psi_1^*, \ldots, \psi_m^*$ ist. Die Behauptung folgt dann in der einen Richtung durch Anwendung der $\neg \to$ -Regel, in der anderen Richtung daraus, daß $\neg\psi_i^*$ entweder durch Abschwächung oder die $\neg \to$ -Regel eingeführt wurde.

Daraus erhalten wir nun:

7. Satz: Eine Sequenz S ist genau dann in LK ableitbar, wenn S* in LJ ableitbar ist.

Beweis: Wir gehen induktiv über die Länge des Beweises von S in LK vor, wobei wir nur einige Regelanwendungen betrachten. Dabei benutzen wir häufig, daß aus der Ableitbarkeit von Γ, $\neg\varphi \to$ in LJ die Ableitbarkeit von $\Gamma \to \varphi$ in LJ folgt. Weiter können wir annehmen, daß die Axiome nur Atomformeln enthalten.

(i) $S = \varphi \to \varphi$ ist ein Axiom:

Dann ist $S^* = \neg\neg\varphi, \neg\neg\neg\varphi \to$ in LJ ableitbar.

Im Folgenden bezeichne Δ^* die Folge $\psi_1^*, \ldots, \psi_m^*$ und $\neg\Delta^*$ die Folge $\neg\psi_1^*, \ldots, \neg\psi_m^*$, wenn $\Delta = \psi_1, \ldots, \psi_m$ ist.

(ii) S ist durch eine Regelanwendung entstanden:

a) $\to \wedge$ -Regel;

$$\frac{\Gamma \to \Delta, \varphi \quad | \quad \Gamma \to \Delta,}{\Gamma \to \Delta, \varphi \wedge \psi}$$

Dann sind

$$\Gamma^*, \neg\Delta^*, \neg\varphi^* \to$$

und

$$\Gamma^*, \neg\Delta^*, \neg\psi^* \to$$

und somit

$$\Gamma^*, \neg\Delta^* \to \varphi^*$$

und $\qquad \Gamma^*, \neg\Delta^* \to \psi^* \qquad\qquad$ in LJ ableitbar;

also auch

$$\Gamma^*, \neg\Delta^* \to \varphi^* \wedge \psi^*$$

und damit S* in LJ ableitbar.

b) $\vee \to$ -Regel:

$$\frac{\varphi, \ \Gamma \overset{\vdots}{\to} \Delta \ | \ \psi, \ \Gamma \overset{\vdots}{\to} \Delta}{\varphi \vee \psi, \ \Gamma \to \Delta}$$

Dann sind in LJ ableitbar:

$$\frac{\dfrac{\varphi^*, \ \Gamma^*, \ \neg\Delta^* \to}{\Gamma^*, \ \neg\Delta^* \to \neg\varphi^*} \ | \ \dfrac{\psi^*, \ \Gamma^*, \ \neg\Delta^* \to}{\Gamma^*, \ \neg\Delta^* \to \neg\psi^*}}{\Gamma^*, \ \neg\Delta^* \to \neg\varphi^* \wedge \neg\psi^*}$$

$$\overline{\neg(\neg\varphi^* \wedge \neg\psi^*), \ \Gamma^*, \neg\Delta^* \to}$$

c) $\neg \to$ -Regel:

$$\frac{\Gamma \overset{\vdots}{\to} \Delta, \ \varphi \ | \ \psi, \ \Pi \overset{\vdots}{\to} \Lambda}{\varphi \supset \psi, \ \Gamma, \ \Pi \to \Delta, \ \Lambda}$$

Dann sind in LJ ableitbar:

$$\frac{\Gamma^*, \ \neg\Lambda^* \to \varphi^* \ | \ \psi^*, \ \Pi^*, \ \neg\Lambda^* \to}{\varphi^* \supset \psi^*, \ \Gamma^*, \ \Pi^*, \ \neg\Delta^*, \ \neg\Lambda^* \to}$$

d) $\to \supset$ -Regel:

$$\frac{\varphi, \ \Gamma \overset{\vdots}{\to} \Delta, \ \psi}{\varphi \supset \psi, \ \Gamma \to \Delta}$$

Dann gilt in LJ:

$$\frac{\varphi^*, \ \Gamma^*, \ \neg\Delta^* \to \psi^*}{\varphi^* \supset \psi^*, \ \Gamma^*, \ \neg\Delta^* \to}$$

e) $\to \forall$ -Regel:

$$\frac{\Gamma \to \Delta, \ \mathrm{sub}(\xi_{k,1}, Y, \varphi)}{\Gamma \to \Delta, \ \forall x_k \varphi}$$

In LJ haben wir

$$\frac{\Gamma^*, \ \neg\Delta^* \to \mathrm{sub}(\xi_{k,1}, Y, \varphi)^*}{\Gamma^*, \ \neg\Delta^* \to \forall x_k \varphi^*}$$

$$\overline{\Gamma^*, \ \neg\Delta^*, \ \neg\forall x_k \varphi^* \to}$$

f) $\forall \rightarrow$ -Regel: analog zu e).

g) $\rightarrow \exists$ -Regel:

$$\vdots$$
$$\frac{\Gamma \rightarrow \Delta, \ \text{sub}(\xi,Y,\varphi)}{\Gamma \rightarrow \Delta, \ \exists x_k \varphi}$$

In LJ haben wir dann:

$$\frac{\Gamma^*, \ \neg\Delta^*, \ \neg\text{sub}(\xi,Y,\varphi)^* \rightarrow}{\Gamma^*, \ \neg\Delta^*, \ \forall x_k \neg\varphi^* \rightarrow}$$
$$\vdots$$
$$\Gamma^*, \ \neg\Delta^*, \ \neg\neg\forall x_k \neg\varphi^* \rightarrow$$

h) : $\exists \rightarrow$ -Regel: analog zu g).

Schließlich beweisen wir noch:

8. Satz: Für jedes φ ist $\neg\neg\varphi^* \rightarrow \varphi^*$ in LJ beweisbar.

Beweis: Wir gehen induktiv über den Aufbau von φ vor.
a) Für Atomformeln ist

$$\neg\neg\neg\neg\varphi \rightarrow \neg\neg\varphi$$

in LJ beweisbar.

b) $\varphi = \neg \psi$: Dies ist trivial.

c) $\varphi = \varphi_1 \wedge \varphi_2$:
   Es gilt in LJ

$$\varphi_1^* \wedge \varphi_2^* \rightarrow \varphi_1^*$$
$$\varphi_1^* \wedge \varphi_2^* \rightarrow \varphi_2^*,$$

also sind auch ableitbar:

$$\neg\neg(\varphi_1^* \wedge \varphi_2^*), \ \neg\varphi_1^* \rightarrow$$
$$\neg\neg(\varphi_1^* \wedge \varphi_2^*), \ \neg\varphi_2^* \rightarrow$$
$$\neg\neg(\varphi_1^* \wedge \varphi_2^*) \rightarrow \neg\neg\varphi_1^*$$
$$\neg\neg(\varphi_1^* \wedge \varphi_2^*) \rightarrow \neg\neg\varphi_2^*;$$

durch Schnitt mit $\neg\neg\varphi_i^* \rightarrow \varphi_i^*$ und die $\rightarrow \wedge$ -Regel erhalten wir die Behauptung.

d) $\varphi = \varphi_1 \vee \varphi_2$:

Wir haben in LJ:

$$\neg\varphi_1{}^* \wedge \neg\varphi_2{}^* \to \neg\varphi_1 \wedge \neg\varphi_2{}^*$$
$$\vdots$$
$$\neg\varphi_1{}^* \wedge \neg\varphi_2{}^* \to \neg\neg(\neg\varphi_1{}^* \wedge \neg\varphi_2{}^*),$$

woraus sofort die Behauptung folgt.

e) $\varphi = \varphi_1 \supset \varphi_2$:

Wir haben in LJ:

$$\frac{\varphi_1{}^* \to \varphi_1{}^* \mid \varphi_2{}^* \to \varphi_2{}^*}{\dfrac{\varphi_1{}^* \supset \varphi_2{}^*,\ \varphi_1{}^* \to \varphi_2{}^*}{\neg\varphi_2{}^*,\ \varphi_1{}^* \supset \varphi_2{}^*,\ \varphi_1{}^* \to}}$$
$$\vdots$$
$$\frac{\dfrac{\varphi_1{}^*,\ \neg\neg(\varphi_1{}^* \supset \varphi_2{}^*),\ \to\ \neg\neg\varphi_2{}^* \mid \neg\neg\varphi_2{}^* \to \varphi_2{}^*}{\varphi_1{}^*,\ \neg\neg(\varphi_1{}^* \supset \varphi_2{}^*) \to \varphi_2{}^*}}{\neg\neg(\varphi_1{}^* \supset \varphi_2{}^*) \to \varphi_1{}^* \supset \varphi_2{}^*}\ .$$

f) $\varphi = \forall x_k \psi$:

Es sei x_1 eine neue Variable und sei $\chi = \mathrm{sub}(\xi_{k,1}, \psi)$, dann leiten wir in LJ ab:

$$\frac{\dfrac{\dfrac{\chi^* \to \chi^*}{\neg\chi^*,\ \chi^* \to}}{\neg\neg\forall x_k \psi^*, \neg\chi^* \to}}{\dfrac{\neg\neg\forall x_k \psi^* \to \neg\neg\chi^* \mid \neg\neg\chi^* \to \chi^*}{\neg\neg\forall x_k \psi^* \to \chi^*}}$$

woraus die Behauptung folgt.

g) $\varphi = \exists x_k \psi$:

Wir haben wieder in LJ:

$$\frac{\dfrac{\forall x_k \neg\psi^* \to \forall x_k \neg\psi^*}{\neg\forall x_k \neg\psi^*,\ \forall x_k \neg\psi^* \to}}{}$$
$$\vdots$$
$$\neg\neg\neg\forall x_k \neg\psi^* \to \neg\forall x_k \neg\psi^*$$

Damit erhalten wir nun das gesuchte Ergebnis:

9. Satz: Für jede Formel φ gilt:

> $\rightarrow \varphi$ ist genau dann in LK ableitbar, wenn $\rightarrow \varphi^*$ in LJ ableitbar ist.

Beweis: Da Ableitungen in LJ auch Ableitungen in LK sind und $\varphi^* \rightarrow \varphi$ in LK ableitbar ist, folgt die eine Richtung der Behauptung. Ist umgekehrt $\rightarrow \varphi$ in LK ableitbar, so ist $\neg\varphi^* \rightarrow$ in LJ ableitbar und somit auch $\rightarrow \neg\neg\varphi^*$ und mit der Schnittregel schließlich auch $\rightarrow \varphi^*$.

Zum Schluß streifen wir noch die Erweiterungen durch Skolemfunktionen. Es sei

$$\varphi = \forall x_1 \ldots \forall x_n \exists y\, \psi(x,y)$$

und $\widetilde{\varphi}$ entstehe durch Einführung der Skolemfunktion $f(x_1,\ldots,x_n)$ für y. Wenn φ, $\Gamma \rightarrow \Delta$ in LJ ableitbar ist, so ist auch $\widetilde{\varphi}$, $\Gamma \rightarrow \Delta$ in LJ ableitbar (man verfahre genauso wie in LK). Bei der Umkehrung, dem Satz über Skolemfunktionen, ist die Sache nicht so einfach. Der Beweis in LK benutzte nämlich eine Permutation der Ableitungsschnitte in LK, dies könnte aber in LJ zu der verbotenen Situation führen, daß im Sukzedenten mehr als eine Formel vorkommt. Ohne Beweis vermerken wir (eine ausführliche Diskussion dieser Probleme erfolgt in H.Luckhardt [Lu]):

10. Satz: (i)   Wenn $\widetilde{\varphi} \rightarrow \psi$ in LJ ableitbar ist, so ist auch $\varphi \rightarrow \psi$ in LJ ableitbar.

         (ii)   Erweitert man LJ durch Hinzunahme der Gleichheitsaxiome $\rightarrow t = t$ und der Gleichheitsregeln (E_1) und (E_2) zu einem Kalkül $LJ^=$, so existieren zwei Formeln φ und ψ mit:

$$\widetilde{\varphi} \rightarrow \psi \text{ ist ableitbar in } LJ^=,$$
aber $\quad \varphi \rightarrow \psi$ ist nicht ableitbar in $LJ^=$.

5. Testmethoden und die Kalküle des Automatischen Beweisens

5.1 Allgemeines über Testmethoden

Wir wenden uns jetzt einer grundsätzlich neuen Fragestellung zu, nämlich: Wie findet man (in der klassischen Logik) einen (eventuellen) Beweis einer vorgegebenen Formel oder Sequenz? Diese Problematik tauchte bereits bei den semantischen Untersuchungen von LK im Zusammenhang mit der "vollständigen Suchmethode" auf. Diese Methode, die im Invertieren der Gentzenregeln besteht, liefert, wie eben jedes deduktive System, einen Test von Sequenzen auf Ableitbarkeit. Ein gewisser Nachteil (vor allem praktischer Art, wenn man diese Methode wirklich benutzen wollte) liegt darin, daß eine Sequenz wegen der Quantorenregeln eventuell unendlich viele mögliche direkte Vorgänger besitzt und man den oder einen richtigen Vorgänger nur dadurch finden kann, daß man alle möglichen Vorgänger der Reihe nach aufzählt. Wir formulieren in diesem Zusammenhang eine mögliche nützliche Eigenschaft deduktiver Systeme.

1. Def.: Ein Ableitungskalkül (für Formeln oder Sequenzen) heißt
         invertierbar, wenn für jede Formel (bzw. Sequenz) nur
         endlich viele mögliche direkte Vorgänger (d.h. Formeln,
         aus denen sich die vorgelegte Formel im Kalkül in einem
         Schritt ableiten läßt) existieren.

Wie wir sehen, ist der schnittfreie Gentzenkalkül wegen der Quantorenregeln nicht invertierbar. Der Hilberttypkalkül verstößt wegen des Modus ponens noch stärker gegen diese Eigenschaft. Ebenso verhält es sich mit der Schnittregel, die wir aber eliminieren konnten. Zweifelsohne war die Elimination der Schnitte ein Schritt auf dem richtigen Wege zu Invertierbarkeit hin, doch war dieser Gewinn nicht ganz umsonst: Die Beweise wurden nämlich länger. Stellen wir uns in diesem Zusammenhang folgende Frage, auf die wir später zurückkommen:

Existiert für die klassische Logik ein vollständiger invertierbarer Ableitungskalkül? Und wenn ein solcher Kalkül existiert, um welchen Preis ist er zu haben?

Ein Regelsystem oder ein Algorithmus, bei dem die Eingabe eine
Formel ist und eine eventuelle Ausgabe (es ist erlaubt, daß das
System bei gewissen Eingaben nie zu einer Ausgabe kommt) die Ant-
wort darauf ist, ob die Eingabeformel eine Tautologie ist, nennen
wir ein Testsystem. Den Testsystemen sind gewisse prinzipielle
Grenzen gesetzt. Es gilt nämlich:

2. Satz von Church: Der Prädikatenkalkül ist unentscheidbar, d.h.
es gibt keinen Algorithmus, der die Formeln
des Prädikatenkalküls als Eingabemenge hat,
für jede Formel φ nach endlich vielen Schritten stoppt, und zwar mit der Ausgabe "ja",
wenn φ eine Tautologie ist und mit der Ausgabe "nein" sonst.

Wir beweisen diesen Satz hier nicht, denn dies würde uns zu weit
in die Rekursionstheorie führen. Als Lehre nehmen wir jedoch an,
von den Testmethoden nicht zu viel zu erwarten.

Bei unseren bisherigen Vollständigkeitsbeweisen zeigte sich der
Effekt des Church'schen Satzes darin, und dies ist eben prinzipiell nicht zu vermeiden, daß immer eine infinitäre Konstruktion
durchzuführen war. Trotz des Church'schen Satzes können wir aber
noch auf Testsysteme hoffen, welche einerseits vollständig sind
(d.h. genau alle Tautologien erkennen) und darüber hinaus eine
nicht-triviale Klasse von Formeln entscheiden.

Es werden verschiedene Testsysteme von uns untersucht. Eine Ge-
meinsamkeit haben alle diese Methoden: Alle betrachteten Formeln
haben gewisse Normalformen. Das bedeutet, daß allen Prozeduren
ein Algorithmus vorgeschaltet werden muß, der die Eingabeformel
in die jeweilige Normalform überführt.

3. Def.:
(i)   Eine Elementarformel ist eine Atomformel oder eine negierte
        Atomformel.

(ii)   Eine offene Formel φ hat disjunktive (bzw. konjunktive)
        Normalform g.d.w. wenn φ von der Form

$$\varphi_1 \lor \ldots \lor \varphi_n \qquad (\text{bzw. } \varphi_1 \land \ldots \land \varphi_n)$$

ist, wobei jedes φ_i, $1 \leq i \leq n$, eine Konjunktion (bzw. Disjunktion) von Elementarformeln ist.

(iii) Eine Formel φ hat pränexe disjunktive (bzw. pränexe konjunktive) Normalform, wenn φ in pränexer Normalform (vgl. Def.7 aus 4.2) ist und der aussagenlogische Teil von φ in disjunktiver (bzw. konjunktiver) Normalform ist.

(iv) Eine Formel φ ist in Maslov's Normalform g.d.w. φ pur und:

    a) φ ist eine Disjunktion von Formeln in pränexer konjunktiver Normalform;

    b) keine zwei Quantoren binden die gleiche Variable;

    c) alle Quantoren binden nur Variablen, die im aussagenlogischen Teil der Formel auch wirklich vorkommen.

(v) Sequenzen S sind in einer unter (ii) und (iii) genannten Normalformen, wenn jede Formel in S die entsprechende Normalform hat.

(vi) Eine Sequenz der Gestalt $\rightarrow \varphi_1, \ldots, \varphi_n$ hat die Maslov'sche Normalform, wenn die Formel $\varphi_1 \lor \ldots \lor \varphi_n$ die Maslov'sche Normalform hat.

Wir kommen jetzt zur Konstruktion der Normalformen.

4. Satz: Es seien φ und ψ Formeln, x_k und x_l Variable mit
$\qquad x_l \notin \mathrm{Var}(\psi) \cup \mathrm{Var}(\varphi)$, es sei
$$Q \in \{\forall, \exists\}$$
und
$$\overline{Q} = \begin{cases} \forall & \text{für } Q = \exists \\ \exists & \text{für } Q = \forall \end{cases}$$
sowie $\varphi_1 = \mathrm{rep}(\xi_{k,l} \mid \varphi)$.

Dann sind in LK ableitbar:

(i) $Qx_k\varphi \rightarrow \neg\overline{Q}x_k\neg\varphi$ und $\neg\overline{Q}x_k\neg\varphi \rightarrow Qx_k\varphi$

(ii) $Qx_k\varphi \supset \psi \rightarrow \overline{Q}x_l(\varphi_1 \supset \psi)$ und $\overline{Q}x_l(\varphi_1 \supset \psi) \rightarrow Qx_k\varphi \supset \psi$

(iii) $\psi \supset Qx_k\varphi \rightarrow Qx_l(\psi \supset \varphi_1)$ und $Qx_l(\psi \supset \varphi_1) \rightarrow \psi \supset Qx_k\varphi$

(iv) $\psi \land Qx_k\varphi \rightarrow Qx_l(\psi \land \varphi_1)$ und $Qx_l(\psi \land \varphi_1) \rightarrow \psi \land Qx_k\varphi$

(v) $\psi \lor Qx_k\varphi \rightarrow Qx_l(\psi \lor \varphi_1)$ und $Qx_l(\psi \lor \varphi_1) \rightarrow \psi \lor Qx_k\varphi$

Beweis: Wir beschränken und auf einen Teil von (ii). Es sei
$x_j \notin \mathrm{Var}(\varphi) \cup \mathrm{Var}(\psi) \cup \{x_1\}$, $Y = \mathrm{Var}(\varphi) \cup \mathrm{Var}(\psi) \cup \{x_j, x_1\}$
sowie $\hat{\varphi} = \mathrm{sub}(\xi_{k,j}, Y, \varphi) = \mathrm{sub}(\xi_{1,j}, Y, \varphi_1)$ und $\hat{\psi} = \mathrm{sub}(\mathrm{id}, Y, \psi)$.

In LK haben wir:

$$
\frac{
\dfrac{
\dfrac{\hat{\varphi} \to \hat{\varphi}}{\forall x_k \varphi \to \hat{\varphi} \mid \hat{\psi} \to \psi}
}{
\hat{\varphi} \supset \hat{\psi}, \ \forall x_k \varphi \to \psi
}
}{
\dfrac{\exists x_1(\varphi_1 \supset \psi), \ \forall x_k \varphi \to \psi}{\exists x_1(\varphi_1 \supset \psi) \to \forall x_k \varphi \supset \psi}
}
$$

sowie

$$
\frac{
\dfrac{
\dfrac{\dfrac{\hat{\varphi} \to \hat{\varphi}, \hat{\psi}}{\to \hat{\varphi}, \hat{\varphi} \supset \hat{\psi}}}{\to \hat{\varphi}, \exists x_k(\varphi_1 \supset \psi)} \to \forall x_k \varphi, \exists x_1(\varphi_1 \supset \psi) \ \Big| \ \dfrac{\dfrac{\psi, \hat{\varphi} \to \hat{\psi}}{\psi \to \hat{\varphi} \supset \hat{\psi}}}{\psi \to \exists x_1(\varphi_1 \supset \psi)}
}{
\forall x_k \varphi \supset \psi \to \exists x_1(\varphi_1 \supset \psi), \ \exists x_1(\varphi_1 \supset \psi)
}
}{
\forall x_k \varphi \supset \psi \to \exists x_1(\varphi_1 \supset \psi)
}
$$

Somit erhalten wir:

5. Satz: Jede Formel φ läßt sich effektiv in eine äquivalente
Formel $\overline{\varphi}$ (d.h. $\varphi \to \overline{\varphi}$ und $\overline{\varphi} \to \varphi$ sind ableitbar) in pränexer disjunktiver (bzw. konjunktiver) Normalform um-
formen.

Beweis: Man wende den letzten Satz wiederholt an und wähle dabei
für x_1 jeweils die erste in Betracht kommende Variable. Weiter
ersetzt man $\varphi \supset \psi$ durch $(\neg\varphi) \vee \psi$, sodann ersetzt man $\neg(\varphi \wedge \psi)$
durch $\neg\varphi \vee \neg\psi$ und $\neg(\varphi \vee \psi)$ durch $\neg\varphi \wedge \neg\psi$. Damit erhält man zu
jeder Formel eine äquivalente Formel, die mit "$\wedge$" und "$\vee$" aus
Elementarformeln aufgebaut ist. Schließlich ersetzt man noch For-
meln der Gestalt $\varphi \wedge (\psi \vee \chi)$ durch $(\varphi \wedge \psi) \vee (\varphi \wedge \chi)$, wodurch man
die gesuchte pränexe disjunktive Normalform erhält.

Als Zusatz erhält man noch, daß jede Formel effektiv in eine äquivalente Formel in Maslov's Normalform überführt werden kann.

Mit Hilfe der Normalformensätze betrachten wir noch einmal den
Gentzenkalkül aus dem Blickpunkt des Testens auf die Tautologieeigenschaft. Wir können nämlich jetzt ohne Einschränkung annehmen,
daß unsere Formel φ in pränexer, disjunktiver Normalform ohne Allquantoren ist (wir eliminieren diese durch Einführung von Skolemfunktionen), ψ sei der aussagenlogische Teil von φ. Der Satz von
Herbrand sagt uns dann, daß φ genau dann eine Tautologie ist,
wenn endlich viele Substitutionen $\xi_1, \ldots, \xi_n$ existieren, so daß

$$\rightarrow \mathrm{sub}(\xi_1 \mid \psi), \ldots, \mathrm{sub}(\xi_n \mid \psi)$$

aussagenlogisch ableitbar ist. Da sich die letztere Sequenz effektiv auf ihre Tautologieeigenschaft hin entscheiden läßt (z.B. mit
den Wahrheitstafeln), braucht man nur alle Substitutionen aufzu-
zählen und auszuprobieren. Diese systematische Suche erscheint
effektiver als die Suchmethode, die wir beim Vollständigkeitssatz
betrachtet haben. Aber sie ist noch zu wenig zielgerichtet und
hat in der Literatur nicht zu Unrecht den Namen "Britische-Muse-
ums-Methode" erhalten; außer in trivialen Fällen werden auch keine
Formeln entschieden.

Abschließend betrachten wir noch einen für das Folgende wichtigen
Algorithmus. Wir stellen uns nämlich für zwei beliebige Terme s
und t die Frage, ob eine Substitution ξ mit $\mathrm{rep}(\xi \mid s) = \mathrm{rep}(\xi \mid t)$
existiert und wollen diese gegebenenfalls finden.

7. Def.: Seien s und t Terme.

    (i)   Eine Substitution ξ heißt Unifikator von s und t,
falls $\mathrm{rep}(\xi \mid s) = \mathrm{rep}(\xi \mid t)$.
Wir sagen auch: ξ unifiziert s und t.

    (ii) Ein Unifikator ξ von s und t heißt allgemeinster
Unifikator von s und t, falls für jeden weiteren
Unifikator λ von s und t eine Substitution δ mit

$$\mathrm{rep}(\lambda \mid r) = \mathrm{rep}(\delta \circ \xi \mid r) = \mathrm{rep}(\delta \mid \mathrm{rep}(\delta \mid r))$$

für alle Terme r existiert, im Bild:

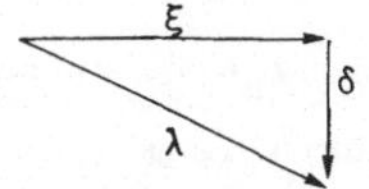

($\delta \circ \xi$ ist die Hintereinanderausführung von ξ und δ).

Eine kleine, aber wichtige Beobachtung ist: wenn s ein Subterm
von t ist, so sind s und t nicht unifizierbar.

8. Satz: (vgl. D.Prawitz [Pra] und J.A.Robinson [Ro]):
     Es existiert ein Algorithmus, der für je zwei Terme s
     und t entscheidet, ob sie unifizierbar sind; im positi-
     ven Falle liefert der Algorithmus einen allgemeinsten
     Unifikator von s und t.

Beweis: Für zwei Terme s und t, $s \neq t$ gibt es eine linkeste Stelle, an der sich s und t unterscheiden (wenn man s und t als Zeichenreihen liest). Es seien s' und t' die an dieser Stelle begin-
nenden Unterterme von s und t; wir nennen s' und t' die Unterscheidungsterme von s und t (man bedenke, daß in einem Term jedes Zeichen der Anfang eines eindeutig bestimmten Unterterms ist).
Wir erklären jetzt induktiv eine Folge $\langle \xi_n, i_n \rangle$ $(n \in \mathbb{N})$, wobei ξ_n
eine Substitution und $i_n \in \{0,1\}$ ist durch:

(i) $\xi_0 = \text{id}, \ i_0 = 1$

(ii) a) $i_n = 1$:

    α) Wenn ξ_n ein Unifikator von s und t ist, dann ist
       $\xi_{n+1} = \xi_n$ und $i_{n+1} = i_n$.

    β) Wenn $\text{rep}(\xi_n \mid s) \neq \text{rep}(\xi_n \mid t)$ ist, dann seien s_n und
       t_n ihre Unterscheidungsterme; falls einer dieser Terme
       eine Variable ist, sei dies o.B.d.A. s_n; falls beides
       Variablen sind, habe s_n den kleineren Index.

    β1) Falls s_n eine Variable mit $s_n \notin \text{Var}(t_n)$ ist, so sei ξ
       durch
$$\xi =_{s_n} \text{id}, \ \xi(s_n) = t_n$$
       erklärt, wir setzen
$$\xi_{n+1} = \xi \circ \xi_n \text{ und } i_{n+1} = 1.$$

    2) Andernfalls (d.h. wenn s_n keine Variable ist oder in
       t_n vorkommt) sei $\xi_{n+1} = \xi_n$ und $i_{n+1} = 0$.

  b) $i_n = 0$:
    Wir setzen $\xi_{n+1} = \xi_n$ und $i_{n+1} = i_n$.

Aus $\langle \xi_{n+1}, i_{n+1} \rangle = \langle \xi_n, i_n \rangle$ folgt sofort

$\langle \xi_m, i_m \rangle = \langle \xi_n, i_n \rangle$ für alle $m \geq n$.

Weiter lehrt eine Betrachtung der Unterscheidungsterme von $\mathrm{rep}(\xi_n \mid s)$ und $\mathrm{rep}(\xi_n \mid t)$, daß diese letzte Situation auch eintreten muß, weil immer weniger Variable auftreten. Es sei $n_o = \min(n \mid \langle \xi_n, i_n \rangle = \langle \xi_{n+1}, i_{n+1} \rangle)$. Durch diese Induktion wird ein Algorithmus erklärt, wenn wir für die Eingabe von s und t die Ausgabe noch wie folgt erklären:

Der Algorithmus entscheidet das Unifikationsproblem von s und t genau dann positiv, wenn $i_{n_o} = 1$ ist; in diesem Fall wird die Substitution $\xi = \xi_{n_o}$ ausgegeben.

Wir haben noch zu zeigen: Wenn s und t unifizierbar sind, ist ξ ein allgemeinster Unifikator von s und t. Nach Definition ist ξ ein Unifikator. Sei nun λ ein beliebiger Unifikator von s und t. Wir konstruieren eine Folge $\langle \delta_n \mid n \in \mathbf{N} \rangle$ mit $\lambda = \delta_n \circ \xi_n$.

Dazu setzen wir $\delta_o = \lambda$; sei δ_n bereits erklärt. Wenn ξ_n ein Unifikator von s und t ist, sind wir bereits fertig. Im anderen Falle beachten wir, daß der Unifikator λ und damit auch δ_n auch die Unterscheidungsterme s_n und t_n von $\mathrm{rep}(\xi_n \mid s)$ und $\mathrm{rep}(\xi_n \mid t)$ unifiziert. Dies bedeutet aber, daß in der Definition von ξ_{n+1} der Fall $\beta 1)$ eintritt, d.h. es ist $\xi_{n+1} = \xi \circ \xi_n$. Wir setzen $\delta_{n+1} = _{s_n} \delta_n$, $\delta_{n+1}(s_n) = s_n$, und erkennen dann:

$$\delta_n = \delta_{n+1} \circ \xi,$$

also $\lambda = \delta_n \circ \xi_n = \delta_{n+1} \circ \xi \circ \xi_n = \delta_{n+1} \circ \xi_{n+1}$.

Wir nehmen schließlich δ_{n_o} als δ und haben den Satz bewiesen.

Durch eine leichte Iteration erhält man noch einen Algorithmus, der für endlich viele Terme die Unifizierbarkeit entscheidet und gegebenenfalls einen allgemeinsten Unifikator liefert.

Ein interessantes Problem ist es, Unifikation zu betrachten, wenn noch weitere Gleichungen für Terme vorliegen, etwa das Assoziativ- oder das Kommutativgesetz. Solche Überlegungen stehen im Zusammenhang mit den Reduktionssystemen, die wir in Abschnitt 5.5 betrachten werden.

5.2 Der Kalkül von Maslov

Nimmt man zu den Regeln der klassischen Logik noch hinreichend viele Regeln hinzu, die das "Hereinmultiplizieren" von Negations-

zeichen erlauben, so kann man sich, was die Tautologien betrifft,
auf Sequenzen mit leeren Antezendenten beschränken. Anstatt solche Negationsregeln hinzuzunehmen, kann man sich auf Formeln in
gewissen Normalformen beschränken (dann werden entsprechende Regeln eben beim Übergang zur Normalform benutzt). Maslov's Variante des Gentzenkalküls beschreibt eine solche Möglichkeit (vgl.
hierzu Maslov [Ma]).

1. Def.: (i) Eine Elementardisjunktion ist Disjunktion von Ele-
              mentarformeln.

       (ii) Eine Elementardisjunktion ist geschlossen, wenn sie
            wenigstens eine Atomformel und ihr Negat enthält.

Wir betrachten Sequenzen in der Maslov'schen Normalform:

$$S = \; \to \varphi_1, \ldots, \varphi_n;$$

$$\varphi_i = P_i \psi_i; \quad P_i \text{ ein Präfix;}$$

$$\psi_i = \bigwedge_{j=1}^{n_i} D_{i_j}; \quad D_{i_j} \text{ eine Elementardisjunktion,}$$

$$\text{für } 1 \leq j \leq n_i, \; 1 \leq i \leq n.$$

Bei festgehaltenem S nennen wir ψ_i "die Konjunktionen von S".

2. Def.: Die Maslov'sche Variante LM des Gentzenkalküls wird durch
         folgende Axiome und Regeln erklärt:

    I. Axiome:

        1) $\to \Gamma, \varphi, \Delta$; φ geschlossene Elementardisjunktion
        2) $\to \Gamma, \varphi, \Delta, \Pi$; $\varphi \lor \psi$ geschlossene Elementardisjunktion

    II. Regeln:

        1) Kontraktion rechts
        2) Vertauschung rechts
        3) $$\frac{\to \Gamma, \varphi_1 \mid \ldots \mid \to \Gamma, \varphi_n}{\to \Gamma, \varphi_1 \land \ldots \land \varphi_n} \qquad \land\text{-Regel}$$

        4) $$\frac{\to \Gamma, \mathrm{sub}(\zeta, Y, \varphi), \exists x_k \varphi}{\to \Gamma, \exists x_k \varphi} \qquad \exists\text{-Regel}$$

$$5) \quad \frac{\rightarrow \Gamma,\ \text{sub}(\zeta_{k,1}, Y, \varphi)}{\rightarrow \Gamma,\ \forall x_k \varphi} \qquad \forall \text{-Regel}$$

$$x_1 \nmid \text{fr}(\Gamma, \forall x_k \varphi)$$

Für ζ, $\zeta_{k,1}$ und Y gelten dieselben Bedingungen wie bei LK.

Die Begriffe Hauptformel, Nebenformel, Eigenvariable, Beweis, purer Beweis etc. werden wie beim Kalkül LK erklärt.

Für Sequenzen in der Maslov'schen Normalform erweist sich der Kalkül LM als äquivalent zum Kalkül LK.

3. Satz: Sei S ($= \rightarrow \varphi_1, \ldots, \varphi_n$) eine Sequenz in der Maslov'schen Normalform. Dann ist S in LK genau dann ableitbar, wenn S in LM ableitbar ist.

Beweis: Da die Axiome von LM ableitbar sind, ist eine Richtung des Beweises trivial. Wenn andererseits ein Beweis von S in LK gegeben ist, so können wir uns diesen Beweis pur und in der Normalform denken, wie ihn uns der Gentzen'sche Hauptsatz angibt. Daraus folgt, daß der Beweis der Mittelsequenz auch in LM möglich ist. Wenn beim Beweis in LK eine Teilformel eines der φ_i, welche Quantoren enthält, durch Abschwächung hinzugefügt wird, so nehmen wir das ganze φ_i zu den entsprechenden Axiomen beim Beweis in LM hinzu. Dies bleibt dann wegen der Purheit des ursprünglichen Beweises ein Beweis in LM. Weiterhin addieren wir sämtliche Existenzformeln, welche für die Anwendungen der $\exists$-Regeln in LM als Nebenformeln gebraucht werden, zu den Axiomen. Die Eigenvariablenbedingungen werden dadurch nicht verletzt und man erhält einen Beweis von S in LM.

Wir spezialisieren die Ableitungen in LM noch etwas weiter:

4.Def.: Eine Ableitung einer Sequenz S in M heißt normiert, wenn gilt:

    (i)   Seitenformeln der $\wedge$-Regel sind Elementardisjunktionen.

    (ii) Falls die Hauptformel an einem Knoten e die Seiten-

formel an einem späteren Knoten ist, so ist sie,
falls es nicht gegen die Variablenbedingung verstößt, bereits Seitenformel am unteren Nachbarn
von e.

Bedingung (i) bedeutet, daß keine "iterierten Konjunktionen" vorgenommen werden dürfen. Liest man einen Beweis "von unten nach
oben", also im Sinne eines Testsystems, so besagt die Bedingung
(ii), daß die Formeln schnellstmöglich abgebaut werden sollen.
Offensichtlich kann man sich auf normierte Ableitungsbäume beschränken. In einem normierten Ableitungsbaum lassen sich die
Schritte etwas zusammenfassen:

5. Def.: Die Regel $\mathcal{M}$ besteht aus einer Anwendung der $\wedge$-Regel gefolgt evtl. von einer Anzahl von Anwendungen der $\forall$- und
$\exists$-Regeln.

Wir werden uns im Folgenden bei normierten Ableitungen auf Anwendungen der (komplexeren) Regel $\mathcal{M}$ beschränken. Dies ist aus folgen-
dem Grund möglich: Wenn die Quantifizierung einer Formel im normierten Ableitungsbaum wegen der Variablenbedingung unterbrochen
wurde und später weitergeführt wurde, so erstellt man sich die
"halb-quantifizierte" Formel mit der Regel $\mathcal{M}$ neu, indem man für
die bereits oben quantifizierten Allvariablen neue Eigenvariable
einsetzt. Insbesondere besagen unsere Bedingungen dann, daß bei
einer Ableitung von

$$\rightarrow \varphi_1, \ldots, \varphi_n$$

nach Anwendung der Regel $\mathcal{M}$ entweder ein φ_i die Hauptformel ist
oder aber der nächste an der Hauptformel anzubringende Quantor
ein $\forall$-Quantor ist (denn nur dann kann man gegen eine Eigenvariablenbedingung verstoßen).

Eine Anwendung der Regel $\mathcal{M}$ sieht im Bild so aus:

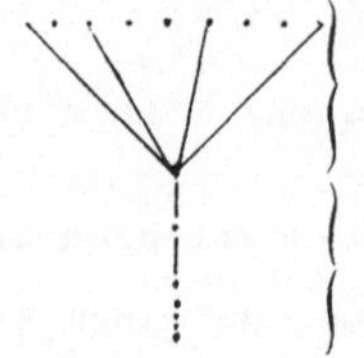

eine Konjunktion

Quantifizierungen

Als Seitenformeln einer Regel-$\mathscr{M}$-Anwendung bezeichnen wir die Seitenformeln der entsprechenden $\wedge$-Regel.

6. Def.: Der Kalkül $\overline{LM}$ habe diesselben Axiome wie der Kalkül LM, die (einzige) Regel von LM sei die Regel $\mathscr{M}$. Als Ableitungen in $\overline{LM}$ sind nur normierte Ableitungen zugelassen, die übrigen Begriffe sind wie früher erklärt. Falls an den maximalen Knoten eines Baumes nicht notwendig Axiome stehen, aber sonst alle Bedingungen eines Ableitungsbaumes erfüllt sind, sprechen wir auch von einem Suchbaum (bzw. von einem Suchbaum für S, wenn S die Sequenz ist, die am untersten Knoten steht).

Es sei nun ein Zweig Z in einem Ableitungsbaum von LM gegeben, $Z = \{e_0, e_1, \ldots, e_n\}$, $e_i < e_{i+1}$, $0 \leq i < n$. Ganz offensichtlich sind die Sequenzen dieses Zweiges bis auf Nebenformeln durch die Folge der Seitenformeln bestimmt (an e_0 soll die zu beweisende Sequenz stehen). Diese Folge ist nun wieder durch zwei Daten bestimmt:

1) Eine Folge $\langle D_{i_1}, \ldots, D_{i_n} \rangle$ von Ausgangsdisjunktionen (d.h. von S) und

2) eine Folge $\langle \zeta_1, \ldots, \zeta_n \rangle$ von Substitutionen,

so daß für $1 \leq i \leq n$ $\mathrm{rep}(\zeta_i \mid D_i)$ die Seitenformel an e_i ist (weil D_i keine Quantoren hat, könnte man auch sub statt rep nehmen). Wir wollen nun die Zweige eines normierten Ableitungsbaumes durch diese Daten kodieren und nur noch mit den Kodierungen operieren. Dabei stellt sich u.a. die folgende zentrale Frage: Wann erklären eine beliebige Folge von Ausgangsdisjunktionen und eine beliebige Folge von Substitutionen einen Zweig in einem normierten Ableitungsbaum, d.h. wann sind die Variablenbedingungen erfüllt? Dies hängt offensichtlich nicht davon ab, welche Variablen in den Formeln der Ableitung vorkommen, sondern nur davon, an welchen Stellen die gleichen bzw. verschiedenen Variablen vorkommen. Wir entwickeln im Folgenden den sog. Kalkül der Kollektionen, indem wir diesen Fragen nachgehen. In diesem Kalkül betrachten wir eine neue Variablenmenge

$$\overline{\mathrm{Var}} = \{x_i^k \mid i, k \in \mathbb{N}\}.$$

Die oberen Indizes haben die Aufgabe, in einem Zweig eines Such-
baumes die verschiedenen Knoten zu unterscheiden, an denen die
Variablen auftreten können.

Es sei S eine Sequenz in Maslov'scher Normalform, $S = \rightarrow \varphi_1, \ldots, \varphi_m$,
$\varphi_i = P_i \psi_i$, wobei P_i ein Präfix von $\forall$- und $\exists$-Quantoren ist,

$$\psi_i = \bigwedge_{i=1}^{n_i} D_{i_j} \, ; \, D_{i_j} \text{ eine Elementardisjunktion für } 1 \leqslant j \leqslant n_i,$$

$$1 \leqslant i \leqslant m.$$

7. Def.: Ein Tupel $\mathscr{P} = \langle D_1, \ldots, D_n; K \rangle$ heißt S-Prokollektion der
Länge n (oder kurz: Prokollektion, wenn der Zusammenhang
klar ist) g.d.w.

   (i)   Die D_i, $1 \leqslant i \leqslant n$, sind Elementardisjunktionen von
         S; die D_i heißen Glieder von $\mathscr{P}$, D_n ist das letzte
         Glied von $\mathscr{P}$.

   (ii) K ist eine Partition von
         $\{x_i^k \mid x_i \in U \, (\mathrm{Var}(D_j \mid 1 \leqslant j \leqslant n), 1 \leqslant k \leqslant n\}$.

   (iii) Eine Prokollektion $\mathscr{P}' = \langle D_{i_1}, \ldots, D_{i_m}; K' \rangle$ heißt
         Subprokollektion von $\mathscr{P}$, wenn $\langle D_{i_1}, \ldots, D_{i_m} \rangle$ eine
         Teilfolge von $\langle D_1, \ldots, D_n \rangle$ ist und K' durch Restrik-
         tion entsteht (nach neuer Durchnumerierung der ver-
         bleibenden oberen Indizes von 1 bis m). Zusätzlich
         ist die leere Prokollektion zugelassen.

Jedem Zweig Z in einem Suchbaum für S können wir eine Prokollek-
tion $\Phi(Z)$ wie folgt zuordnen:
Es seien $e_1, \ldots, e_n$, $e_i < e_{i+1}$ für $1 \leqslant i < n$, die Knoten von Z; die
Sequenz am Knoten e_i sei S_i und die Seitenformeln sei
$\overline{D_i} = \mathrm{rep}(\zeta_i \mid D_i)$.

Es seien x_i^k und x_j^l in der selben Klasse, wenn $\zeta_k(x_i)$ und $\zeta_l(x_j)$
in S_k bzw. S_l frei vorkommen und $\zeta_k(x_i) = \zeta_l(x_j)$ ist. Dies liefert uns eine Klasseneinteilung K; schließlich sei

$$\Phi(Z) = \langle D_1, \ldots, D_n; K \rangle.$$

Von der Folge $\langle \zeta_k \mid 1 \leqslant k \leqslant n \rangle$ von Substitutionen sagen wir, daß sie die Partition K induziert. Es ist klar, daß jede Partition von einer Substitutionsfolge induziert wird, und wir schreiben dann ganz allgemein $\overline{D}_i = \mathrm{rep}(\zeta_i \mid D_i)$. Die Lage ist jedoch anders, wenn Funktionszeichen vorhanden sind, dann ist nicht jede Partition der Terme von Substitutionen induziert.

8. Def.: Eine Prokollektion heißt geschlossen, wenn $D_1 \vee \ldots \vee D_n$ geschlossen ist.

Es ist klar, daß solche von Suchbäumen herrührenden Prokollektionen spezielle Eigenschaften haben, weil in Z die Variablenbedingungen erfüllt sind. Diese Eigenschaften wollen wir jetzt charakterisieren. Dazu führen wir auf

$$\overline{\mathrm{Var}}(S) = \{x_i^k \mid x_i \in \mathrm{Var}(S),\ k \in \mathbb{N}\}$$

zunächst eine Halbordnung ein.

9. Def.: $x_i^k \lhd x_j^l$ g.d.w.

    (i) x_i und x_j kommen in S im selben Präfix vor;

    (ii) $k < l$ oder $k - 1$ und x_i ist im Präfix links von x_j gebunden.

Es sei nun $\mathscr{P} = \langle D_1, \ldots, D_n;\ K \rangle$ eine Prokollektion. Wenn x_i^k und x_j^l in derselben Klasse von K liegen, notieren wir dies auch durch $x_i^k \approx x_j^l$. Wenn x_i durch einen $\forall$-Quantor in S gebunden ist, nennen wir x_i eine $\forall$-Variable, andernfalls eine $\exists$-Variable.

10. Def.: Die Prokollektion $\mathscr{P}$ heißt Kollektion, falls:

    (i)   Für jede $\forall$-Variable x_i und jedes x_j in S mit $x_j^l \lhd x_i^k$ und $x_j^l \approx x_i^k$ folgt:

        1) Es existiert ein $r \leqslant l$ mit $x_i^k \approx x_i^r$

        2) $x_s^k \approx x_s^r$ für jede links von x_i im selben Präfix gebundene Variable x_s.

    (ii) Wenn der Präfix einer Elementardisjunktion D keine $\exists$-Variable enthält, kommt D in $\mathscr{P}$ nur einmal vor.

11. Satz: (i)   Wenn Z ein Zweig in einem Suchbaum für S ist,
                 dann ist $\Phi(Z)$ eine Kollektion.

         (ii)   Zu jeder Kollektion $\mathscr{P}$ existiert ein Zweig Z in
                einem Suchbaum für S mit $\Phi(Z) = \mathscr{P}$.

Beweis: Zu (i): Wir betrachten einen Zweig Z mit den Knoten
$e_1,\ldots,e_n$, $e_i < e_{i+1}$ für $1 \leqslant i < n$. Dann bedeutet $x_j^l \approx x_i^k$, daß
x_i und x_j an e_1 bzw. e_k gleich belegt wurden. Falls nun $x_j^l \lhd x_i^k$
und x_i eine $\forall$-Variable ist, kann x_i wegen der Eigenvariablenbedingung nicht vor x_j quantifiziert worden sein. Diese Quantifizierung kann nur an einem Knoten e_r, $r < 1$, oder, falls x_i links
von x_j im selben Präfix vorkommt, an e_1 vorgenommen worden sein.
Deshalb müssen x_i und alle Variablen desselben Präfixes links von
x_i an e_r genauso belegt sein wie an e_k.

Zu (ii): Wir gehen induktiv über die Länge n der Kollektion vor.
Für n = O (d.h. leere Kollektion) ist die Behauptung klar. Die
Behauptung sei richtig für n; wir betrachten eine Kollektion

$$<D_1,\ldots,D_n,\ D_{n+1};\ K>.$$

Durch Restriktion erhalten wir eine Prokollektion

$$\mathscr{P}' = <D_1,\ldots,D_n;\ K'>;$$

da dies offensichtlich wieder eine Kollektion ist, existiert ein
Zweig Z in einem Suchbaum für S mit $\Phi(Z) = \mathscr{P}'$. Wir wollen nun Z
um einen Knoten e_{n+1} nach oben so verlängern, daß die Seitenformel gerade D_{n+1} wird und die Variablen so belegt werden, daß die
in K ausgedrückten Gleichungen gelten; d.h. daß wir eine Formel,
die D_{n+1} als Subformel enthält, entsprechend "abbauen". Problema-
tisch wird dies nur, wenn K für eine $\forall$-Variable x_i und ein x_j

$$x_i^{n+1} \approx x_j^l$$

verlangt. Falls $l = n+1$ und x_j rechts von x_i steht, ist die Eigenvariablenbedingung für x_i nicht verlangt. Andernfalls haben wir
aber
$$x_j^l \lhd x_i^{n+1},$$

und die Kollektionsbedingung liefert uns eine Formel χ an einem
Knoten e_r, $r \leqslant 1$, an dem x_i und alle Variablen links von x_i schon
so belegt sind, wie wir es an e_{n+1} verlangen. χ ist Nebenformel
an e_n, die inverse Anwendung der Regel $\mathscr{M}$ auf χ liefert dann das
Gewünschte.

Der letzte Satz besagt, daß wir Kollektionen als Kodierungen von Zweigen in Suchbäumen des Kalküls LM auffassen können. Als nächstes fragen wir uns, wann Prokollektionen zu Kollektionen erweitert werden können. Für die zugehörigen Zweige bedeutet dies: Wann können Zweige, die eventuell die Variablenbedingungen verletzen, durch Einfügen von Zwischenpunkten (an denen die störenden Variablen quantifiziert werden) zu Zweigen in Suchbäumen von $\overline{LM}$ erweitert werden?

Dazu bemerken wir zunächst, daß jede Prokollektion $\mathscr{P}$ einem Zweig in einem Suchbaum für S entspricht, falls in S keine $\forall$-Quantoren vorkommen. Wenn die Klasseneinteilung von $\mathscr{P}$ durch eine Folge von Substitutionen induziert ist, gilt dies auch dann, wenn die zugrunde gelegte Sprache Funktionszeichen enthält.

Es sei nun $\mathscr{P}$ eine S-Prokollektion, $\mathscr{P} = <D_1,\ldots,D_n; K>$.

12. Def.: (i) Die Skolemform $Sk(S)$ entstehe aus S, indem man in allen Formeln aus S die $\forall$-Variablen durch Skolemterme ersetzt.

(ii) Die Skolemform $Sk(\mathscr{P})$ entstehe aus $\mathscr{P}$, indem man die $\forall$-Variablen durch die zugehörigen Skolemterme und K durch die entsprechende Klasseneinteilung, die wir $Sk(K)$ nennen, ersetzt.

Da in $Sk(S)$ jetzt Funktionszeichen vorkommen, wird die Klasseneinteilung $Sk(K)$ i.A. nicht mehr durch eine Substitution induziert, denn die $\forall$-Variablen sind ja durch echte Terme ersetzt.

13. Satz: Die folgenden beiden Bedingungen sind gleichwertig:

(i) $\mathscr{P}$ ist Subprokollektion einer Kollektion $\tilde{\mathscr{P}}$;

(ii) Es existiert eine Substitution δ, so daß für alle Terme s und t aus der Termalgebra über $\overline{Var}$ gilt: wenn $s \approx t$ in $Sk(K)$ gilt, so ist $rep(\delta \mid t) = rep(\delta \mid s)$. Mit anderen Worten, die Partition $Sk(K)$ wird durch einen Unifikator induziert.

Beweis: (i) $\rightarrow$ (ii): Wenn man $\mathscr{P}$ zu einer Kollektion $\tilde{\mathscr{P}}$ erweitern kann, dann haben wir einen Zweig Z in einem Suchbaum S mit

$\tilde{\mathscr{P}} = \Phi(Z)$ und dieser Suchbaum ist o.B.d.A. pur. Ersetzen wir die ∀-Variablen in diesem Suchbaum durch ihre Skolemterme, so erhalten wir einen Suchbaum für Sk(S) (vgl. Satz 12 aus 4.3). Die Seitenformeln an den einzelnen Knoten sind Substitutionsergebnisse von Elementarformeln aus der Sequenz S. Trennt man jetzt die Variablen in den Seitenformeln an den einzelnen Knoten durch Einführen der Variablen mit den oberen Indizes (das sind die Variablen aus Var), so erhält man eine einzige Substitution, die der gesuchte Unifikator ist.

(ii) → (i): Wenn umgekehrt die fragliche Substitution δ existiert, wird die Partition in Sk($\mathscr{P}$) durch eine Substitutionsfolge induziert und entspricht deshalb einem Zweig in einem Suchbaum für Sk(S). Durch Einführung der Skolemterme sind die Eigenvariablenbedingungen gewissermaßen "gewaltsam" erzwungen worden; so sind etwa die Skolemterme zweier Allvariabler nie in einer Klasse, denn sie sind ja nicht unifizierbar. Der Satz über Skolemfunktionen (Satz 13 aus 4.3) erlaubt uns nun, diesen Suchbaum in einen Suchbaum für S in der Sprache ohne Funktionszeichen zu transformieren, was uns einen Suchbaum in LM liefert. Der so umgeformte Zweig liefert dann eine Kollektion $\tilde{\mathscr{P}}$. Weil bei der Transformation von Maehara, bis auf das Entfernen der Skolemterme, alle früheren Ableitungsschritte erhalten bleiben (die ∀-Quantifizierungen wurden zwar umgeordnet, aber dies entspricht dem Einführen neuer Knoten in LM, weil an den alten Knoten die ∃-Quantifizierungen nach wie vor durchgeführt werden können), ist $\mathscr{P}$ eine Subprokollektion von $\tilde{\mathscr{P}}$.

14. Korollar: Es ist entscheidbar, ob eine Prokollektion $\mathscr{P}$ zu einer Kollektion erweitert werden kann.

Beweis: Man verwende den letzten Satz und den Algorithmus vom allgemeinsten Unifikator, den man nur auf die endlich vielen Gleichungen in Sk($\mathscr{P}$) anwenden muß.

Wir vermerken noch, daß man einen solchen Entscheidungsalgorithmus auch ohne Benutzung von Skolemfunktionen aufstellen kann. Wir skizzieren die Verfahren kurz. Wir betrachten dazu die Definition der Kollektion. Zuerst prüfe man (ii) nach sowie, ob, falls (i)1) gilt, $\mathscr{P}$ auch (i)2) erfüllt. Sodann betrachte man diejenigen

Klassen der Partition, die (i) 1) verletzen. Man behebe einen solchen "Defekt" durch Einführen eines neuen Zwischenpunktes e_k und erweitere die Klasseneinteilung derart, daß die neuen Variablen x_i^k auf die einzelnen Klassen gerade so verteilt werden, daß (i) 1) und (i) 2) gelten. Bei diesem Schritte können neue Defekte entstehen, man behebe diese und iteriere das Verfahren. Dabei bricht dieses Verfahren entweder ab, dann erhält man die gesuchte Kollektion, oder man läuft in einen Zyklus, dann kann es keine Oberkollektion von $\mathscr{P}$ geben. Die letzte Möglichkeit entspricht der Situation, daß man im Algorithmus vom allgemeinsten Unifikator eine Substitution der Gestalt $\delta(x) = t(x)$ vornehmen muß und dieser Algorithmus deshalb mit negativem Ausgang endet. Man kann sich auch weiter klarmachen, daß dieser Algorithmus die gegebene Prokollektion auf minimale Weise zu einer Kollektion erweitert.

Wir kommen jetzt zu einer ersten Formulierung des Maslov'schen Testsystems:

15. Def.: Das Maslov'sche Testsystem TM wird erklärt durch:

I. Axiome:
Alle geschlossenen Kollektionen.

II. Die Regel B von Maslov:

$$\frac{\mathscr{P}_1 \mid \ \cdots \ \mid \mathscr{P}_n}{\mathscr{P}} \qquad (B)$$

falls für $1 \leqslant i \leqslant n$,

$\mathscr{P}_i = \langle D_1, \ldots, D_m, D_{m+1}^i; K_i \rangle$, $m \geqslant 0$, eine Kollektion ist und $\mathscr{P} = \langle D_1, \ldots, D_m, K \rangle$ eine Subprokollektion von $\mathscr{P}_i$ (und damit bereits Kollektion) ist und falls ferner

$$\bigwedge_{i=1}^{n} D_{m+1}^{i} \text{ eine Konjunktion von S ist.}$$

Der nächste Satz zeigt die Vollständigkeit des Systems TM.

16. Satz: S ist genau dann in LM ableitbar (d.h. tautologisch), wenn die leere Kollektion in TM ableitbar ist.

Beweis: Wie wir gesehen haben, entsprechen alle Kollektionen Zwei-

184

gen in Suchbäumen für S im Kalkül $\overline{\text{LM}}$. Dabei entsprechen die Axiome den Zweigen, in denen eine geschlossene Disjunktion,also ein Axiom von LM, auftritt. Betrachten wir nun die Regel B:
Es sei

$$\frac{\mathscr{P}_1 \mid \; \cdots \; \mid \mathscr{P}_n}{\mathscr{P}} \qquad \text{(B)} \; ;$$

die zugehörigen Zweige seien $Z_1,\ldots,Z_n$, Z. Dann stimmt der Zweig Z an den untersten m Knoten mit den Zweigen Z_i überein und der oberste Knoten entspricht gerade einer Regelanwendung im Kalkül $\overline{\text{LM}}$ (eine Konjunktion gefolgt von einer höchstmöglichen Zahl von Anwendungen der Quantorenregeln).
Auf diese Weise sehen wir zum ersten ein, daß die Ableitbarkeit der leeren Kollektion die Ableitbarkeit von S in $\overline{\text{LM}}$ zur Folge hat. Wenn aber andererseits S einen Beweisbaum in $\overline{\text{LM}}$ hat, so enthalten alle Zweige des Beweisbaumes an den Spitzen eine geschlossene Disjunktion, die zugehörigen Kollektionen sind also geschlossen und damit Axiome in TM. Da die Anwendung der Regel $\mathscr{M}$ im Beweisbaum einer Anwendung der Regel B entspricht, welche die Länge der Kollektionen verkürzt, erhalten wir die leere Kollektion in TM.

In einer zweiten Fassung formulieren wir nun das Maslov'sche System auf eine mehr algorithmische Weise. Wie wir bereits gesehen haben, gibt es einen Algorithmus, der jede Prokollektion $\mathscr{P}$ zu einer Kollektion $\tilde{\mathscr{P}}$ erweitert, falls so eine Erweiterung überhaupt existiert (o.B.d.A. sei $\tilde{\mathscr{P}} = \mathscr{P}$, falls $\mathscr{P}$ bereits eine Kollektion ist); wir sagen dann: $\tilde{\mathscr{P}}$ existiert.

17. Def.: Das Testsystem TM^+ wird erklärt durch:

    I. Axiome:

       Wenn $\mathscr{P}$ eine geschlossene Prokollektion ist und keine echte Subprokollektion von $\mathscr{P}$ geschlossen ist (d.h. $\mathscr{P}$ hat die Länge 1 oder 2), und wenn eine nach dem in Satz 13 angegebenen Verfahren konstruierte Kollektion $\tilde{\mathscr{P}}$ zu $\mathscr{P}$ existiert, dann ist $\mathscr{P}$ ein Axiom.

    II. Die Regel B^+:

$$\frac{\mathscr{P}_1 \mid \; \cdots \; \mid \mathscr{P}_n}{\mathscr{P}} \qquad (\text{B}^+)$$

falls Kollektionen $\mathscr{P}_1', \ldots, \mathscr{P}_n'$ existieren mit

a) jedes $\mathscr{P}_i$ ist Subkollektion von $\mathscr{P}_i'$;

b) die letzen Glieder von $\mathscr{P}_i$ und $\mathscr{P}_i'$ stimmen überein;

c)
$$\frac{\mathscr{P}_1' \mid \ \cdots \ \mid \mathscr{P}_n'}{\mathscr{P}} \qquad \text{(B)};$$

d) die $\mathscr{P}_i'$, $1 \leqslant i < n$, sind minimal für die Eigenschaften a) bis c).

Im System TM^+ gibt es zu jeder Sequenz S (von der die Definitionen ja abhängen) nur endlich viele Axiome. Um sich die Kollektion $\mathscr{P}_i'$, die bei der Regel (B^+) gefordert werden, zu verschaffen, erweitert man die $\mathscr{P}_1, \ldots, \mathscr{P}_n$ zuerst zu Prokollektionen, die sich nur noch an der letzten Stelle unterscheiden und wendet sodann den Algorithmus an, der die Erweiterung zur Kollektion bewerkstelligt. Insbesondere sieht man, daß höchstens für endlich viele $\mathscr{P}$

$$\frac{\mathscr{P}_1 \mid \ \cdots \ \mid \mathscr{P}_n}{\mathscr{P}} \qquad (B^+)$$

gilt.

Der Vollständigkeitssatz für das Testsystem TM^+ verläuft ganz genau so wie beim System TM; man muß sich nur auf Beweisbäume in $\overline{LM}$ zurückziehen, in denen keine überflüssigen Regelanwendungen stattfinden.

5.3 Die Resolutionsmethode

In 5.1 haben wir bereits vermerkt, daß der Kalkül LK (ohne Schnitt) nicht invertierbar ist, sich also zum Testen nur bedingt eignet. In einem sehr stark eingeschränkten Kalkül liegen die Dinge jedoch etwas günstiger. Wenn wir uns nämlich auf $\exists$-Quantifizierungen von Sequenzen der Gestalt $\rightarrow \varphi, \neg\varphi'$, mit φ, φ' atomar, einschränken, so ist die Ableitbarkeit einer Sequenz in diesem System sogar entscheidbar, und zwar mit Hilfe des Algorithmus' vom allgemeinsten Unifikator. Wir versuchen im Folgenden, diesen Ansatz zu einem vollständigen invertierbaren

Kalkül zu erweitern. Dies wird uns zu dem Resolutionskalkül führen. Es ist üblich, die Resolutionsregel invers ("von unten nach
oben"), also als Testregel zu lesen. Es sei weiter vermerkt, daß
die Resolution in der Literatur gewöhnlich als ein Test "auf Wi-
dersprüchlichkeit" dargestellt ist (vgl. J.A. Robinson [Ro]). Deduktiv gesehen, würde dies einem System entsprechen, welches alle
Kontradiktionen ableitet; der Unterschied ist ganz unerheblich
und rein formaler Natur.

Zur Diskussion stehen Sätze in pränexer, disjunktiver Normalform,
in denen nur $\exists$-Quantoren vorkommen und in denen verschiedene Quantoren verschiedene Variable binden; bei Tautologiebetrachtungen
können wir uns auf solche Formeln beschränken. Gleichwertig dazu
ist die Untersuchung von Sequenzen ohne freie Variable der Form

$$\rightarrow \varphi_1, \ldots, \varphi_n,$$

wobei jedes φ_i, $1 \leqslant i \leqslant n$, die existenzielle Quantifizierung einer
Elementarkonjunktion ist und verschiedene Quantoren verschiedene
Variable binden. Um jetzt und später Strukturregeln zu sparen,
werden wir Sequenzen nicht mehr als Folgen, sondern als Mengen
auffassen, weiterhin lassen wir auch den Gentzenpfeil "$\rightarrow$" weg.
Dazu einige Begriffe:

1. Def.: (i) Eine Klause ist eine endliche Menge von Elementar-
              formeln.

   (ii) Zwei Einerklausen, deren Formeln sich nur um ein
         Negationszeichen unterscheiden, heißen komplemen-
         tär.

   (iii) Die Komplexität einer endlichen Menge von Klausen
         ist die Zahl

$$k(S) = \sum_{\Delta \varepsilon S} |\Delta|.$$

         (Diese Größe ist im wesentlichen mit dem sog.
         k-Parameter identisch, vgl. Anderson-Bledsoe
         [An-Ble]).

2. Def.: Es sei $\varphi = \exists x_{i_1} \ldots \exists x_{i_n} (\bigvee_{i=1}^{m} (\bigwedge_{j=1}^{m_i} \psi_{i,j}))$ eine Formel in

         pränexer, disjunktiver Normalform. Dann ist das Klausenbild von φ die endliche Menge von Klausen

$$S(\varphi) = \{\{\psi_{i,j} \mid 1 \leqslant j \leqslant m_i\} \mid 1 \leqslant i \leqslant m\}.$$

Beim Klausenbild einer Formel sind die Quantoren verschwunden. Um
die gebundenen Variablen von φ aus $S(\varphi)$ wieder zu bestimmen, spalten wir unsere Variablen in zwei disjunkte unendliche Hälften auf:

$$\text{Var} = X \cup Y, \ X \cap Y = \emptyset.$$

(Man setze etwa: $X = \{x_n \mid n \text{ gerade}\}$, $Y = \{x_n \mid n \text{ ungerade}\}$).
Für eine Formel φ mit $\mathrm{fr}(\varphi) \subseteq X$ und $\mathrm{bd}(\varphi) \subseteq Y$ (und jede pure
Formel hat bis auf Variablenumbenennung diese Gestalt) gilt dann:

Das Klausenbild von ψ bestimmt ψ bis auf Permutationen und Wiederholungen von Konjunktions- und Disjunktionsgliedern und Quantoren.
Die Objekte unserer Betrachtungen werden endliche Klausenmengen
sein; Δ, Γ, ... stehen für Klausen, statt der Einerklause $\{\varphi\}$
schreiben wir φ und statt $\{\Delta_1,\ldots,\Delta_n\}$ wird $\Delta_1,\ldots,\Delta_n$ geschrieben.

Als nächstes modifizieren wir den Kalkül LK zu einem Kalkül LKK,
welcher mit nichtleeren Klausenmengen operiert.

3. Def.: Der Kalkül LKK wird durch folgende Axiome und Regeln
erklärt:

    I. Axiome:
       Alle nichtleeren Klausenmengen der Gestalt

$$\Delta_1,\ldots,\Delta_n, \ \varphi, \ \neg\varphi$$

      mit φ atomar.

    II. Regeln:
      1) $\wedge$-Regel

$$\frac{\Delta_1,\ldots,\Delta_n, \ \Delta \mid \Gamma_1,\ldots,\Gamma_m, \Gamma}{\Delta_1,\ldots,\Delta_n, \ \Gamma_1,\ldots,\Gamma_m, \ \Delta \cup \Gamma}$$

      2) $\exists$-Regel

$$\frac{\Delta_1,\ldots,\Delta_n, \ \mathrm{rep}(\xi \mid \Delta)}{\Delta_1,\ldots,\Delta_n, \ \Delta \cup \Delta'}$$

$$\text{wobei } \operatorname{rep}(\xi \mid \Delta) = \{\operatorname{rep}(\xi \mid \varphi) \mid \varphi \varepsilon \Delta\},$$

$$\xi =_{x_k} \operatorname{id}, \ x_k \varepsilon Y, \ \operatorname{Var}(\xi(x_k)) \subseteq X,$$

$$\text{und } \Delta' \subseteq \operatorname{rep}(\xi \mid \Delta).$$

4. Def.: Ein Beweis in LKK wird wie in LK erklärt mit der zusätzlichen Einschränkung, daß keine $\wedge$-Regel oberhalb einer
$\exists$-Regel angewandt werden darf.

Die Abschwächungsregeln in LK werden durch die Form der Axiome und
der $\wedge$-Regel überflüssig gemacht. Die spezielle Form der $\exists$-Regel
mit $\Delta \cup \Delta'$ (anstatt nur Δ) in der Konklusion ist nötig, weil wir
mit Mengen und nicht mehr mit Folgen von Formeln rechnen, wo Wiederholungen möglich waren. Durch eine leichte Zurückführung auf
den Kalkül LK erhalten wir:

5. Satz: Sei φ eine Formel in pränexer disjunktiver Normalform
ohne $\forall$-Quantoren und mit $\operatorname{fr}(\varphi) \subseteq X$ und $\operatorname{bd}(\varphi) \subseteq Y$.
Dann ist φ genau dann eine Tautologie, wenn das Klausen-
bild $S(\varphi)$ in LKK ableitbar ist.

Als Zusatz vermerken wir noch:

Korollar: Es sei $\Delta_1, \ldots, \Delta_n, \Delta$ in LKK ableitbar und es sei
$\Delta = \Gamma \cup \Pi, \ \Gamma \neq \emptyset, \ \Pi \neq \emptyset$. Dann sind sowohl $\Delta_1, \ldots, \Delta_n, \Gamma$
als auch $\Delta_1, \ldots, \Delta_n, \Pi$ in LKK ableitbar.

Für die Klausenmengen wollen wir jetzt den Resolutionskalkül einführen. Eigentlich sind dies zwei Kalküle, einer für die Aussagenlogik und einer für die Prädikatenlogik. Die jeweiligen Vollständigkeitsbeweise werden wir durch Zurückführung auf den Kalkül LKK
führen. Objekte des Resolutionskalküls sind beliebige nichtleere
Klausenmengen, insbesondere ist die leere Klause zugelassen. Wir
bezeichnen die leere Klause mit $\square$, sie entspricht der bisher nicht
betrachteten "leeren Disjunktion", von der wir per definitionem
verlangen, daß sie von jeder Belegung erfüllt werden soll (ebenso
gut läßt sich $\square$ als die wahre Formel, also als eine Konstante der
Formelalgebra, auffassen).

6. Def.: Der aussagenlogische Resolutionskalkül R_o wird durch
folgende Axiome und Regeln erklärt:

   I. Axiome:

      Alle Klausenmengen der Gestalt

$$\Delta_1, \ldots, \Delta_n, \square$$

   II. Ableitungsregel:

$$\frac{\Delta_1, \ldots, \Delta_n, \Delta \cup \Gamma}{\Delta_1, \ldots, \Delta_n, \Delta \cup \{\varphi\}, \Gamma \cup \{\neg\varphi\}}$$

      wobei φ atomar ist.

Die Vollständigkeit und Korrektheit des Kalküls R_o ergibt sich
durch Vergleich mit dem Kalkül LKK.

7. Satz: Es sei S eine endliche Menge von Klausen mit $\square \notin S$ und
Var(S) $\subseteq$ X. Dann ist S in R_o genau dann ableitbar, wenn
S in LKK ohne die $\exists$-Regel ableitbar ist.

Beweis: Da $\square = \square \cup \square$ ist, erhalten wir in R_o:

$$\frac{\square}{\varphi, \ \neg\varphi}$$

Die Axiome in LKK entsprechen also den Klausenmengen ohne $\square$, die
sich in R_o in einem Schritt ableiten lassen.

Es sei nun S in R_o ableitbar; wir gehen induktiv über die Länge
der Ableitung in R_o vor. Den Induktionsanfang haben wir gerade
eingesehen. Betrachten wir nun

$$\frac{\Delta_1, \ldots, \Delta_n, \Delta \cup \Gamma}{\Delta_1, \ldots, \Delta_n, \Delta \cup \{\varphi\}, \Gamma \cup \{\neg\varphi\}}$$

und nehmen wir an, daß die Prämisse in LKK ableitbar ist. Dann
erhalten wir wie folgt eine Ableitung der Konklusion in LKK:

$$\frac{\varphi,\ \neg\varphi\ |\ \Delta_1,\ldots,\Delta_n,\ \Delta}{\Delta_1,\ldots,\Delta_n,\ \Delta \cup \{\varphi\},\ \neg\varphi\ |\ \Delta_1,\ldots,\Delta_n,\ \Gamma}$$
$$\Delta_1,\ldots,\Delta_n,\ \Delta \cup \{\varphi\},\ \Gamma \cup \{\neg\varphi\}$$

Wir haben hierbei das Korollar zu Satz 5 benutzt. Andererseits sei S in LKK ableitbar. Durch Induktion über die Komplexität $k(S)$ zeigen wir, daß S auch in R_o ableitbar ist. Wenn $|\Delta| = 1$ für alle $\Delta \in S$, insbesondere also, wenn $k(S) = 2$ ist, muß S ein Axiom von LKK sein, und dafür haben wir uns die Behauptung oben überlegt. Es sei also $k(S) \geqslant 3$ und es gebe ein $\Delta \in S$ mit $|\Delta| \geqslant 2$. Es sei $\varphi \in \Delta$ eine Elementarformel. Wir setzen:

$$\Delta' = \Delta \smallsetminus \{\varphi\}$$
$$S' = (S \smallsetminus \{\Delta\}) \cup \{\Delta'\}$$
$$S'' = (S \smallsetminus \{\Delta\}) \cup \{\{\varphi\}\}$$

Dann sind sowohl S' wie auch S" in LKK und somit auch in R_o ableitbar, denn wir haben $k(S') < k(S)$ und $k(S'') < k(S)$ und können die Induktionsannahme verwenden. Wir betrachten die R_o-Ableitung von S':

$$S_1 = \Gamma_1,\ldots,\Gamma_m,\ \Box$$
$$\vdots$$
$$S_n = S' = \Delta_1,\ldots,\Delta_k,\ \Delta' \ .$$

Wir ersetzen Δ' wieder durch Δ, also S' durch S, und fügen auch zu allen Vorgängern von Δ' die Formel φ hinzu. So erhalten wir eine Ableitungskette, bei der am obersten Knoten aber statt $\Box$ eventuell $\{\varphi\}$ steht. In diesem Falle fügen wir an allen Knoten noch die jeweils fehlenden Klausen von S hinzu und erhalten eine Ableitungskette

$$\bar{S}_1$$
$$\vdots \qquad\qquad (R_o)$$
$$S$$

mit $S'' \subseteq \bar{S}_1$. Wir bekommen dann eine Ableitung von S in R_o, wenn wir oben auf diese Kette noch die Ableitung S" setzen ([An-Ble]).

Wir kommen jetzt zum allgemeinen Resolutionskalkül; dieser wird wieder nur eine Regel enthalten. Die Resolutionsregel muß somit sowohl aussagenlogische wie auch quantorenlogische Aspekte enthalten, letztere treten in der Form von Substitutionen auf.

8. Def.: Es sei Δ eine Klause mit $\mathrm{Var}(\Delta) = \{x_{i_o}, \ldots, x_{i_n}\}$,

$i_k < i_{k+1}$ für $0 \leqslant k < n$.

Dann sind die standardisierenden Substitutionen ξ_Δ und ζ_Δ erklärt durch

$$\xi_\Delta(x) \;-\; \begin{cases} x_{2k+1} & \text{für } x = x_{i_k},\ 0 \leqslant k \leqslant n \\ x & \text{sonst} \end{cases}$$

$$\zeta_\Delta(x) \;=\; \begin{cases} x_{2k} & \text{für } x = x_{i_k},\ 0 \leqslant k \leqslant n \\ x & \text{sonst} \end{cases}$$

Die standardisierenden Substitutionen numerieren die Variablen in Δ also so um, daß $\mathrm{Var}(\mathrm{rep}(\xi_\Delta \mid \Delta) \cap \mathrm{Var}(\mathrm{rep}(\zeta_\Delta \mid \Delta)) = \emptyset$ ist. In 5.2 haben wir statt der standardisierenden Substitutionen die Variablen x_i^k mit den oberen Indizes benutzt, was für die dortigen Zwecke ausreichte.

9. Def.: Der Resolutionskalkül R wird durch folgende Axiome und Regeln erklärt:

    I. Axiome:

    Alle Klausenmengen der Gestalt

$$\Delta_1, \ldots, \Delta_n, \ \square.$$

    II. Ableitungsregel:

$$\Delta_1, \ldots, \Delta_n, \ \Gamma \cup \Pi$$

$$\Delta_1, \ldots, \Delta_n, \ \tilde{\Gamma} \cup \Delta, \ \tilde{\Pi} \cup \Delta'$$

    falls für die standardisierenden Substitutionen $\xi = \xi_{\tilde{\Gamma} \cup \Delta}$ und $\zeta = \zeta_{\tilde{\Pi} \cup \Delta'}$, gilt:

192

1) Entfernt man aus allen Formeln in $\text{rep}(\xi \mid \Delta)$ und $\text{rep}(\zeta \mid \Delta')$ die Negationszeichen, so besitzt diese Menge einen allgemeinsten Unifikator σ;

2) $\text{rep}(\sigma \circ \xi \mid \Delta)$ und $\text{rep}(\sigma \circ \zeta \mid \Delta')$ sind komplementäre Einerklausen.

3) $\Gamma = \text{rep}(\sigma \circ \xi \mid \tilde{\Gamma})$, $\Pi = \text{rep}(\sigma \circ \zeta \mid \tilde{\Pi})$.

Der Resolutionskalkül ist invertierbar, da jede endliche Klausenmenge, wie der Algorithmus vom allgemeinsten Unifikator zeigt, nur endlich viele mögliche Vorgänger hat.

Wie wir bemerkt haben, benutzt man den Resolutionskalkül meistens als Testsystem, liest ihn also "von unten nach oben". Dies rechtfertigt dann folgende, allgemein übliche Sprechweise: $\Gamma \cup \Pi$ heißt die Resolvente von $\tilde{\Gamma} \cup \Delta$ und $\tilde{\Pi} \cup \Delta'$ und die Formel in der entfernten komplementären Einerklause heißt auch "die Elementarformel, nach der resolviert wurde"; entsprechende Sprachregelungen bestehen für den Kalkül R_o.

Um die Kalküle von LKK und R vergleichen zu können, leiten wir zunächst eine Beziehung zwischen dem aussagenlogischen und dem allgemeinen Resolutionskalkül her.

10. Liftinglemma: Es sei $\tilde{\Pi}$ eine aussagenlogische Resolvente von $\tilde{\Gamma}$ und $\tilde{\Delta}$ und es gebe zwei Substitutionen σ_1, σ_2 und zwei Klausen Γ, Δ mit $\text{rep}(\sigma_1 \mid \Gamma) = \tilde{\Gamma}$, $\text{rep}(\sigma_2 \mid \Delta) = \tilde{\Delta}$. Dann existiert eine Resolvente Π von Γ und Δ und eine Substitution λ mit $\text{rep}(\lambda \mid \Pi) = \tilde{\Pi}$.

Beweis: Es sei $\tilde{\Pi} = \tilde{\Pi}_1 \cup \tilde{\Pi}_2$, $\tilde{\Gamma} = \tilde{\Pi}_1 \cup \{\varphi\}$, $\tilde{\Delta} = \tilde{\Pi}_2 \cup \{\neg\varphi\}$, wobei nach φ resolviert wurde.
Wir setzen

$$\Gamma' = \{\psi \in \Gamma \mid \text{rep}(\sigma_1 \mid \psi) = \varphi\}$$
$$\Delta' = \{\psi \in \Delta \mid \text{rep}(\sigma_2 \mid \psi) = \neg\varphi\}.$$

Wenn ξ_Γ und ζ_Δ wieder die standardisierenden Substitutionen sind, dann hat, nach Fortlassen der Negationszeichen,

$$\mathrm{rep}(\xi_\Gamma \mid \Gamma') \cup \mathrm{rep}(\zeta_\Delta \mid \Delta')$$

einen Unifikator und somit auch einen allgemeinsten Unifikator σ.
Wir bilden die Resolvente

$$\Pi = \Pi_1 \cup \Pi_2 = \mathrm{rep}(\sigma \circ \xi_\Gamma \mid \Gamma \smallsetminus \Gamma') \cup \mathrm{rep}(\sigma \circ \zeta_\Delta \mid \Delta \smallsetminus \Delta').$$

Die gesuchte Substitution λ erhalten wir durch Betrachtung des
folgenden Diagramms:

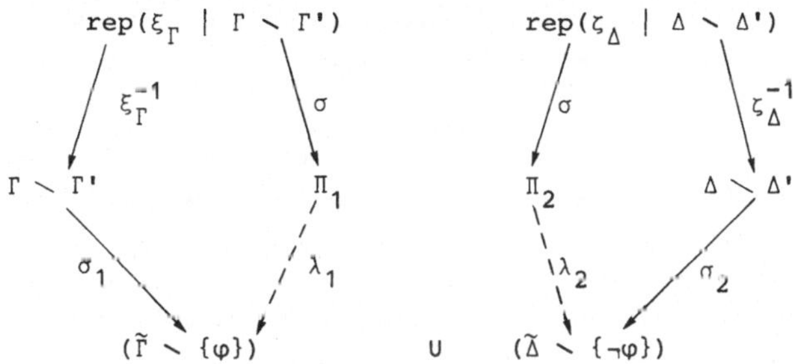

Weil ξ_Γ und ζ_Δ Variablenumbenennungen sind, haben wir die Umkehrab-
bildungen; λ_1 und λ_2 existieren, weil σ ein allgemeinster Unifikator ist. Nun haben aber Π_1 und Π_2 disjunkte Variablenmengen, wir
können also λ auf $\Pi = \Pi_1 \cup \Pi_2$ aus λ_1 und λ_2 zusammensetzen.

Wir kommen jetzt zur Korrektheit und Vollständigkeit des Resolutionskalküls.

11. Satz: Es sei S eine endliche Klausenmenge mit Var(S) $\subseteq$ Y und
$\square \ \varepsilon$ S. Dann ist S in LKK genau dann ableitbar, wenn S
in R ableitbar ist.

Beweis: Es sei S in R ableitbar. Wendet man die in dieser Ableitung vorkommenden endlichen vielen Substitutionen auf S an, so erhält man als Ergebnis eine Klausenmenge $\widetilde{S}$, die in R_o ableitbar ist.
Damit ist $\widetilde{S}$ aber auch in LKK aussagenlogisch ableitbar und man erhält S in endlich vielen Schritten durch die $\exists$-Regel. Wenn S andererseits in LKK eine Ableitung hat, dann sei $\widetilde{S}$ die der Gentzen'-
schen Mittelsequenz entsprechende Klausenmenge:

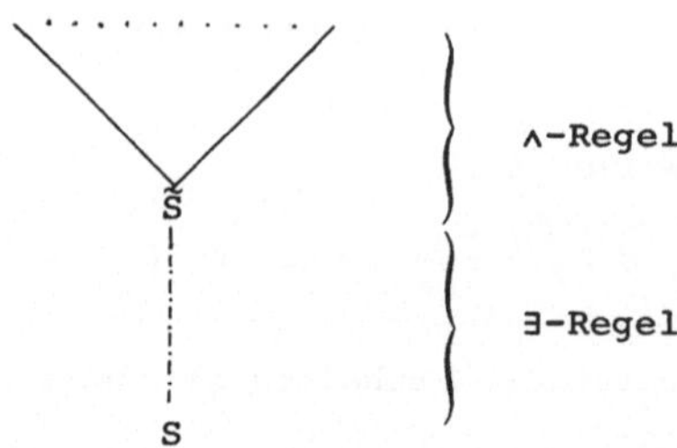

Dann hat $\tilde{S}$ im aussagenlogischen Resolutionskalkül R_O eine Ableitung $\mathscr{B}_O$, die Knoten dieses Ableitungsbaumes seien $\{e_O,\ldots,e_n\}$, $e_i < e_{i+1}$ für $O \leqslant i < n$.

Weiter existieren endlich viele Substitutionen $\sigma_1,\ldots,\sigma_m$, so daß $\tilde{S}$ aus S durch Anwenden dieser Substitutionen entsteht. Das Liftinglemma erlaubt uns nun, induktiv eine Ableitung $\mathscr{B}$ von S in R, ebenfalls mit den Knoten $\{e_O,\ldots,e_n\}$, so zu konstruieren, daß an den entsprechenden Knoten die Resolventen der Ableitung $\mathscr{B}_O$ Substitutionsergebnisse der Resolventen der Ableitung $\mathscr{B}$ sind; insbesondere muß am obersten Knoten in $\mathscr{B}$ die leere Klause auftreten, denn keine andere Klause hätte $\square$ als Substitutionsergebnis.

Der Resolutionskalkül R ist in dem Sinne ein schnittfreier Kalkül, als sich alle in einem Beweis auftretenden Formeln in gewissem Sinne in der abgeleiteten Klausenmenge wiederfinden; die Formeln werden allerdings etwas durcheinander geschüttelt. Dies hängt mit unserer Motivierung zusammen, wir haben ja gerade einen invertierbaren Kalkül erstrebt. Auf der anderen Seite haben wir gesehen, daß in LK die Transformation in einen schnittfreien Beweis diesen verlängerte. Wir wollen deshalb den Gedanken des Schnittes hier noch einmal aufgreifen. Aus der großen Zahl der Möglichkeiten für schnittähnliche Regeln wählen wir eine auf Tseitin [Ts] zurückgehende Variante.

12. Def.: Die Tseitin'sche Schnittregel ist

$$\frac{\Gamma_1,\ldots,\Gamma_m,\ \Delta_1,\ldots,\Delta_n}{\Gamma_1,\ldots,\Gamma_m}$$

falls Atomformeln $\varphi_1,\ldots,\varphi_k$, $P(x_1,\ldots,x_j)$ existieren mit:

(i) Das Prädikat P kommt in den $\Gamma_1,\ldots,\Gamma_m$ nicht vor;

(ii) Es existiert eine aussagenlogisch aus den $\varphi_1,\ldots,\varphi_k$ aufgebaute Formel $\chi = \chi(\varphi_1,\ldots,\varphi_k)$, so daß $\Delta_1,\ldots,\Delta_n$ das Klausenbild der disjunktiven Normalform von $P(x_1,\ldots,x_n) \leftrightarrow \chi$ ist.

Die Korrektheit der Schnittregel überlegt man sich am besten semantisch. Es sei ψ eine offene Formel mit dem Klausenbild $\Gamma_1,\ldots,\Gamma_m$ und es sei $\mathcal{A}$ eine Struktur, in der ψ nicht erfüllbar ist. Da P in ψ nicht vorkommt, können wir o.D.d.A. annehmen, daß P in $\mathcal{A}$ von genau den Belegungen erfüllt wird, welche χ nicht erfüllen; somit ist auch $\psi \vee \chi$ nicht erfüllbar.

13. Def.: Der erweiterte Resolutionskalkül ER ist der Kalkül R zusammen mit der Schnittregel.

Die Kalküle R und ER wollen wir jetzt vom Standpunkt des Testens aus betrachten. Das zu R gehörige Testsystem hat eine Testregel, nämlich die zur Ableitungsregel inverse Regel; diese Testregel trägt üblicherweise den Namen Resolutionsregel. Resolutionsteste werden normalerweise durch binäre Bäume (d.h. jeder Knoten hat genau zwei oder gar keine oberen Nachbarn) notiert. Dabei steht an jedem Knoten eine Klause; wenn e maximal ist, dann steht an e eine Klause aus der zu testenden Eingabemenge S, andernfalls steht an e eine Resolvente der Klausen an den beiden oberen Nachbarn. Der Test läuft positiv aus, wenn man einen Knoten mit □ erreicht hat und negativ, wenn keine neuen Resolventen zu bilden sind. Es muß wegen des Church'schen Satzes nichttautologische Formeln φ geben, so daß der Test bei Eingabe von $S(\varphi)$ niemals an ein Ende kommt. Ein solches Beispiel ist etwa $S = \{\{P(a)\}, \{\neg P(x_1), P(f(x_1))\}\}$, wobei a eine Konstante ist. Für das Resolutionssystem gibt es mannigfache, vollständige und unvollständige Strategien, die darin bestehen, daß sie die Resolventenbildung nur in gewissen Fällen erlauben. Darauf wollen wir hier aber nicht eingehen (vgl. etwa [An-Ble]).

Das zu ER gehörige Testsystem besitzt außer der Resolutionsregel

noch das Inverse der Schnittregel, dies ist jetzt eine Erweiterungsregel. Der Sinn dieser Regel zeigt sich nun darin, daß man
das neue Atom P als Abkürzung für die Formel $\chi(\varphi_1,\ldots,\varphi_n)$ auffassen kann, ein (aussagenlogisches) Beispiel soll dies veranschau-
lichen.

Es komme P in $\Delta = \{\varphi_1,\ldots,\varphi_n,\ \varphi,\ \neg\psi\}$ sowie in $\Delta_1,\ldots,\Delta_n$ nicht vor.
Wir wählen $\chi = \chi(\varphi,\ \psi) = \varphi \supset \psi$; dann ist das Klausenbild von

$$P \leftrightarrow (\varphi \supset \psi)$$

gerade

$$\{\neg\varphi,\ \neg\psi,\ P\},\ \{\neg\varphi,\ \psi,\ P\},\ \{\varphi,\ \neg\psi,\ \neg P\},\ \{\varphi,\ \psi,\ P\}.$$

Wenn wir $\Delta_1,\ldots,\Delta_n,\Delta$ um diese Klausenmenge erweitern, können wir
folgende Resolventen bilden

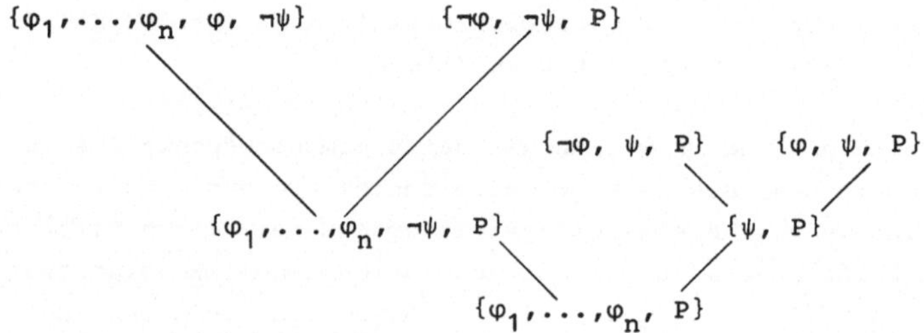

Die beiden Elementarformeln φ und $\neg\psi$ sind also in Δ durch die
eine Formel P ersetzt. Führt man einen entsprechenden Prozeß
auch für die $\Delta_1,\ldots,\Delta_n$ durch und iteriert man diesen Abkürzungs-
prozeß, so kann man Resolutionstests auf diese Weise häufig be-
trächtlich verkürzen.

Zweierlei Kritik kann an solchen Erweiterungen geübt werden:

1. Die Verkürzung einer Ableitung sagt noch nichts über den
   kürzesten Beweis überhaupt.

2. Bei der Anwendung der Erweiterungsregel gibt es unendlich
   viele Möglichkeiten und es wird nicht gesagt, welche gewählt
   werden soll.

Der erste Punkt, sicherlich von großem Gewicht, zielt in die
Komplexitätstheorie und soll hier außerhalb unserer Betrach-

tungen stehen. Zum zweiten Punkt kann gesagt werden, daß die Erweiterung und verwandte Regeln der Praxis des Mathematikers entsprechen, wenn er einen Beweis sucht und Abkürzungen, Definitionen, Heuristiken und ähnliches einführt; hier sind der Intuition auch keine Grenzen gesetzt. Für maschinelle Beweisprogramme ergeben sich hier hauptsächlich zwei Perspektiven. Zum einen kann man versuchen, interaktiv zu arbeiten und die Erweiterungen von Fall zu Fall vom Benutzer eingeben lassen, zum anderen könnte man gewisse vom jeweils betrachteten Gebiet abhängige, aber sonst feste Erweiterungen zulassen (vgl. etwa [Ble-Ty])

Wir haben den Resolutionskalkül mit dem schnittfreien Kalkül LKK verglichen. Häufig wird jedoch die Resolutionstestregel als eine Schnittregel aufgefaßt. Dies kann zu Mißverständnissen führen, da dies eben eine Testregel ist, aber eine Schnittregel normalerweise deduktiv gelesen wird. Trotzdem ist dieser Punkt nicht ohne Bedeutung. Analysiert man nämlich die Transformation eines Resolutionsbeweises in einen LKK-Beweis, so entdeckt man einen ähnlichen Effekt wie bei der Schnittelimination: Die Beweise werden länger, weil gelegentlich ganze Teilbäume kopiert werden müssen. Nun existiert aber auch eine Transformation der Resolutionsbeweise in den Kalkül LKK mit Schnitt. Wir führen diese Transformation nicht durch, aber mit Hilfe des folgenden Beispiels kann man sie sich leicht konstruieren.

Es sei $S = \{\varphi, \neg\psi\}, \{\varphi, \psi\}, \{\neg\varphi\}$.

Ein Resolutionstest:

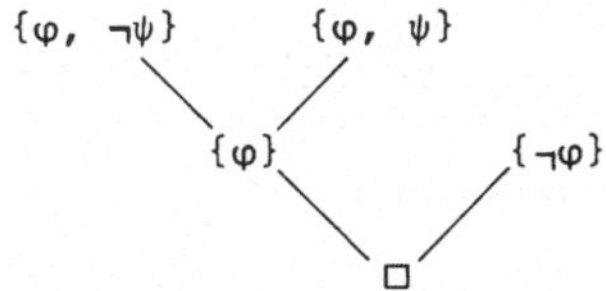

Der LKK-Beweis mit Schnitt:

$$\frac{\neg\varphi,\ \varphi,\ \psi \mid \neg\psi,\ \psi,\ \neg\varphi}{\neg\varphi,\ \{\varphi,\ \neg\psi\},\ \psi} \qquad \mid \qquad \frac{\neg\psi,\ \varphi,\ \neg\varphi \mid \psi,\ \neg\psi,\ \neg\varphi}{\{\varphi,\ \psi\},\ \neg\psi,\ \neg\varphi}$$

$$\{\neg\varphi\},\ \{\varphi,\ \neg\psi\},\ \{\varphi,\ \psi\}$$

Dieser Baum wird in Etappen konstruiert: Zuerst werden nur die
unterlinierten Klausen hingeschrieben und dann wird nach Maßgabe
des Resolutionstests der Baum durch Hinzufügen von neuen Klausen
(für Seiten- und Nebenformeln) sowie den entsprechenden Schnitten
vervollständigt. Die gerade skizzierte Transformation hat den Vor-
teil, daß sie Resolutionsbeweise "auf natürliche Art", d.h.
Schritt für Schritt, in Gentzenbeweise überträgt (vgl. hierzu
K. Justen [Ju]).

Schließlich möchten wir noch bemerken, daß beim Resolutionstest
gewisse Informationen wieder vergessen werden (u.a., weil wir
dort keine Begleitfunktionen haben). So wird zum Beispiel vergessen, mit welchen Elementarformeln bereits resolviert wurde.
In [Ko-Ku] wird eine Variante der Resolution behandelt, in der im
wesentlichen die gleiche Information wie im Sequenzenkalkül erhalten bleibt; allerdings wird dort auch wieder mit Folgen statt
mit Klausen operiert (s. K. Justen [Ju]).

5.4 Die Paramodulation

Wir wollen die durch die Resolution gegebene Testmethode auf die
Logik mit Gleichheit ausdehnen. Als Vergleichsobjekt bedienen
wir uns diesmal des Sequenzenkalküls $LK^=$. Zunächst erweitern wir
den Klausenkalkül LKK zu einem Kalkül für die Logik mit Gleichheit.

1. Def.: Der Kalkül $LKK^=$ entsteht aus dem Kalkül LKK durch Hinzunahme folgender Axiome und Regeln:

    I. Gleichheitsaxiome:

$$\Delta_1, \ldots, \Delta_n, \; t \equiv t \qquad \text{für jeden Term } t.$$

    II. Gleichheitsregeln:

$$\frac{\Delta_1, \ldots, \Delta_n, \; \text{rep}(\xi_{k,r} \mid \Delta)}{\Delta_1, \ldots, \Delta_n, \; \text{rep}(\xi_{k,s} \mid \Delta), \; \neg r \equiv s} \qquad (E_1)$$

$$\frac{\Delta_1,\ldots,\Delta_n,\ rep(\xi_{k,r} \mid \Delta)}{\Delta_1,\ldots,\Delta_n,\ rep(\xi_{k,s} \mid \Delta),\ \neg s \equiv r} \qquad (E_2)$$

$$\text{wobei } \xi_{k,r} =_{x_k} \xi_{k,s} =_{x_k} id$$

$$\xi_{k,r}(x_k) = r;\ \xi_{k,s}(x_k) = s.$$

Beim Begriff des Beweises in $LKK^=$ haben wir analog zu LKK die
Einschränkung, daß Anwendungen der $\wedge$-Regel nicht oberhalb von
Anwendungen der $\exists$-Regel oder der Gleichheitsregeln vorkommen
dürfen. Auch hier benötigen wir beide Regeln (E_1) und (E_2) nur,
um uns eventuell auf normale Ableitungen (für Termordnungen) zurückziehen zu können. Entsprechend wie bei LKK vermerken wir
(mit den gleichen Bezeichnungen wie im letzten Abschnitt, insbesondere seien die Variablen wieder in zwei disjunkte Mengen
X und Y aufgespalten):

2. Satz: Sei φ eine Formel in pränexer disjunktiver Normalform
ohne $\forall$-Quantoren und mit $fr(\varphi) \subseteq X$ und $bd(\varphi) \subseteq Y$. Dann
ist φ genau dann eine Gleichheitstautologie, wenn das
Klausenbild $S(\varphi)$ in $LKK^=$ ableitbar ist.

Beweis: Man verfahre wie in LKK. Es sei nur darauf hingewiesen,
daß wir, obwohl wir mit Mengen von Formeln anstatt mit Folgen
rechnen, keine Regel der Form

$$\frac{rep(\xi_{k,r} \mid \Delta)}{rep(\xi_{k,s} \mid \Delta) \cup \Delta'}$$

$$\text{mit } \Delta' \subseteq rep(\xi_{k,r} \mid \Delta)$$

benötigen, da wir die Konjunktion unterhalb der Gleichheitsregeln anwenden dürfen (das Entsprechende bei der Konjunktion und
der $\exists$-Regel in LKK war verboten!).

Unsere Überlegungen über den Kalkül $LK^=$ aus 4.5 erlauben uns
weiter, auch in $LKK^=$ jeden Beweis durch einen einfachen, regulären und (für eine entsprechende Halbordnung) normalen Beweis

zu ersetzen.

Ab jetzt nehmen wir an, daß alle Beweise in $LKK^=$ einfach sind,
wegen der Resultate aus 4.5 ist dies legitim.

Die Erweiterung des Resolutionskalküls auf die Logik mit Gleichheit geschieht wieder in zwei Teilen: Zuerst erklären wir einen
aussagenlogischen und dann einen allgemeinen Kalkül:

3. Def.: Der aussagenlogische Paramodulationskalkül P_o entsteht
aus dem Resolutionskalkül R_o durch Hinzunahme folgender
Axiome und Regeln:

I. Gleichheitsaxiome:

$$\Delta_1, \ldots, \Delta_n, \ t \equiv t \qquad \text{für jeden Term } t.$$

II. Die Ableitungsregeln:

$$\frac{\Delta_1, \ldots, \Delta_n, \ \Delta \cup \operatorname{rep}(\xi_{k,r} \mid \Gamma)}{\Delta_1, \ldots, \Delta_n, \ \Delta \cup \{\neg r \equiv s\}, \ \operatorname{rep}(\xi_{k,s} \mid \Gamma) \cup \Gamma'} \tag{P_1}$$

und

$$\frac{\Delta_1, \ldots, \Delta_n, \ \Delta \cup \operatorname{rep}(\xi_{k,r} \mid \Gamma)}{\Delta_1, \ldots, \Delta_n, \ \Delta \cup \{\neg s \equiv r\}, \ \operatorname{rep}(\xi_{k,s} \mid \Gamma) \cup \Gamma'} \tag{P_2}$$

wobei

$$\Gamma' \subseteq \operatorname{rep}(\xi_{k,r} \mid \Gamma)$$

und

$$\xi_{k,r} =_{x_k} \xi_{k,s} =_{x_k} \operatorname{id}$$

$$\xi_{k,r}(x_k) = r; \ \xi_{k,s}(x_k) = s.$$

Sowohl im Paramodulationskalkül wie auch in $LKK^=$ treten Ungleichungen in den Konklusionen auf. Dies kommt daher, daß wir, anders als in $LK^=$, einen leeren Antezedenten haben. Gegenüber dem
Resolutionskalkül haben wir auch die Axiome erweitert, in diesem

201

Zusammenhang ist der folgende Sachverhalt nützlich:

4. Satz: Eine Klausenmenge S ist in P_O genau dann ableitbar, wenn endlich viele Terme $t_1,\ldots,t_n$ existieren, so daß

$$S \cup \{\{\neg t_1 \equiv t_1\},\ldots,\{\neg t_n \equiv t_n\}\}$$

in P_O ohne die Gleichheitsaxiome ableitbar ist.

Beweis: Der eine Teil der Behauptung ist trivial. Der andere Teil eigentlich auch: Man benutze statt eines Axioms

$$\Delta_1,\ldots,\Delta_n,\ t \equiv t$$

die Menge

$$\Delta_1,\ldots,\Delta_n,\ t \equiv t,\ \neg t \equiv t,$$

welche in R_O ableitbar ist; durch die Ungleichungen $\neg t \equiv t$ erhält man dann die zusätzlichen Einerklausen.

Wenn der Zusammenhang klar ist, schreiben wir im Folgenden immer Γ_r für $\mathrm{rep}(\xi_{k,r} \mid \Gamma)$. Wir kommen zunächst zur Korrektheit der Paramodulation.

5. Satz: Wenn eine Klausenmenge S mit $\square \notin S$ in P_O ableitbar ist, dann ist S auch in $LKK^=$ ohne die $\exists$-Regel ableitbar.

Beweis: Wir gehen induktiv über die Anzahl der Regelanwendungen in einem P_O-Beweis vor und beschränken uns beim Induktionsschritt auf die Betrachtung der Regel P_1; dabei vernachlässigen wir weiter die Nebenformeln. Es sei also $\Delta \neq \emptyset$, $\Gamma \neq \emptyset$ und $\Delta \cup \Gamma_r$ sei in $LKK^=$ ableitbar. Dann überlegt man sich wie bei LKK, daß sowohl Δ als auch Γ_r in $LKK^=$ ableitbar sind.

Wenn $\Gamma' \subseteq \Gamma_r$, $\Gamma' \neq \emptyset$, so ist auch Γ' in $LKK^=$ ableitbar und wir erhalten durch

$$\frac{\dfrac{\Gamma_r}{\Gamma_s,\ \neg r \equiv s \mid \Gamma'}}{\dfrac{\Gamma_s \cup \Gamma',\ \neg r \equiv s \mid \Delta}{\Gamma_s \cup \Gamma',\ \neg r \equiv s \cup \Delta}}$$

die Paramodulationsregel in $LKK^=$ simuliert.

Die Umkehrung des letzten Satzes, also die Vollständigkeit des Kalküls P_o, ist etwas schwieriger. Dies liegt daran, daß auch die Paramodulationsregeln gewisse Aufgaben der Konjunktion mit übernehmen müssen, denn die Resolutionsregel kann nur komplementäre Paare verteilen, nicht aber durch Gleichungsregeln veränderte Komplemente oder eingeführte Gleichungen. Deshalb werden wir einen dieser Situation angepaßten Normalformensatz für $LKK^=$ beweisen. Dabei werden vor allem solche Ungleichungen, die durch Gleichungsregeln eingeführt wurden, ausgezeichnet.

In 4.1 haben wir die Vorgängerrelation eingeführt. Diese überträgt man ohne Schwierigkeiten auf den Klausenkalkül und erweitert sie entsprechend auf $LKK^=$; die Seitenformeln bei einer Anwendung der Gleichheitsregeln sind dann also direkte Vorgänger der Hauptformeln.

Es sei nun $\mathscr{B}$ ein Beweis in $LKK^=$ mit den Knoten $e_o < \ldots < e_n$, in dem nur die Gleichheitsregeln angewandt wurden. Die Klausenmenge an e_k (bzw. am letzten Knoten e_o) sei $\Delta_1, \ldots, \Delta_m, \neg s \equiv t$ (bzw. $\Gamma_1, \ldots, \Gamma_1, \varphi$).

6. Def.: Eine Ungleichung $\neg s \equiv t$ an e_o heißt eingeführt durch φ an e_k, wenn φ ein Vorgänger von $\neg s \equiv t$ ist vermöge einer Kette $\psi_o, \ldots, \psi_n$ von direkten Vorgängern mit $\psi_o = \neg s \equiv t$ und $\psi_n = \varphi$, in der ein $k \geqslant 0$ existiert, so daß ψ_k die eingeführte Gleichung ist.

Weil wir von Mengen von Formeln sprechen, kann eine Ungleichung durchaus von mehreren Formeln eingeführt sein; die Relation "ist eingeführt durch" beschreibt genau die Reihenfolge, in der die Gleichheitsregeln angewandt werden.

Es sei $\mathscr{B}$ jetzt ein regulärer Beweis in $LKK^=$ ohne Anwendungen von Quantorenregeln von einer Klausenmenge S (vgl. Def. 3 aus 4.5). Dieser Beweis zerfällt dann in zwei Teile: Im oberen Teil werden nur die Gleichheitsregeln, im unteren Teil wird nur die $\wedge$-Regel angewandt. Durch eventuelle Abänderung der Nebenformeln in den Axiomen können wir erreichen, daß die Gleichheitsregeln nur auf Einerklausen angewandt werden. Die Klausenmengen, die am letzten

Knoten des oberen Teils stehen, haben dann die Gestalt

$$\psi_1, \ldots, \psi_n, \; \varphi_1, \; \varphi_2, \; \Delta_1, \ldots \Delta_m$$

bzw.

$$\psi_1, \ldots, \psi_n, \; \varphi_1, \; \Delta_1, \ldots, \Delta_m,$$

wobei die ψ_i, $1 \leqslant i \leqslant n$, eingeführte Ungleichungen sind und φ_1, φ_2 (bzw. φ_1) Vorgänger an den Axiomen haben, die ein komplementäres Paar bilden (bzw. ein Vorgänger von φ_1 eine Gleichung $t \equiv t$ ist). Am untersten Knoten e von $\mathcal{B}$ steht die abgeleitete Klausenmenge S. Es sei

$$\neg s \equiv t \; \varepsilon \; \Delta \; \varepsilon \; S;$$

wir sagen $\neg s \equiv t$ kommt eingeführt in Δ vor, wenn $\neg s \equiv t$ einen Vorgänger am letzten Knoten des oberen Teils von $\mathcal{B}$ hat, der eingeführt vorkommt. Dieser Vorgänger hat natürlich auch wieder die Gestalt $\neg s \equiv t$, aber man beachte, daß verschiedene Vorgänger derselben Ungleichung eingeführt und nicht eingeführt vorkommen können. Am Knoten e besitzt also jede Klause $\Delta \; \varepsilon \; S$ eine Aufspaltung:

$$\Delta = \Delta^1 \cup \Delta^2, \; \Delta^1 \cap \Delta^2 = \emptyset$$

wobei Δ^2 die eingeführten Ungleichungen von Δ enthält.

Durch Umordnen der Konjunktionen können wir jeden Beweis nun so arrangieren:

I.   Im obersten Teil werden nur Gleichheitsregeln angewandt;

II. im mittleren Teil wird die $\wedge$-Regel so angewandt, daß die Seitenformeln keine eingeführten Ungleichungen sind;

III. im letzten Teil werden die restlichen Konjunktionen vorgenommen.

Nach diesen Vorbereitungen können wir die Vollständigkeit des Kalküls P_o zeigen.

7. Satz: Wenn eine Klausenmenge S in $LKK^=$ ableitbar ist, dann ist S auch in P_o ableitbar.

Beweis: Es sei ein Beweis $\mathcal{B}$ von S in der obigen Normalform vorgelegt. An $\mathcal{B}$ nehmen wir eine Reihe von Manipulationen vor:

1) Es sei Δ eine Klause an einem Knoten e und es sei $\varphi \in \Delta$. Wir setzen $\Gamma_{\Delta,\varphi} = \{\psi \mid \psi$ Vorgänger von φ an einem maximalen Knoten$\}$ und $\Pi_{\Delta,\varphi} = \{\psi \mid$ es existiert $\psi' \in \Gamma_{\Delta,\varphi}$; ψ eingeführt durch $\psi'\}$; zu jedem $\psi \in \Pi_{\Delta,\varphi}$ existiert dann eine Klause

$$\Lambda(\psi) = \Lambda(\Delta, \varphi, \psi) \in S$$

der Eigenschaft: ψ ist Vorgänger einer Formel aus $\Lambda(\psi)$.
Es sei wieder Λ^1 der nichteingeführte Teil von $\Lambda(\psi)$.
Es bestehe nun $\mathcal{B}_0$ aus den oberen beiden Teilen von $\mathcal{B}$ (d.h. ohne die Konjunktion der eingeführten Ungleichungen); es sei S_0 die Vereinigung der Klausenmengen an einem minimalen Knoten von $\mathcal{B}_0$. Zu $\varphi \in \Delta \in S_0$ verschaffen wir uns durch Konjunktion

$$\Delta \cup \cup(\Lambda(\Delta, \varphi, \psi) \mid \psi \in \Pi_{\Delta,\varphi}),$$

d.h. wir nehmen zu Δ die nichteingeführten Teile derjenigen Klausen hinzu, in welche die durch Formeln von Δ eingeführten Ungleichungen in Teil III des Beweises $\mathcal{B}$ kommen. Den so erhaltenen Beweis nennen wir $\mathcal{B}_1$.

2) Man eliminiere aus $\mathcal{B}_1$ alle Anwendungen der Gleichheitsregeln und führe die Konjunktion mit den entsprechenden Vorgängern durch; dies ist sinnvoll, weil in $\mathcal{B}_1$ die eingeführten Ungleichungen keine Seitenformeln sind. Weiter ergibt dies einen Beweis $\mathcal{B}_2$ in dem um die Gleichheitsaxiome erweiterten Kalkül LKK.

3) Man transformiere $\mathcal{B}_2$ mit Hilfe von Satz 7 aus 5·3 in einen Beweis $\mathcal{B}_3$ des um die Gleichheitsaxiome erweiterten Kalküls R_0; die so erhaltene Klausenmenge sei $\tilde{S}$.

4. Es sei $\varphi \in \Delta \in \tilde{S}$; auf einen Vorgänger von $\varphi = \varphi_r$ sei eine Gleichheitsregel in $\mathcal{B}$ angewandt worden:

$$\frac{\{\varphi_r, \ldots\}}{\{\varphi_s, \ldots\}, \neg r \equiv s} \qquad \text{(wir unterdrücken die Nebenformeln)}$$

Es sei $\psi = \neg r \equiv s$; dann ist $\Lambda^1(\varphi) \subseteq \Delta$ und $\Lambda^1(\psi) \subseteq \Delta$ und wir schreiben

$$\Delta = \{\varphi_r\} \cup \Gamma \cup \Lambda^1(\varphi) \cup \Lambda^1(\psi)$$

mit:

205

a) $\varphi_r \ \varepsilon \ \Gamma$ genau dann, wenn $\varphi = \varphi_r$ noch einen weiteren Vorgänger in einem anderen Zweig hat, auf den eine andere Gleichung angewandt wurde;

b) $\Lambda^1(\psi) \cap \Gamma \subseteq \cup \ (\Lambda^1(\psi) \ | \ \psi' \ \varepsilon \ \Delta)$.

Wir ersetzen jetzt die Gleichheitsregel durch eine Anwendung der Ableitungsregel in P_o:

$$\frac{\{\varphi_r\} \ \cup \ \Gamma \ \cup \ \Lambda^1(\varphi) \ \cup \ \Lambda^1(\psi)}{\{\varphi_s\} \ \cup \ \Gamma \ \cup \ \Lambda^1(\varphi), \ \Lambda^1(\psi) \ \cup \ \{\neg r \equiv s\}}, \ \psi = \neg r \equiv s.$$

Auf diese Weise erklären wir uns induktiv einen Beweis $\mathscr{B}_4$, indem wir die Paramodulationsregeln in derselben Reihenfolge anwenden, wie die entsprechenden Gleichheitsregeln im Ausgangsbeweis $\mathscr{B}$ Dies ist dann die gesuchte Ableitung im Kalkül P_o.

Wir kommen jetzt zum allgemeinen Paramodulationskalkül. Dieser wird, wie bei der Resolution, aus dem aussagenlogischen Kalkül durch Zulassen von allgemeinsten Unifikatoren entstehen.

8. Def.: Der Paramodulationskalkül P enthält zusätzlich zum Resolutionskalkül noch folgende Axiome und Regeln:

    I. Gleichheitsaxiome:

$$\Delta_1, \ldots, \Delta_n, \ t \equiv t \qquad \text{für jeden Term t.}$$

    II. Ableitungsregeln:

$$\frac{\Delta_1, \ldots, \Delta_n, \ \Delta' \ \cup \ \Gamma'}{\Delta_1, \ldots, \Delta_n, \ \Delta \ \cup \ \{\neg s \equiv r\}, \ \Gamma} \qquad (P^1)$$

$$\frac{\Delta_1, \ldots, \Delta_n, \ \Delta' \ \cup \ \Gamma'}{\Delta_1, \ldots, \Delta_n, \ \Delta \ \cup \ \{\neg r \equiv s\}, \ \Gamma} \qquad (P^2)$$

    wobei für die standardisierenden Substitutionen

$$\xi = \xi_{\Delta \ \cup \ \{\neg s \equiv r\}}, \ \zeta = \zeta_\Gamma$$

gilt:

Es gibt ein $\bar{r}$ und ein $\bar{\Gamma}$ mit

$$\text{rep}(\,\zeta \mid \Gamma) = \text{rep}(\zeta_{k,\bar{r}} \mid \bar{\Gamma}), \quad \zeta_{k,r} =_{x_k} \text{id}, \quad \zeta_{k,r}(x_k) = r;$$

und es gibt einen allgemeinsten Unifikator σ von $\bar{r}$ und $\text{rep}(\xi \mid r)$, so daß für

$$\bar{s} = \text{rep}(\sigma \circ \xi \mid s), \quad \zeta_{k,\bar{s}} =_{x_k} \text{id}, \quad \zeta_{k,\bar{s}}(x_k) = \bar{s}$$

schließlich

$$\Delta' = \text{rep}(\sigma \circ \xi \mid \Delta)$$

und

$$\Gamma' = \text{rep}(\zeta_{k,\bar{s}} \circ \sigma \mid \Gamma)$$

ist.

$$\frac{\Delta_1,\ldots,\Delta_n,\ \text{rep}(\sigma \mid \Delta \cup \Gamma)}{\Delta_1,\ldots,\Delta_n,\ \Delta \cup \Gamma} \qquad (P^3)$$

wobei σ der allgemeinste Unifikator von Δ ist.

Die zu (P^1) und (P^2) gehörigen Testregeln (also die inversen Regeln) heißen auch die Paramodulationsregeln, $\Delta' \cup \Gamma'$ heißt Paramodulante von $\Delta \cup \{\neg s \equiv r\}$ und Γ. Die Regel (P^3) wäre durch eine etwas andere Fassung von (P^1) und (P^2) eliminierbar, aus technischen Gründen haben wir diese Darstellung vorgezogen. In (P^3) heißt $\text{rep}(\sigma \mid \Delta \cup \Gamma)$ auch ein Faktor von $\Delta \cup \Gamma$. Es ist an dieser Stelle nützlich, sich noch einmal den Zusammenhang zwischen Folgenschreibenweise, Mengenschreibenweise, Abschwächungs- und Kontraktionsregel sowie der Faktorenbildung klarzumachen.
Wie der Resolutionskalkül ist auch der Paramodulationskalkül invertierbar, denn wir haben doch den Algorithmus vom allgemeinsten Unifikator. Weiter überlegt man sich sofort: Eine Klausenmenge S ist in P genau dann ableitbar, wenn

$$S \cup \{\neg x_1 \equiv x_1\} \text{ in } P$$

ohne die Gleichheitsaxiome ableitbar ist; d.h., man benötigt zum Testen nur die Ungleichung $\neg x_1 \equiv x_1$. Die Korrektheit von P folgt wieder durch eine leichte Induktion und wird hier übergangen. Um die Vollständigkeit von P zu zeigen, liegt es nahe, wie bei der Resolution vorzugehen, nämlich die Vollständigkeit von P_o auszunutzen und das Liftinglemma für P zu zeigen. Leider ist jedoch das Liftinglemma hier falsch, wie ein Beispiel zeigt. Wir haben

$$P(f(a))$$
$$\overline{\hspace{4cm}} \qquad \text{in } P_o;$$
$$P(f(b)), \neg a \equiv b$$

es sei $P(f(b)) = \text{rep}(\xi \mid P(x))$; $\xi(x) = b$. Dann ist $P(f(a))$ leider keine Paramodulante von $P(x)$ und $\neg a \equiv b$. In einem einfachen Fall ist ein Rettungsversuch möglich, falls nämlich noch die Elementarformel $\neg P(f(a))$ vorhanden ist (woraus man mit $P(f(a))$ die leere Klause als Resolvente erhält). Man könnte dann nämlich den Paramodulationsschritt auslassen und direkt $\square$ aus $P(x)$ und $\neg P(f(a))$ als allgemeine Resolvente erhalten. Auch dieses Verfahren ist nicht immer praktizierbar, weil die Variable x auch mehrfach vorkommen kann und die Gleichungsersetzung nur an gewissen Stellen vorgenommen sein kann. Deshalb wollen wir den Kalkül P_o zuerst so umformen, daß Gleichungsersetzungen von Termen immer an allen Stellen des Vorkommens erfolgen. Es sei im Folgenden "$\preceq$" die lexikographische Ordnung der Terme; diese ist total und fundiert (für eine andere fundierte, totale Termordnung lassen sich die folgenden Überlegungen aber genauso durchführen):

9. Def.: Es sei $s \preceq t$, φ eine Elementarformel und E eine endliche Menge von Ungleichungen.

   (i)   Durch Induktion erklären wir:

$$\varphi_o = \varphi$$

$$\varphi_{n+1} = \begin{cases} \varphi_n & \text{falls } t \text{ nicht in } \varphi_n \text{ vorkommt;} \\[2mm] \varphi_n' & \text{sonst} \end{cases}$$

wobei φ_n' aus φ_n entsteht, indem man das linkeste Vorkommen von t in φ_n durch s ersetzt. Es gibt dann ein minimales n_o mit

$$\varphi_{n_o+1} = \varphi_{n_o}$$

und wir setzen

$$(t,s) * \varphi = \varphi_{n_o}.$$

   (ii) Durch Induktion erklären wir:

$$\varphi_o = \varphi, \quad \varphi_{n+1} = (t, s) * \varphi_n,$$

wobei t der linkeste Term in φ_n, für den $\neg t \equiv s \in E$
oder $\neg s \equiv t \in E$ und $s \prec t$ für ein s gilt; falls
kein solches t existiert, sei $\varphi_{n+1} = \varphi_n$. Es gibt
dann ein minimales n_o mit

$$\varphi_{n_o+1} = \varphi_{n_o},$$

wir setzen

$$E * \varphi = \varphi_{n_o}.$$

Man überlegt sich leicht, daß dies wegen der Fundiertheit von $\prec$
eine korrekte Definition ist (d.h. daß die Folge der φ_n in (i) und
(ii) tatsächlich terminiert).

10. Def.: Die Testregeln der uniformen Paramodulation sind

$$\frac{\Delta \cup \{\neg s \equiv t\}, \{\varphi\} \cup \Gamma}{\Delta \cup \{(t, s) * \varphi\} \cup \Gamma} \quad , \quad \frac{\Delta \cup \{\neg t \equiv s\}, \{\varphi\} \cup \Gamma}{\Delta \cup \{(t, s) * \varphi\} \cup \Gamma} \qquad (U)$$

falls $s \prec t$ ist (wir unterschlagen die Nebenformeln).

Bei der Regel (U) wird also in einer Elementarformel t völlig
durch s ersetzt und erscheint im Ergebnis nicht mehr. Unser Ziel
ist, die Paramodulation durch die uniforme Paramodulation zu ersetzen, weil wir für diese einen hinreichend starken Ersatz für
das Liftinglemma werden zeigen können. Dazu betrachten wir zunächst Klausenmengen S, die nur Einerklausen enthalten. Im Folgenden werden wir häufig ausnutzen, daß alle in $LKK^=$ ableitbaren
Klausenmengen auch normale Beweise haben. Im deduktiven System
P müssen wir natürlich statt (U) die zu (U) inverse (deduktive)
Regel betrachten.

11. Def.: Eine Menge $E = \{\neg s_i \equiv t_i \mid 1 \leqslant i \leqslant n\}$ heißt reduziert,
falls für alle $i \neq j$ gilt:

(i) $s_i \prec t_i$;

(ii) t_i ist kein Subterm von t_j

(insbesondere ist auch $t_i \neq t_j$).

Es sei nun eine Herleitung einer Einerklausenmenge S in LKK$^=$ ohne
Gleichheitsaxiome gegeben (wir beschränken uns auf diesen Fall);
S = φ_1, φ_2, ψ_1,...,ψ_k. Dabei seien φ_1, φ_2 aus einem komplementären
Paar φ_1, φ_2 von Elementarformeln entstanden; weiter sei

$$E = \{\psi_1,...,\psi_k\}$$

die Menge der eingeführten Ungleichungen, E enthält o.B.d.A. nur
Ungleichungen ¬s $\equiv$ t mit s $\prec$ t.

12. Satz: Es existieren ψ_1',...,ψ_m' und eine Herleitung von

$$S' = \{\varphi_1,\ \varphi_2,\ \psi_1',...,\psi_m'\},$$

so daß die Menge E' = $\{\psi_1',...,\psi_m'\}$ der eingeführten Ungleichungen reduziert ist; E' enthält höchstens so viele Elemente wie E und E' kann aus E durch Anwendung der
*-Operation erhalten werden.

Beweis: Wenn ¬s $\equiv$ t, ¬u $\equiv$ v ϵ E, und v ein Subterm von t ist, so
lassen sich alle Ableitungsschritte auch mit ¬u $\equiv$ v und
(v, u) * (¬s $\equiv$ t) durchführen. Auf diese Weise erhält man schrittweise das gesuchte E'.

13. Satz: Jede in LKK$^=$ aussagenlogisch herleitbare Einerklausenmenge S ist mit Hilfè der zu (U) inversen Ableitungsregel herleitbar.

Beweis: Wir gehen induktiv über die Anzahl der Menge E der in der
Ableitung von S eingeführten Ungleichungen vor. Der Induktionsanfang E = $\emptyset$ ist klar. Es enthalte nun E gerade n Elemente. Nach dem
letzten Satz können wir E als reduziert annehmen. Es sei nun
¬s $\equiv$ t ϵ E, s $\prec$ t und t sei in der Ordnung $\prec$ minimal für diese
Eigenschaft. Wir betrachten

$$S' = \{(t,s) * \psi \mid \psi \neq \text{¬s} \equiv t, \psi \epsilon E\} \cup \{E * \varphi_1, E * \varphi_2\};$$

S' $\cup$ ¬s $\equiv$ t ist in LKK$^=$ ableitbar und hat demnach einen normalen
Beweis. Nach Konstruktion ist für jede eingeführte Ungleichung
¬u $\equiv$ v ϵ E, u $\prec$ v aber (t,s) * (¬u $\equiv$ v) = ¬u' $\equiv$ v, v bleibt also
unverändert. Durch eine leichte Induktion überzeugt man sich jetzt,
daß in einer normalen Ableitung ¬s $\equiv$ t niemals die eingeführte Ungleichung sein kann. Daher ist also auch S' $\setminus$ {¬s $\equiv$ t} in LKK$^=$ ableitbar und hat nach Induktionsvoraussetzung einen Beweis mit der

zu (U) inversen Regel, woraus die Behauptung folgt.

Bevor wir die uniforme Paramodulation für beliebige Klausenmengen S untersuchen, analysieren wir das oben erwähnte Fehlschlagen des Liftinglemmas für die Paramodulation etwas genauer. Dazu betrachten wir die Ausgangssituation des Liftinglemmas. Es seien $\tilde{C}$ und $\tilde{D}$ zwei Klausen,

$$\tilde{\varphi} \; \varepsilon \; \tilde{C}, \; \neg\tilde{s} = \tilde{t} \; \varepsilon \; \tilde{D} \text{ und } \tilde{E} = (\tilde{C} \smallsetminus \{\tilde{\varphi}\}) \; \cup \; \{\varphi'\} \; \cup \; (\tilde{D} \smallsetminus \{\neg\tilde{s} = \tilde{t}\})$$

eine (aussagenlogische) Paramodulante von $\tilde{C}$ und $\tilde{D}$, wobei φ' aus $\tilde{\varphi}$ durch Ersetzung von $\tilde{s}$ durch $\tilde{t}$ (an einer gewissen Stelle) entstehe. Weiter seien C und D zwei Klausen, $\varphi \; \varepsilon \; C$, $\neg s = t \; \varepsilon \; D$, und seien ξ_1, ξ_2 Substitutionen mit:

$$\mathrm{rep}(\xi_1 \mid C) \subseteq \tilde{C}, \; \mathrm{rep}(\xi_1 \mid \varphi) = \tilde{\varphi},$$

$$\mathrm{rep}(\xi_2 \mid D) \subseteq \tilde{D}, \; \mathrm{rep}(\xi_2 \mid \neg s = t) = \neg\tilde{s} = \tilde{t}.$$

Der Einfachheit halber sei $\mathrm{Var}(C) \cap \mathrm{Var}(D) = \emptyset$, so daß wir o.B.d.A. die standardisierenden Substitutionen unterschlagen und $\xi_1 = \xi_2 = \xi$ annehmen können. Wir veranschaulichen die Situation im Diagramm:

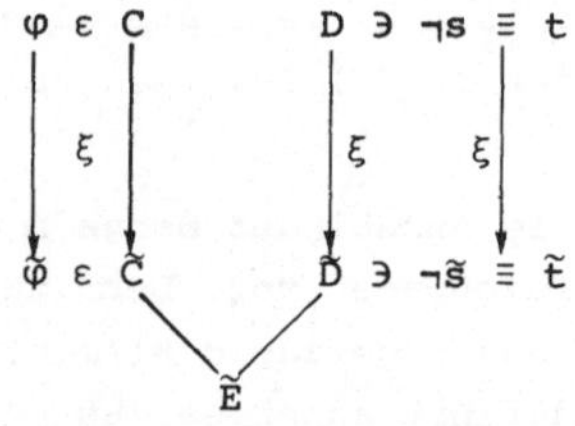

14. Satz: Es tritt mindestens einer der drei folgenden Fälle ein:

    a) Es gibt eine Paramodulante E von C und D sowie eine Substitution ξ mit $\mathrm{rep}(\xi \mid E) \subseteq \tilde{E}$ (d.h. die aussagenlogische Paramodulation kann "hochgehoben", "geliftet" werden).

    b) Es gibt eine Substitution $\bar{\xi}$ mit $\mathrm{rep}(\bar{\xi} \mid C) \subseteq \tilde{E}$.

    c) Es gibt eine Variable $x \; \varepsilon \; \mathrm{Var}(\varphi)$, die in C mindestens zweimal vorkommt, und einen echten Oberterm $\bar{s}$ von $\tilde{s}$ mit $\xi(x) = \bar{s}$.

Beweis: Wir nehmen zunächst an, daß ein Term w in φ existiert, so daß (für die betrachtete Stelle) $\tilde{s} = \mathrm{rep}(\xi \mid w)$ gilt. (Wenn wir von "der betrachteten Stelle" sprechen, könnten wir dies, wie wir es schon mehrfach vorgeführt haben, durch Einführung geeigneter Substitutionen präzisieren). Wegen der Regel (P^3) ist es keine Einschränkung anzunehmen, daß die Ungleichung $\neg\tilde{s} \equiv \tilde{t} \in \tilde{D}$ in D unter ξ nur das Urbild $\neg s \equiv t$ hat. Wegen

$$\tilde{s} = \mathrm{rep}(\xi \mid w) = \mathrm{rep}(\xi \mid s)$$

gibt es den allgemeinsten Unifikator σ von w und s; wir bilden die Paramodulante E von C und D, indem wir an der betrachteten Stelle $\mathrm{rep}(\sigma \mid w) = \mathrm{rep}(\sigma \mid s)$ durch $\mathrm{rep}(\sigma \mid t)$ ersetzen. Weil ξ auch ein Unifikator von s und w ist, gibt es ein $\tilde{\xi}$ mit $\xi = \tilde{\xi} \circ \sigma$; somit erhalten wir $\mathrm{rep}(\tilde{\xi} \mid E) \subseteq \tilde{E}$ und der Fall a) tritt ein.

Wenn an der betrachteten Stelle kein geeigneter Term w in φ existiert, muß es eine Variable $x \in \mathrm{Var}(\varphi)$ und einen echten Oberterm $\tilde{\sigma}$ von $\tilde{s}$ in φ mit $\xi(x) = \bar{s}$ geben, denn $\tilde{s}$ kommt ja im Substitutionsergebnis $\tilde\varphi = \mathrm{rep}(\xi \mid \varphi)$ vor. Falls diese Variable x in C nur einmal vorkommt, setzen wir

$$\bar{\xi}(y) = \begin{cases} \xi(y) & \text{für } y \neq x \\[2mm] \bar{\bar{s}} & \text{sonst} \end{cases}$$

wobei $\bar{\bar{s}}$ aus $\bar{s}$ durch Ersetzung von $\tilde{s}$ durch $\tilde{t}$ (an der betrachteten Stelle) entsteht, wodurch wir $\mathrm{rep}(\bar{\xi} \mid C) \subseteq \tilde{E}$ erhalten. Es liegt jetzt also einer der Fälle a) oder b) vor und die Behauptung ist gezeigt.

Als erste Folgerung dieser Überlegung erhalten wir:

15. Satz: Es sei in der lexikographischen Ordnung $\tilde{t} \prec \tilde{s}$ und es seien drei Formeln φ, $\tilde\varphi$, $\neg s \equiv t$ und eine Substitution ξ mit $\mathrm{rep}(\xi \mid \varphi) = \tilde\varphi$, $\mathrm{rep}(\xi \mid \neg s \equiv t) = \neg\tilde{s} \equiv \tilde{t}$ sowie $\mathrm{Var}(\neg s \equiv t) \cap \mathrm{Var}(\varphi) = \emptyset$ gegeben. Dann existiert eine Formel $\bar\varphi$, die sich aus φ und $\neg s \equiv t$ mit Hilfe der Paramodulationsregeln herleiten läßt sowie eine Substitution $\bar{\xi}$ mit $(s,t) * \tilde\varphi = \mathrm{rep}(\bar{\xi} \mid \bar\varphi)$.

Beweis: $(s,t) * \tilde\varphi$ wurde in Def.9 über eine Folge $\tilde\varphi_n$ erklärt. Dabei war $\tilde\varphi_0 = \tilde\varphi$ und $\tilde\varphi_{n+1}$ war eine (aussagenlogische) Paramodulante von

$\tilde{\varphi}$ und $\neg \tilde{s} = \tilde{t}$. Durch Induktion erklären wir uns jetzt eine Folge $\langle \varphi_n, \varphi'_n, \xi_n \rangle$: Es sei $\varphi_0 = \varphi$, $\varphi'_0 = \tilde{\varphi}$, $\xi_0 = \xi$; falls $\tilde{s}$ in φ'_n nicht vorkommt, sei $\langle \varphi_{n+1}, \varphi'_{n+1}, \xi_{n+1} \rangle = \langle \varphi_n, \varphi'_n, \xi_n \rangle$. Andernfalls ersetzen wir das linkeste Vorkommen von $\tilde{s}$ in φ'_n, welches uns ein φ''_n liefert, und schauen uns an, welcher der drei Fälle des letzten Satzes bei der Paramodulation

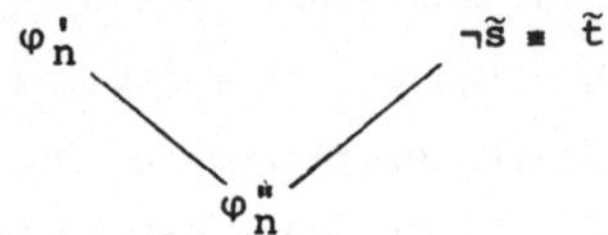

vorliegt. Wenn a) eintritt, läßt sich die Paramodulation "hochheben" und wir erhalten ein neues Tripel

$$\langle \varphi_{n+1}, \varphi'_{n+1}, \xi_{n+1} \rangle$$

mit

$$\varphi'_{n+1} = \varphi''_n.$$

In den Fällen b) und c) setzen wir $\varphi_{n+1} = \varphi_n$, ändern aber immer die Substitutuion zu einem ξ_{n+1} (wie im letzten Satz nur bei Fall b)) und setzen $\varphi'_{n+1} = \text{rep}(\xi_{n+1} \mid \varphi_n)$. Weil

$$(s, t) * \varphi'_n = (s, t) * \tilde{\varphi}$$

für jedes n gilt und $t \prec s$ war, wird die Folge schließlich ab einem n_0 konstant, was uns die gesuchten Größen $\bar{\varphi} = \varphi_{n_0}$ und $\bar{\xi} = \xi_{n_0}$ liefert.

Zusammen mit Satz 13 erhalten wir hieraus noch:

Korollar: Wenn S in $\text{LKK}^=$ so herleitbar ist, daß die der Mittelsequenz entsprechende Klausenmenge S_0 aus lauter Einerklausen besteht, dann ist S im Paramodulationskalkül P herleitbar.

Schließlich erhalten wir:

16. Satz: Der Paramodulationskalkül ist vollständig.

Beweis: Wenn S durch einen Beweis $\mathscr{B}$ in $\text{LKK}^=$ herleitbar ist, sei $S_{\mathscr{B}}$ die der Mittelsequenz entsprechende Klausenmenge; ferner sei

$\mathcal{B}_o$ so gewählt, daß die Komplexität $k(S_{\mathcal{B}_o}) \leqslant k(S_{\mathcal{B}})$ ist für alle LKK$^=$-Beweise $\mathcal{B}$ von S (vgl. Def.1(iii) aus 5.3). Wir setzen $S_o = S_{\mathcal{B}_o}$ und (nach D.Lankford) $\|S\| = k(S_o)$.

Die Klausenmenge S_o hat eine Herleitung im aussagenlogischen Paramodulationskalkül P_o. Es gilt nun, den P_o-Beweis von S_o so zu arrangieren, daß er sich zu einem P-Beweis von S "hochheben" läßt. In Satz 14 haben wir zwei Möglichkeiten gesehen, die Paramodulation hochzuheben:

a) Durch Bildung einer P-Paramodulante und Konstruktion einer Substitution mit Hilfe des Satzes vom allgemeinsten Unifikator;

b) durch Abänderung der Substitution.

Durch Indikation über $\|S\|$ zeigen wir nun: S_o besitzt einen P-Beweis $\tilde{\mathcal{B}}_o$, der nur die uniforme Paramodulation benutzt (insbesondere sind also alle Gleichungsersetzungen normal für die lexikographische Ordnung) und es existiert ein P-Beweis $\tilde{\mathcal{B}}$ von S, so daß es für jede Klause Δ_o an einem Knoten $\tilde{\mathcal{B}}_o$ eine Klause Δ_o' an einem Vorgänger dieses Knotens sowie eine Klause Δ an einem Knoten von $\tilde{\mathcal{B}}$ und eine Substitution ξ mit $\mathrm{rep}(\xi \mid \Delta) \subseteq \Delta_o'$ gibt (d.h. der Beweis $\tilde{\mathcal{B}}_o$ kann hochgehoben werden). Dabei soll von den beiden Möglichkeiten des Hochhebens immer a) gewählt werden, wenn dies möglich ist. Den Induktionsanfang liefern Satz 13 und das Korollar zu Satz 15. Wir haben uns beim Induktionsschritt mit dem Fall zu beschäftigen, daß es eine Klause $\Delta \in S_o$ gibt, welche mehr als eine Formel enthält. Es sei $\varphi \in \Delta$; wir bilden:

$$S_o^1 = (S_o \smallsetminus \{\Delta\}) \cup \{\Delta \smallsetminus \{\varphi\}\}$$

$$S_o^2 = (S_o \smallsetminus \{\Delta\}) \cup \{\{\varphi\}\}.$$

Es gibt endlich viele Substitutionen ξ_i, $1 \leqslant i \leqslant m$, so daß jedes $\Gamma \in S_o$ von der Gestalt $\mathrm{rep}(\xi_i \mid \overline{\Gamma})$ für ein i und ein $\overline{\Gamma} \in S$ ist, insbesondere ist dies für $\Gamma = \Delta \in S_o$ der Fall. Wir spalten $\overline{\Delta}$ auf:

$$\overline{\Delta} = \Delta_1 \cup \Delta_2,$$

$$\mathrm{rep}(\xi_i \mid \Delta_1) = \Delta \smallsetminus \{\varphi\}, \; \mathrm{rep}(\xi_i \mid \Delta_2) = \varphi$$

und setzen

$$S_1 = \begin{cases} S \cup \{\Delta_1\}, & \text{falls es } \Gamma \in S_o, \ \Gamma \neq \Delta \text{ und ein} \\ & j \text{ mit } \Gamma = \text{rep}(\xi_j \mid \bar{\Delta}) \text{ gibt;} \\[2ex] (S \smallsetminus \{\bar{\Delta}\}) \cup \{\Delta_1\} & \text{sonst.} \end{cases}$$

$$S_2 = \begin{cases} S \cup \{\Delta_2\}, & \text{falls es } \Gamma \in S_o, \ \Gamma \neq \Delta \text{ und ein } j \\ & \text{mit } \Gamma = \text{rep}(\xi_j \mid \bar{\Delta}) \text{ gibt;} \\[2ex] (S \smallsetminus \{\bar{\Delta}\}) \cup \{\Delta_2\} & \text{sonst.} \end{cases}$$

Dann sind S_1 und S_2 ableitbar und es ist $\|S_1\| < \|S\|$, $\|S_2\| < \|S\|$; auf S_1 und S_2 trifft also die Induktionsvoraussetzung zu. Wir haben daher eine Ableitung $\bar{\mathcal{B}}_o$ von S_o^1 mit der uniformen Paramodulation (genauer: mit der zur Testregel (U) inversen Regel), die wir auf unsere spezielle Art zu einer Ableitung $\bar{\mathcal{B}}$ von S_1 im Kalkül (P) hochheben können. In $\bar{\mathcal{B}}_o$ ersetzen wir jetzt $\Delta \smallsetminus \{\varphi\}$ wieder durch Δ und konstruieren uns (von unten nach oben) einen Baum $\mathcal{B}_o'$, in dem an den entsprechenden Stellen φ zusätzlich vorkommt; dies ist deshalb i.A. noch kein Beweis von S_o. Um $\mathcal{B}_o'$ hochheben zu können, ändern wir $\mathcal{B}_o'$ an den Stellen, an denen das Hochheben durch Änderung der Substitution geschah, so ab, daß die uniformen Paramodulationen evtl. auch in der Formel φ durchgeführt werden. Als Resultat erhalten wir ein $\mathcal{B}_o''$, welches am maximalen Knoten statt $\square$ evtl. eine Klause der Gestalt $\{\varphi_1, \ldots, \varphi_k\}$ hat, wobei die φ_i Vorgänger der Formel φ sind. Der hochgehobene Beweis sei $\mathcal{B}'$; am maximalen Knoten von $\mathcal{B}'$ stehe die Klause Γ mit

$$\text{rep}(\xi \mid \Gamma) = \{\varphi_1, \ldots, \varphi_k\}$$

für ein ξ. Die Indizierung der $\varphi_1, \ldots, \varphi_k$ sei so gewählt, daß wir $\varphi_i \prec \varphi_j$ für $j < i$ haben ($\prec$ ist die lexikographische Ordnung). Durch uniforme Paramodulation verschaffen wir uns nun $\{\varphi_2, \ldots, \varphi_k\}$ als Vorgänger von $\{\varphi_1, \ldots, \varphi_k\}$. Dies ist möglich, da wir uns aus $\Gamma_1 \cup \{\neg r \equiv t\}$ und $\Gamma_2 \cup \{\neg r \equiv s\}$ auch $\Gamma_1 \cup \Gamma_2 \cup \{\neg s \equiv t\}$ verschaffen können; $\Gamma_1 \cup \Gamma_2$ wird wie in $\mathcal{B}_o''$ eliminiert. So erhalten wir ein $\mathcal{B}_o'''$; eine analoge Überlegung wie beim Übergang von $\mathcal{B}_o'$ zu $\mathcal{B}_o''$ liefert uns schließlich ein $\mathcal{B}_o^{(IV)}$, welches sich hochheben läßt und am maximalen Knoten eine Klause der Form $\{\varphi_1', \ldots, \varphi_m'\}$ hat. Da $\varphi_i' \prec \varphi_1$ für jedes i in der lexikographischen Ordnung ist, bricht

dieses Verfahren bei Iteration in endlich vielen Schritten ab und
wir erhalten eine Ableitung von S_o aus $\tilde{S}_o^2 = (S_o^2 \smallsetminus \{\varphi\}) \cup \{\{\psi\}\}$
für ein ψ, welche sich hochheben läßt. Man sieht leicht, daß $\tilde{S}_o^2$
ableitbar ist. Da wir jetzt die Induktionsvoraussetzung anwenden
können, erhalten wir schließlich unsere gesuchten Beweise im P_o-
und im P-Kalkül.

Bei diesem Beweis haben wir die Beziehung zwischen P_o- und P-Be-
weisen sowie die Existenz von Gentzen's Mittelsequenz ausgenützt.
Es ist in diesem Zusammenhang sehr nützlich, sich klarzumachen,
warum ein Vollständigkeitsbeweis für die Resolution oder die Paramodulation ohne Bezug auf die Mittelsequenz (bzw. den Satz von
Herbrand), der etwa nach der Tableaumethode und nur durch Induk-
tion über $\|S\|$ arbeitet, scheitert.

Abschließend weisen wir noch einmal darauf hin, daß die Paramodulation wie die Resolution in der Regel zum Test auf Widersprüch-
lichkeiten verwandt wird, nicht wie bei uns als Tautologietest.
Der Unterschied ist wieder rein formaler Natur. Weil wir uns alle
Operationen im Sukzedenten vorgenommen denken, wird aber nicht nur
das "Komma" dual gelesen, sondern es werden auch in den Regeln
statt Ungleichungen Gleichungen verwandt. Zur Paramodulation vergleiche man auch G. Robinson - L. Wos [Ro-Wo], D. Brand [Br] und
D. Lankford - M.M. Richter [La-Ri] sowie M.M. Richter [Ri].

5.5 Reduktionssysteme

Wir wollen die Tableaumethode für $LK^=$ auf die Frage der Ableitbarkeit aus einer Formelmenge anwenden. Genauer gesagt interes-
siert uns: Wann ist $\forall(s_1 \equiv t_1), \ldots, \forall(s_n \equiv t_n) \rightarrow \forall(s \equiv t)$ ableitbar? ($\forall\varphi$ war die universelle Hülle von φ). Dies ist genau dann
der Fall, wenn es endlich viele Gleichungen $s_i^k \equiv t_i^k$, $1 \leq i \leq n$,
$1 \leq k \leq m$, gibt, so daß $s_i^k \equiv t_i^k$ ein Substitutionsergebnis von
$s_i \equiv t_i$ ist und wenn man diese Gleichungen so auf s und t anwenden kann, daß man in beiden Fällen das gleiche Ergebnis erhält.
Probleme dieser Art sind in der Algebra häufig, z.B. sind die
Axiome der Gruppen- oder Ringtheorie universell quantifizierte
Gleichungen. Wir erinnern uns daran, daß bei vorgegebener Term-

ordnung "$\propto$" alle Ableitungen unserer Sequenz als $\propto$-normal angenommen werden können, wir also bei der Konstruktion des Tableau's keine Termersetzungen von u durch v mit $u \propto v$ vorzunehmen haben; Normalität haben wir auch im letzten Abschnitt benutzt. Nichtsdestoweniger kann auch bei fundierter, totaler Termordnung das Tableau unendlich werden, weil wir ja im Antezedenten alle Termersetzungen ausprobieren müssen. Dies kann zu sehr unerwünschten Situationen führen. Es seien etwa ξ und ζ zwei Substitutionen dann ist $\mathrm{rep}(\xi \mid s) \propto \mathrm{rep}(\xi \mid t)$ und $\mathrm{rep}(\zeta \mid t) \propto \mathrm{rep}(\zeta \mid s)$ durchaus möglich; die Termordnung kann also keine durch Substitutionen verschleierte Zirkelersetzung verhindern. Die folgenden Begriffsbildungen sind durch diese Problematik motiviert. Dabei unterschlagen wir im Antezedenten alle Kontraktionen und Permutationen, d.h. wir sprechen wieder von Mengen statt von Folgen.

1. Def.: Ein Reduktionssystem $\mathscr{R}$ ist eine endliche Menge von geordneten Paaren von Termen $\{ \langle s_i, t_i \rangle \mid 1 \leqslant i \leqslant n \}$; $\mathscr{R}$ heißt aussagenlogisch, wenn die s_i und t_i keine Variablen enthalten.

2. Def.: (i) Für ein Reduktionssystem $\mathscr{R}$ und zwei Terme s und t gilt $s \xrightarrow{\mathscr{R}} t$ genau dann, wenn $\langle s_i, t_i \rangle \in \mathscr{R}$, Substitutionen ξ, ξ_k, ζ_k und ein Term r existieren mit

$$s = \mathrm{rep}(\xi_k \mid r), \quad t = \mathrm{rep}(\zeta_k \mid r), \quad \xi_k =_{x_k} \zeta_k =_{x_k} \mathrm{id},$$

$$\xi_k(x_k) = \mathrm{rep}(\xi \mid s_i), \quad \zeta_k(x_k) = \mathrm{rep}(\xi \mid t_i)$$

sowie $x_k \in \mathrm{Var}(r)$. (Das heißt: man ersetze einen Subterm von s, der Substitutionsergebnis von s_i unter ξ ist durch das Substitutionsergebnis von t_i unter demselben ξ und erhält so t).

(ii) $\xrightarrow[\mathscr{R}]{*}$ ist der transitive Abschluß von $\xrightarrow{\mathscr{R}}$, d.h. $s \xrightarrow[\mathscr{R}]{*} t$ gilt genau dann, wenn $s_1, \ldots, s_n$ mit $s_1 = s$, $s_n = t$ und $s_i \xrightarrow{\mathscr{R}} t_i$ für $1 \leqslant i \leqslant n$ existieren.

Ein Reduktionssystem erlaubt also auch modulo Substitutionen nur Übergänge in einer Richtung. Die Reduktionssysteme haben eine gewisse Verwandtschaft mit den Grammatiken bei den formalen Sprachen;

neben der Möglichkeit von Substitutionen besteht der Hauptunterschied darin, daß man bei den formalen Sprachen freie Monoide betrachtet, während wir es mit Termalgebren beliebiger Signatur zu
tun haben.

3. Def.: (i) $L(s,\mathcal{R}) = \{t \mid s \overset{*}{\underset{\mathcal{R}}{\rightarrow}} t\}$;

     (ii)   s heißt irreduzibel bezüglich $\mathcal{R}$, wenn
        $L(s,\mathcal{R}) = \emptyset$ ist;

     (iii) $\mathcal{R}$ besitzt die Church-Rosser-Eigenschaft CR, wenn
        für alle s und alle t_1, $t_2 \in L(s,\mathcal{R})$ die Beziehung
        $L(t_1,\mathcal{R}) \cap L(t_2,\mathcal{R}) \neq \emptyset$ gilt;

     (iv) $\mathcal{R}$ heißt fundiert, wenn es keine unendlichen Ketten
        $s_n \underset{\mathcal{R}}{\rightarrow} s_{n+1}$, $n \in N$ gibt.

Für die Irreduzibilität vergleiche man die analoge Begriffsbildung
der Reduzierbarkeit aus Def. 11 in Abschnitt 5.4.

Die Fundiertheit läßt sich hier auch so beschreiben: Für alle s
ist $L(s,\mathcal{R})$ endlich und es gilt $s \notin L(s,\mathcal{R})$. Wenn $\mathcal{R}$ fundiert ist
und CR hat, dann gibt es zu jedem Term s einen eindeutig bestimm-
ten irreduziblen Term s* mit $s \overset{*}{\underset{\mathcal{R}}{\rightarrow}} s^*$. Unser anfängliches Problem
hätten wir nun sehr schön gelöst, wenn wir die Menge Σ von univer-
sell quantifizierten Gleichungen durch ein fundiertes Reduktions-
system $\mathcal{R}$ mit CR ersetzen könnten, so daß $\Sigma \rightarrow \forall (s = t)$ genau dann
ableitbar ist, wenn s* = t* ist. Dies würde uns sogar einen Entscheidungsalgorithmus liefern, aber leider können wir dies im allgemeinen nicht erreichen. Wir wählen nämlich eine Sprache, in der
wir die Axiome der Gruppentheorie ausdrücken können und noch weitere endlich viele Konstantensymbole a_i, $1 \leqslant i < m$ haben. Wenn
dann Σ die (endliche) Menge der universell quantifizierten Grup-
penaxiome zusammen mit weiteren endlich vielen Gleichungen ohne
freie Variable ist, dann heißt unser Problem auch das Wortproblem
für Σ und dies ist bei geeigneter Wahl von Σ unentscheidbar (vgl.
Novikov [No], Boone [Boo]). Für spezielle Fälle können die Reduktionssysteme dennoch nützlich sein.

Ohne Beweis vermerken wir, daß für Reduktionssysteme auch die Fundiertheit und CR algorithmisch unentscheidbar sind, daß jedoch

ein Algorithmus existiert, der für aussagenlogisches $\mathcal{R}$ die Fundiertheit entscheidet (D. Lankford, vgl. auch [Bü]). Wenn $\mathcal{R}$ fundiert ist, sieht manches günstiger aus.

4. Satz: Es existiert ein Algorithmus, der für jedes fundierte Reduktionssystem $\mathcal{R}$ entscheidet, ob $\mathcal{R}$ die Church-Rosser-Eigenschaft CR hat.

Beweis: Wir führen den Beweis in drei Schritten:

a) $\mathcal{R}$ hat CR genau dann, wenn für alle s gilt: Aus $s \xrightarrow{\mathcal{R}} t_1$ und $s \xrightarrow{\mathcal{R}} t_2$ folgt die Existenz eines t mit $t_1 \xrightarrow{*}{\mathcal{R}} t$ und $t_2 \xrightarrow{*}{\mathcal{R}} t$. Ein Teil der Behauptung ist klar, für die Umkehrung genügt es, für jeden nicht irreduziblen Term s zu zeigen, daß $L(s,\mathcal{R})$ genau einen irreduziblen Term enthält. Wir gehen induktiv über die (endliche!) Anzahl $| L(s,\mathcal{R}) |$ der Terme in $L(s,\mathcal{R})$ vor und zeigen nur den Induktionsschritt. Es sei also

$$s \xrightarrow{\mathcal{R}} s_1 \xrightarrow{*}{\mathcal{R}} s^*$$

und

$$s \xrightarrow{\mathcal{R}} t_1 \xrightarrow{*}{\mathcal{R}} t^*$$

mit s* und t* irreduzibel. Nach Voraussetzung existiert ein w mit $s_1 \xrightarrow{*}{\mathcal{R}} w$ und $t_1 \xrightarrow{*}{\mathcal{R}} w$; weil $\mathcal{R}$ fundiert ist, können wir w als irreduzibel annehmen. Da nun

$$| L(s_1,\mathcal{R}) | \, , \, | L(t_1,\mathcal{R}) | < | L(s,\mathcal{R}) |$$

ist, gibt es nach Induktionsvoraussetzung in $L(s_1,\mathcal{R})$ und $L(t_1,\mathcal{R})$ jeweils nur einen irreduziblen Term, woraus wir $s^* = t^* = w$ erhalten.

b) $\mathcal{R}$ hat CR genau dann, wenn für alle $\langle s, t\rangle \in \mathcal{R}$ und alle Substitutionen ξ die Behauptung für $rep(\xi \mid s)$ gibt. Dazu haben wir für ein beliebiges s wegen a) nur in der Situation $s \xrightarrow{\mathcal{R}} s_1$, $s \xrightarrow{\mathcal{R}} s_2$ ein $\tilde{s}$ mit $s_i \xrightarrow{*}{\mathcal{R}} \tilde{s}$ zu finden. Diesmal gehen wir induktiv über den Termaufbau von s vor. Wenn s eine Konstante oder eine Variable ist, muß dann s ein Substitutionsergebnis eines s' mit $\langle s', t'\rangle \in \mathcal{R}$ für geeignetes t' sein (s' ist natürlich dann auch eine Variable). Es sei nun $s = f(t_1,\ldots,t_n)$. Dann können wir entweder auf s wieder die Voraussetzung anwenden oder wir können schreiben:

$$s_1 = f(t_1', \ldots, t_n')$$
$$s_2 = f(t_1'', \ldots, t_n'').$$

Weil aber die t_i aus einer kleineren Schicht als s sind, liefert die Induktionsvoraussetzung für $1 < i \leqslant n$ ein t_i mit $t_i' \overset{*}{\underset{\mathcal{R}}{\rightarrow}} \tilde{t}_i$ und $t_i'' \overset{*}{\underset{\mathcal{R}}{\rightarrow}} \tilde{t}_i$, woraus wir das gesuchte $\tilde{s} = f(\tilde{t}_1, \ldots, \tilde{t}_n)$ erhalten.

Wir haben die Behauptung noch für alle $\mathrm{rep}(\xi \mid s)$, für die ein t mit $\langle s, t \rangle \in \mathcal{R}$ existiert, nachzuprüfen und möchten uns dabei auf endlich viele Substitutionen ξ zurückziehen. Dazu bemerken wir zunächst: Wenn $s \underset{\mathcal{R}}{\rightarrow} t$ vermöge einer Reduktion $\langle s_1, t_1 \rangle$ und wenn λ eine Substitution ist, so gilt auch

$$\mathrm{rep}(\lambda \mid s) \underset{\mathcal{R}}{\rightarrow} \mathrm{rep}(\lambda \mid t)$$

vermöge derselben Reduktion $\langle s_1, t_1 \rangle$, denn wenn man in s einen Term $\mathrm{rep}(\xi \mid s_1)$ durch $\mathrm{rep}(\xi \mid t_1)$ ersetzt, so ersetzt man in $\mathrm{rep}(\lambda \mid s)$ den Term $\mathrm{rep}(\lambda \circ \xi \mid s_1)$ durch $\mathrm{rep}(\lambda \circ \xi \mid t_1)$. Betrachten wir nun $\langle s, t \rangle \in \mathcal{R}$ und nehmen wir an, daß wir für ein ξ auf $u = \mathrm{rep}(\xi \mid s)$ eine Reduktion $\langle s_1, t_1 \rangle$ anwenden können, daß wir damit einen Subterm u' von u, $u' = \mathrm{rep}(\xi \mid s')$, s' Subterm von s, und eine Substitution ζ mit $u' = \mathrm{rep}(\zeta \mid s_1)$ haben. Nach Anwendung von standardisierenden Substitutionen, die wir hier unterschlagen (wir nehmen dann $\xi = \zeta$ an), sind also s' und s_1 unifizierbar; der allgemeinste Unifikator von s' und s_1 sei σ. Es gibt dann ein λ mit $\xi = \zeta = \lambda \circ \sigma$. Aus unserer obigen Bemerkung schließen wir nun:

$$\mathrm{rep}(\sigma \mid s) \overset{*}{\underset{\mathcal{R}}{\rightarrow}} w$$

impliziert

$$\mathrm{rep}(\xi \mid s) = \mathrm{rep}(\lambda \circ \sigma \mid s) \overset{*}{\underset{\mathcal{R}}{\rightarrow}} \mathrm{rep}(\lambda \mid w);$$

wenn mithin auf $\mathrm{rep}(\sigma \mid s)$ die Church-Rosser-Eigenschaft zutrifft, so auch auf $\mathrm{rep}(\xi \mid s)$. Von den betrachteten Unifikatoren σ existieren aber nur endlich viele, die wir mit dem Unifikationsalgorithmus auch effektiv finden können; nur für diese σ und die entsprechenden $\langle s, t \rangle \in \mathcal{R}$ ist die endliche Menge $L(\mathrm{rep}(\sigma \mid s), \mathcal{R})$ auf die irreduziblen Terme hin zu überprüfen ($\mathcal{R}$ ist fundiert!).

Wenn wir ein fundiertes Reduktionssystem $\mathcal{R}$ ohne CR haben, wenn es also $s \overset{*}{\underset{\mathcal{R}}{\to}} t_1$ und $s \overset{*}{\underset{\mathcal{R}}{\to}} t_2$ mit t_1 und t_2 irreduzibel gibt, dann können wir versuchen, $\mathcal{R}$ durch $<t_1, t_2>$ oder $<t_2, t_1>$ zu erweitern. Dies möchten wir aber nur dann machen, wenn auch das erweiterte System fundiert ist. Wir geben im Folgenden als Beispiel eine Klasse von Reduktionssystemen und einen Algorithmus an, der solche Erweiterungen unter Ausnutzung des letzten Satzes vornimmt. Diese Klasse von Reduktionssystemen (zuerst in Knuth - Bendix [Kn-Be]) wird durch geeignete Termordnungen erklärt.

Wir beschränken uns auf eine Termalgebra mit endlicher Signatur, die Funktionssymbole seien $\{f_1,\ldots,f_n\}$, es sei mindestens eine Konstante darunter und die Stellenzahl von f_j sei n_j, $1 \leqslant j \leqslant n$. Weiter seien natürliche Zahlen $g_j \geqslant 0$ für $1 \leqslant j \leqslant n$ gegeben, für die gilt:

a) $n_j = 0$ impliziert $g_j > 0$

b) $n_j = 1$ und $j < n$ impliziert $g_j > 0$.

Die g_j heißen die Gewichte von f_j. Wenn weiter t ein Term und y eine Variable oder ein Funktionssymbol ist, dann sei $F(y, t)$ die Anzahl der Vorkommen von y in t (dies definiert man leicht induktiv).

Die Gewichte werden auch für Terme erklärt:

$$g(t) = \sum_{j=1}^{n} g_j \cdot F(f_j, t) + g \cdot \sum_{x \varepsilon Var} F(x,t$$

wobei

$$g = \min(g_j \mid n_j = 0).$$

Daraus folgt sofort $g(t) = \min(g(\mathrm{rep}(\xi \mid t) \mid \mathrm{Var}(\mathrm{rep}(\xi \mid t)) = \emptyset)$. Wir können jetzt unsere Termordnung erklären:

5. Def.: $\propto$ sei die transitive Hülle der Relation $\propto_1$; $s \propto_1 t$ gelte genau dann, wenn:

    1) $g(s) < g(t)$ und $F(x_k, s) \leqslant F(x_k, t)$ für alle $x_k \varepsilon Var$; oder

    2) $g(s) = g(t)$ und $F(x_k, s) = F(x_k, t)$ für alle $x_k \varepsilon Var$ und

α) f_n ist einstellig und es gibt ein x_k ε Var mit

    $s = x_k$, $t = f_n(\ldots(f_n(x_k))\ldots)$, oder

β) $s = f_k(s_1,\ldots,s_{n_k})$, $t = f_j(t_1,\ldots,t_{n_j})$

    (falls die Operationen nullstellig sind, fehlen

    die Argumente)

    mit

    a) $k < j$

       oder

    b) $k = j$ und es gibt l mit $s_i = t_i$ für $i < l$ und

       $s_l \propto t_l$.

Offensichtlich ist $\propto$ auf $\{t \mid \text{Var}(t) = \emptyset\}$ eine Totalordnung, im allgemeinen gibt es hingegen auch unvergleichbare Terme, z.B. je zwei Variable.

6. Satz: "$\propto$" eingeschränkt auf $\{t \mid \text{Var}(t) = \emptyset\}$ ist fundiert.

Beweis: Wenn alle einstelligen Funktionszeichen f_j ein Gewicht $g_j > 0$ haben, dann sieht man durch eine leichte Induktion ein: Wenn s ein echter Subterm von t ist, dann ist $g(s) < g(t)$. In diesem Falle existieren also jeweils nur endlich viele Terme desselben Gewichts. Daher haben wir uns nur mit dem Fall $g_n = 0$ und f_n einstellig zu beschäftigen. Wir betrachten eine Hilfsordnung $\propto\propto$; diese sei als die transitive Hülle einer Halbordnung $\propto\propto_1$ erklärt; $s\propto\propto_1 t$ gelte genau dann, wenn

α) $g(s) < g(t)$

   oder

β) $g(s) = g(t)$

   und

$\beta1$) $t = f_n(s)$ oder $t = f_k(t_1,\ldots,t_{n_k})$, $s = f_j(s_1,\ldots,s_{n_j})$ mit

     $j < k$.

Man sieht sofort ein, daß $\propto\propto$ fundiert ist (aber nicht total). Durch Induktion über $\propto\propto$ zeigen wir nun: Jeder Term t hat nur endliche viele $\propto$-Vorgänger. Wir zeigen nur den Induktionsschritt und nehmen an, daß die Behauptung für $\propto\propto$-Vorgänger von t gilt. Es sei $s\propto_1 t$: Falls dies nach 1) oder 2a) gilt, können wir die Induktionsvoraussetzung auf s anwenden und sind fertig. Im Falle 2b) trifft die Induktionsvoraussetzung auf alle Argumente von t zu, es muß also nach endlich vielen Schritten wieder 1) oder 2a) angewendet werden und die Induktionsvoraussetzung trifft dann wieder zu.

Im Sinne unserer Motivierung ist der nächste Satz wichtig:

7. Satz: Aus $s \propto t$ folgt $rep(\xi \mid s) \propto rep(\xi \mid t)$ für jedes ξ.

Beweis: Man mache eine Fallunterscheidung und benutze, daß jede Variable in t mindestens so häufig vorkommt wie in s.

Daraus erhalten wir:

8. Satz: "$\propto$" ist fundiert.

Beweis: Man wende die beiden letzten Sätze an.

Wir vermerken, daß es viele Möglichkeiten gibt, die obige Methode zu variieren und auszudehnen, um fundierte Termordnungen zu erhalten. Ein Reduktionssystem erhalten wir nun wie folgt.
Es sei eine endliche Menge Σ von Gleichungen gegeben.

9. Def.: $\mathscr{R}(\Sigma) = \{<s, t> \mid s \propto t$ und $<s, t> \varepsilon \Sigma$ oder $<t, s> \varepsilon \Sigma\}$.

$\mathscr{R} = \mathscr{R}(\Sigma)$ ist dann immer ein fundiertes Reduktionssystem, aber $\mathscr{R}$ muß nicht unbedingt die Church-Rosser-Eigenschaft besitzen. Man kann jedoch einen Algorithmus angeben, der versucht, $\mathscr{R}$ in dieser Hinsicht zu vervollständigen. Dazu beziehen wir uns auf den Algorithmus, der CR für $\mathscr{R}$ entscheidet:

Es sei $\mathscr{R}_O = \mathscr{R}$,

$\mathscr{R}_{n+1} = \{<s_1^*, s_2^*> \mid s_1^* \propto s_2^*, s_1^*, s_2^*$ irreduzibel und es gibt ein $<s, t> \varepsilon \mathscr{R}_n$ mit $s \xrightarrow[\mathscr{R}]{*} s_1^*, s \xrightarrow[\mathscr{R}]{*} s_2^*\}$.

Wenn man jetzt von einem Gleichungssystem

$$\Sigma = \{\forall(s_1 \equiv t_1), \ldots, \forall(s_n \equiv t_n)\}$$

ausgeht und

$$\Sigma \rightarrow \forall(s \equiv t)$$

testen will, dann kann man so vorgehen:

Man entscheide für $\mathcal{R}_0 = \mathcal{R}(\Sigma)$ die Beziehung

$$L(s, \mathcal{R}_0) \cap L(t, \mathcal{R}_0) \neq \emptyset,$$

im negativen Falle gehe man zu $\mathcal{R}_1$ über und iteriere das Verfahren. Dies führt in vielen Fällen zum Erfolg; in der Gruppentheorie etwa ist dieser Algorithmus bei geeigneter Wahl der Gewichte mindestens so stark wie der klassische Algorithmus von M. Dehn (vgl. H. Bücken [Bü]), weil die Erzeugung der $\mathcal{R}_n$ u.a. das leistet, was man in der Gruppentheorie unter dem "Symmetrisieren" einer Relation versteht.

Abschließend möchten wir bemerken, daß die Reduktionssysteme eine (oft effiziente) Möglichkeit sind, Testsysteme für die klassische Logik auf die Logik mit Gleichheit zu erweitern, auch wenn damit nicht immer die Vollständigkeit erreicht werden kann. Für praktische Implementierungen von Beweis- oder Testsystemen hat die Vollständigkeit des Systems sowieso etwas platonischen Charakter; da spielen dann andere Dinge wie Schnelligkeit oder Speicherbedarf eine wichtigere Rolle. Die in diesem Buche durchgeführten logischen Überlegungen können für praktische Probleme nur einen allgemeinen Rahmen abgeben.

Symbolverzeichnis

$\mathbb{N}$	natürliche Zahlen
$\mathbb{R}$	reelle Zahlen
$\cup X$	Vereinigung (der Mengenfamilie X)
$\cap X$	Durchschnitt (der Mengenfamilie X)
$\mathscr{P}(X)$	Potenzmenge von X
$X \smallsetminus Y$	Differenzmenge
$\langle x,y \rangle$	geornetes Paar
$g \circ f$	Verknüpfung von Abbildungen
X^Y	kartesische Potenz
ΠA_ν	kartesisches Produkt
$|X|$	Anzahl der Elemente von X
$\wedge$	und
$\vee$	oder
$\neg$	nicht
$\supset$	wenn-so
$\forall$	für alle
$\exists$	es gibt
$\rightarrow$	Sequenzenpfeil
$\models$	semantischer Ableitungsoperator für die klassische Logik
$\vdash$	syntaktischer Ableitungsoperator für die klassische Logik
$\models_{\mathscr{K}}$	semantischer Ableitungsoperator für eine Verbandsklasse $\mathscr{K}$
$\vdash_{\mathscr{K}}$	syntaktischer Ableitungsoperator für eine Verbandsklasse $\mathscr{K}$
$\square$	leere Klause

Literaturverzeichnis

Die Literaturangaben erheben keinen Anspruch auf Vollständigkeit.
Es werden lediglich einige wichtige Lehrbühcer (hier sei insbesondere auf [Du], [Her], [Kl], [Ra-Si], [Sch] und [Ta] hingewiesen),
einige historisch bedeutende Artikel sowie einige Arbeiten, die
explizit benutzt oder auf die im Text hingewiesen wurde, aufge-
führt.

[An-Bl]   R. A n d e r s o n - W.W. B l e d s o e : A linear for-
            mat for resolution with merging and a new technique for
            establishing completeness. J.ACM 17(1970),S.525-534

[Ble-Ty]   W.W. B l e d s o e - Mabry T y s o n: The UT Inter-
            active Prover. Aut.Thm.Prov.Proj.Univ.of Texas, Report
            No.17(1975)

[Bü]   H. B ü c k e n: Wortprobleme bei Reduktions- und Glei-
            chungssystemen. Schriften zur Informatik und Ang.Math.
            der RWTH Aachen 34(1977)

[Boo]   W.W. B o o n e: The Word Problem. Ann.of Math.(2) 70
            (1959),S.2o7-265

[Br]   D. B r a n d: Proving Theorems with the Modification
            Method. Siam J.Comput.4(1975),S.412-43o

[Ch]   A. C h u r c h: Introduction to Math.Logic.
            Princeton, 1956

[Cr]   W. C r a i g: Three uses of the Herbrand-Gentzen theo-
            rem. J.Symb.Logic 22(1957),S.25o-268

[Da]   D.v. D a l e n: Lectures on Intuitionism. In: Cambridge
            Summer School in Mathematical Logic, ed.A.R.D.Mathias,
            H.Rogers. Springer Lecture Notes 337(1973)

[Du]   M. D u m m e t: Elements of Intuitionism. Oxford 1977

[Fe1]   W. F e l s c h e r: Vorlesungen über Mathematische Lo-
            gik an den Universitäten Freiburg und Tübingen

[Fe2]   W. F e l s c h e r: On interpolation when function
            symbols are present. Archiv math. Logik 17(1976),
            S.97-1o4

[Fe3]   W. F e l s c h e r: Mengenlehre. Erscheint 1978

[F-M-Sc]   T. F r a y n e - A.C. M o r e l - D.S. S c o t t:
            Reduced direct products. Fund.Math.51(1962),S.195-228

[Ge]   G. G e n t z e n: Untersuchungen über das logische
            Schließen. Math.Zeitschr.39(1934),S.176-21o,4o5-431

[Gö]   K. G ö d e l: Die Vollständigkeit der Axiome des logi-
            schen Funktionenkalküls. Monatshefte Math.Phys.37
            (193o),S.349-36o

[Gr]   G. G r ä t z e r: Universal Algebra. Princeton, 1968

[Hen]   L.A. H e n k i n: The Completeness of the First-order
            Functional Calculus. J.Symb.Logic 14(1949),S.159-166

[Her]   H. H e r m e s: Einführung in die mathematische Logik.
            4.Auflage, Stuttgart 1976

[Ho]   S. H o l l a n d: A Rado-Nikodym theorem in dimension
            lattices. Trans.AMS 1o8(1963),S.66-87

[Ju]   K. J u s t e n: Logische Untersuchungen über mechani-
            sche Beweisverfahren. Manuskript, Aachen 1977

[Ju-Sch]   K. J u s t e n - C. S c h i p p a n g: Gentzen-Systems
            and some extensions of Maslov's inverse Method. Schrif-
            ten z.Informatik und Angew.Math. der RWTH Aachen 24
            (1975)

[Ka]   G. K a l m b a c h: Orthomodular Logic. Zeitschr. f.
            math. Logik und Grundlagen d. Math. 2o (1974), S.395-
            4o6

[Kan]   S. K a n g e r: A Simplified Proof Method for Elemen-
            tary Logic. In: Computer Programming and Formal Systems,
            ed. P.Braffort-D.Hirschberg, Amsterdam 1963

[Kl]   S. C. K l e e n e: Mathematical Logic. New York-Lon-
            don-Sydney 1967

[Kn-Be]   D. K n u t h - P. B e n d i x: Simple Word Problems in
            Universal Algebra. In: Computational Problems in Ab-
            stract Algebra, ed. J.Leech, Oxford 197o

[Kö-Ku]   R. K o w a l s k i - D. K u e h n e r: Linear resolu-
            tion with selection function. Metamathematics Unit,
            University of Edinburgh, Memo 43 (197o)

[La1]   D. S. L a n k f o r d: Complete sets of reductions for
            computational logic. Aut. Thm.Prov.Proj. Univ. of Texas
            Report No. 21 (1975)

[La2]   D. S. L a n k f o r d: Canonical inference. Aut.Thm.
            Prov.Proj. Univ. of Texas Report No. 32 (1976)

[La-Ri]   D. S. L a n k f o r d - M. M. R i c h t e r: A note on
            the functional reflexive problem. Erscheint noch

[Li]   J. V. A. L i f s h i t s: Normal Form for Deductions
            in Predicate Calculus with Equality and Function Sym-
            bols.In: Studies in Constructive Mathematics and Mathe-
            matical Logic I, ed. A.O.Slisenko, New York 1969 (Se-
            minars in Mathematics, Vol.4)

[Lo]   P. L o r e n z e n: Algebraische und logistische Unter-
            suchungen über freie Verbände. J. of Symb. Logic 16
            (1951), S.81-1o6

[Lu]   H. L u c k h a r d t: Conservative Skolemfunctors. Ma-
            nuskript Frankfurt 1977

[Mae]   S. M a e h a r a: On the interpolation theorem of Craig.
            Sugaku 12 (196o), S.235-237

[Ma]   S. J. M a s l o v: The inverse Method for establishing
            deducibility for logical calculi. Proc. Steklov Inst.
             Math.98 (1968), S.26-87

[Mi]   G. E. M i n c: Skolem's method of elimination of posi-
            tive quantifications in sequential calculi. Soviet Math.
            Doklady 7 (1966), S.861-869

[No]   P. S. N o v i k o v: On the Algorithmic Unsolvability
            of the Word Problem in Group Theory. Trudy Mat. Inst.
            im. Steklov No.44 (1955)

[Ob]   A. O b e r s c h e l p: On the Craig interpolation
            theorem. J. Symb. Logic 33 (1968), S.271-274

[Pra]   D. P r a w i t z: An improved proof procedure. Theoria
            26 (196o), S. 1o2-139

[Ran-Fou]   C. H. R a n d a l l - D. J. F o u l i s: An Approach
            to Empirical Logic. Amer. Math. Monthly 77 (197o),
            S.363-374

[Ra-Si]   H. R a s i o w a - R. S i k o r s k i: Metamathematics
            of Mathematics. Warschau 1963

[Ri]   M. M. R i c h t e r: Resolution, Paramodulation and
            Gentzen Systems. Schriften zur Informatik und Angew.
            Math. der RWTH Aachen 23 (1975)

[Ro]   J. A. R o b i n s o n: A Machine-oriented Logic Based
            on the Resolution Principle. J. ACM 12 (1965), S.23-41

[Ro-Wo]   G. R o b i n s o n - L. W o s: Maximal Models and Refu-
           tation Completeness: Semidecision Procedures in Automa-
           tic Theorem Proving. In: Word Problems, ed. W.W.Boone-
           F.B.Cannonito-R.C.Lyndon, Amsterdam 1973

[Sch]   K. S c h ü t t e: Proof Theory. Berlin-Heidelberg-
           New York 1977

[Sch M1]   J. S c h u l t e M ö n t i n g: Algebraische Bedeutung
           der Schnittelimination nebst Anwendungen auf Wortprob-
           leme. Dissertation Tübingen 1973

[Sch M2]   J. S c h u l t e M ö n t i n g: Interpolation formulae
           for predicates and terms which carry their own history.
           Archiv math. Logik 17 (1976), S.159-17o

[Sz]   M. E. S z a b o (Ed.): The collected papers of Gerhard
           Gentzen. Amsterdam 1969

[Ta]   G. T a k e u t i: Proof Theory. Amsterdam 1975

[Tar]   A. T a r s k i: Der Wahrheitsbegriff in den formali-
           sierten Sprachen. Studia Philosophica 1 (1936), S.261-
           4o5

[Tar-Vau] A. T a r s k i - V a u g h t: Arithmetical Extensions
           of Relational Systems. Compositio Math. 13 (1957),
           S.299-313

[Ts]   G. S. T s e i t i n: On the Complexity of Derivation
           in Propositional Calculus. In: Studies in Construc-
           tive Mathematics and Mathematical Logic II, ed. A.O.
           Slisenko, New York 197o (Seminars in Mathematics Vol.8)

Sachverzeichnis

Teubner Studienbücher   Fortsetzung

Mathematik

Böhmer: **Spline-Funktionen**
Theorie und Anwendungen. 340 Seiten. DM 28,80

Clegg: **Variationsrechnung**
138 Seiten. DM 17,80

Collatz: **Differentialgleichungen**
Eine Einführung unter besonderer Berücksichtigung der Anwendungen
5. Aufl. 226 Seiten. DM 22,80 (LAMM)

Collatz/Krabs: **Approximationstheorie**
Tschebyscheffsche Approximation mit Anwendungen. 208 Seiten. DM 28,—

Constantinescu: **Distributionen und ihre Anwendung in der Physik**
144 Seiten. DM 18,80

Fischer/Sacher: **Einführung in die Algebra**
2. Aufl. 240 Seiten. DM 18,80

Grigorieff: **Numerik gewöhnlicher Differentialgleichungen**
Band 1: Einschrittverfahren. 202 Seiten. DM 16,80
Band 2: Mehrschrittverfahren. 411 Seiten. DM 29,80

Hainzl: **Mathematik für Naturwissenschaftler**
2. Aufl. 311 Seiten. DM 29,— (LAMM)

Hilbert: **Grundlagen der Geometrie**
12. Aufl. VII, 271 Seiten. DM 22,80

Jaeger/Wenke: **Lineare Wirtschaftsalgebra**
Eine Einführung
Band 1: XVI, 174 Seiten. DM 19,80 (LAMM)
Band 2: IV, 160 Seiten. DM 19,80 (LAMM)

Kall: **Mathematische Methoden des Operations Research**
Eine Einführung. 176 Seiten. DM 22,80 (LAMM)

Kochendörffer: **Determinanten und Matrizen**
IV, 148 Seiten. DM 17,80

Kohlas: **Stochastische Methoden des Operations Research**
192 Seiten. DM 24,80 (LAMM)

Krabs: **Optimierung und Approximation**
208 Seiten. DM 25,80

Stiefel: **Einführung in die numerische Mathematik**
5. Aufl. 292 Seiten. DM 24,80 (LAMM)

Stummel/Hainer: **Praktische Mathematik**
299 Seiten. DM 28,80

Topsøe: **Informationstheorie**
Eine Einführung. 88 Seiten. DM 12,80

Velte: **Direkte Methoden der Variationsrechnung**
Eine Einführung unter Berücksichtigung von Randwertaufgaben bei partiellen
Differentialgleichungen. 198 Seiten. DM 25,80 (LAMM)

Walter: **Biomathematik für Mediziner**
148 Seiten. DM 14,80

Witting: **Mathematische Statistik**
Eine Einführung in Theorie und Methoden. 3. Aufl. 223 Seiten. DM 26,80 (LAMM)

Preisänderungen vorbehalten